“十四五”职业教育国家规划教材

“十三五”职业教育国家规划教材
“十三五”职业院校工业机器人专业新形态系列教材

可编程序控制器技术应用
（西门子）

主　编　朱　曦　刘　爽
副主编　翟　雳　高艳春　田　伟
参　编　高　扬　韦　俊　冯　霞　张子波
　　　　陆雪影　徐　燕　边新红　张立珍

机械工业出版社

本书主要以西门子 S7-300 型 PLC 为对象，是 S7-300 型 PLC 应用技术的入门教材。全书采用“项目教学”编写模式，从技术应用的角度出发，由浅入深设计了若干个项目，将知识点分散到各个学习任务中，使读者在完成任务的过程中掌握 PLC 控制系统的设计步骤、结构组成和控制原理，并掌握相关指令的基本用法、程序设计方法和系统的安装调试方法。

本书的特色是以 PLC 应用技术为重点，淡化原理，注重实用，共分 PLC 应用基础、PLC 在顺序控制中的应用和 PLC 在典型控制中的应用三部分，结合 STEP 7 V5. x 和 TIA Portal V1x 两种编程软件平台，详细介绍了位逻辑、定时器、计数器、比较器、数学运算等常用指令以及 GRAPH 顺控编程语言等。

本书可作为职业院校工业机器人专业、电气自动化专业、机电一体化专业及其他相关专业的教材，也可作为相关工程技术人员的培训教材或自学参考用书。

图书在版编目（CIP）数据

可编程序控制器技术应用：西门子/朱曦，刘爽主编．—北京：机械工业出版社，2018. 6（2025. 1 重印）
“十三五”职业院校工业机器人专业新形态系列教材
ISBN 978-7-111-60268-2

Ⅰ. ①可…　Ⅱ. ①朱…　②刘…　Ⅲ. ①可编程序控制器-职业教育-教材
Ⅳ. ①TM571. 61

中国版本图书馆 CIP 数据核字（2018）第 134475 号

机械工业出版社（北京市百万庄大街 22 号　邮政编码 100037）
策划编辑：陈玉芝　王振国　责任编辑：王振国
责任校对：王　欣　　　　　封面设计：张　静
责任印制：单爱军
北京虎彩文化传播有限公司印刷
2025 年 1 月第 1 版第 6 次印刷
187mm×260mm · 12. 75 印张 · 325 千字
标准书号：ISBN 978-7-111-60268-2
定价：39. 80 元

电话服务　　　　　　　　　　网络服务
客服电话：010-88361066　　机 工 官 网：www. cmpbook. com
　　　　　010-88379833　　机 工 官 博：weibo. com/cmp1952
　　　　　010-68326294　　金 书 网：www. golden-book. com
封底无防伪标均为盗版　　机工教育服务网：www. cmpedu. com

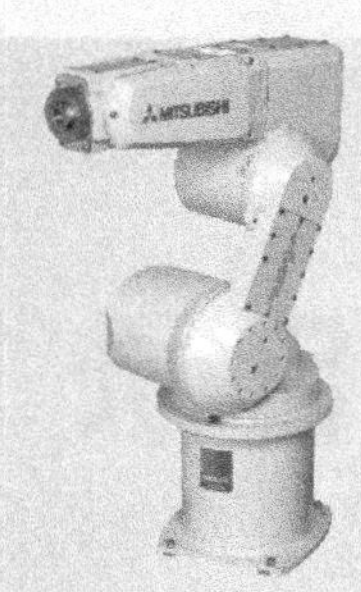

前言

当前，“工业4.0”和“中国制造2025”等概念的提出，为制造业和工业市场的发展与探索点燃了一盏明灯，也对工业制造企业提出了新的挑战。“工业4.0”的浪潮，也促进了工业机器人在制造企业中的推广和应用。在多数工业控制现场，工业机器人都是由可编程序控制器（PLC）控制和驱动的。西门子S7-300系列PLC，作为全集成自动化（TIA）架构的重要组成部分，具有优良的控制性能和极高的可靠性，所以一经问世就得到了广泛应用，如今其已集计算机技术、现场控制技术和网络通信技术于一体，在工业生产自动化控制中具有举足轻重的地位。

STEP 7 V5.x编程软件是用于SIMATIC S7、M7、C7等西门子自动化控制器组态、编程、监控的标准软件，具有操作简便、运行平稳、信息丰富等优点，在一定程度上体现了全集成自动化的概念和特色，得到了工程技术人员的广泛青睐。

TIA Portal（TIA博途）软件于2010年由西门子工业自动化集团发布，是业内首个采用统一工程组态和软件项目环境的自动化软件，适用于所有自动化任务，用户可在统一开发环境中组态西门子PLC、人机界面和驱动装置，实现了各种数据的共享，降低了链接和组态的成本，是工程软件开发领域的里程碑。

正是由于PLC在工业自动化控制中的重要地位，目前PLC控制技术已成为当代电气工程技术人员所必须掌握的一门技术。编者结合多年的PLC教学经验，精心挑选了11个典型的学习任务，采用任务驱动的形式，并以目前应用较为广泛的西门子S7-300型PLC为教学载体，结合STEP 7 V5.x和TIA Portal V1x两种编程软件平台，将一些常用的知识点分散到各个学习任务中，使学生能在掌握各知识点的同时，及时提高相关编程能力和操作技能，力求为他们将来的就业开辟一片新天地。

为了提高学生独立分析问题、解决问题的能力，本书在任务后增设了“问题及防治”与“扩展知识”等教学环节，这些增设的内容主要针对的是各任务所涉及的知识点，对任务进行一些修改和拓展，并让学生独立完成，由此真正体现知识和技能的递进性，既方便了教师教学，又方便了学生学习和巩固。

西门子PLC以指令齐全和功能强大而著称，所以书中不可能对其面面俱到，考虑到本书主要是针对职业院校的学生编写的，因此对于部分高级指令、系统功能块（SFC、SFB）、结构化编程的应用等方面的知识本书并未涉及，仅重点立足于学生实际能力的培养。

本书由朱曦、刘爽任主编，翟雳、高艳春、田伟任副主编，高扬、韦俊、冯霞、张子波、陆雪影、徐燕老师也参加了本书的编写工作。项目1由朱曦、刘爽、翟雳、高艳春共同编写；项目2由田伟、韦俊、冯霞、张子波共同编写；项目3由高扬、翟雳、陆雪影、徐燕共同编写；朱曦、翟雳负责全书的总体方案设计、全书的修改和统稿及附录的编写工作。在本书编写过程中，行业专家们给予了大力支持与帮助，并提出了许多宝贵的意见，在此表示衷心的感谢！

由于时间仓促，加上编者水平有限，书中难免有错漏之处，恳请各位读者批评指正。

编　者

目录

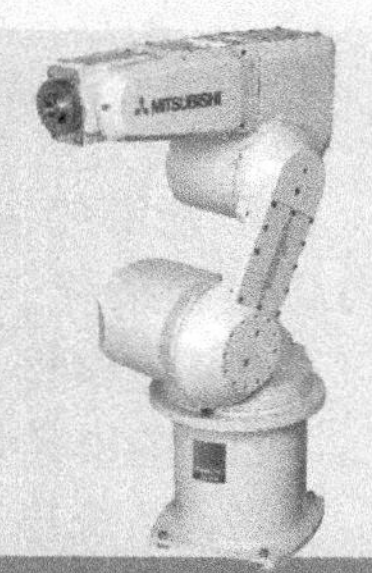

项目1

可编程序控制器应用基础

知识目标

1. 了解 PLC 的基本工作原理。
2. 了解继电器控制与 PLC 控制的区别。
3. 掌握西门子 S7-300 型 PLC 输入/输出点的编号及 I/O 分配的基本方法。
4. 掌握相关位逻辑指令的基本使用方法。
5. 理解三相异步电动机单键起动和停止控制运行原理。
6. 理解上升沿和下降沿的概念，并能正确分析简单的时序图。
7. 掌握西门子 S7-300 型 PLC 的上升沿检测、下降沿检测指令的基本使用方法。
8. 掌握西门子 S7-300 型 PLC 置位、复位、置位优先 RS、复位优先 SR 触发器指令的基本使用方法。
9. 体会置位、复位指令和置位优先 RS、复位优先 SR 触发器指令的区别。
10. 理解电动机Y—△减压起动的基本工作原理、实现方法及适用场合。
11. 掌握西门子 S7-300 型 PLC 定时器的分类、特点及基本使用方法。
12. 了解时间顺序控制程序编写的基本方法和一般步骤。
13. 掌握西门子 S7-300 型 PLC 计数器的分类、特点及基本使用方法。
14. 掌握计数控制程序编写的基本方法和一般步骤。

技能目标

1. 掌握 STEP 7 V5. x 和 TIA Portal V1x 编程软件的基本使用方法。
2. 能根据继电器控制原理图，运用 PLC 基本指令设计控制程序。
3. 能绘制 I/O 接线图，并能安装、调试 PLC 控制的三相交流异步电动机正反转控制系统。
4. 掌握分别运用置位、复位和置位优先 RS、复位优先 SR 触发器指令进行优先抢答器 PLC 控制的程序设计方法。
5. 能够正确绘制 I/O 接线图，并能独立安装、调试 PLC 控制的优先抢答器控制系统。
6. 能根据具有时间继电器的继电器控制原理图，运用 PLC 定时器指令设计控制程序实现其控制功能。
7. 掌握运用定时器指令设计时间顺序控制电路的方法。
8. 掌握 PLC 控制程序模拟仿真的基本方法。

9. 能够绘制 I/O 接线图，并能安装、调试 PLC 控制的三相交流异步电动机Y-△减压起动 PLC 控制系统。

10. 能根据控制要求，运用 PLC 计数器指令设计停车场计数系统的控制程序。

11. 能够绘制 I/O 接线图，并能安装、调试 PLC 控制的停车场自动检测系统。

12. 系统出现故障时，应能根据设计要求独立检修，直至系统正常工作。

任务 1　三相交流异步电动机正反转控制

一、任务描述

在如今的工业生产中，电能仍是主要的动力来源，而电动机又是将电能转换为机械能的主要设备，因此，大部分生产机械中都要用到电动机，并且在很多情况下都要求电动机既能正转又能反转。改变三相交流异步电动机的转向需要改变接入电动机的三相电源的相序，其方法很简单，只需对调接入电动机的任意两根电源相线即可。本任务我们学习用可编程序控制器实现三相交流异步电动机的正反转控制。

1）能够用按钮控制三相交流异步电动机的正反转、起动和停止。

2）具有短路保护和过载保护等必要的保护措施。

二、任务分析

主要知识点：

1）了解 PLC 的基本工作原理。

2）了解继电器控制与 PLC 控制的区别。

3）掌握西门子 S7-300 型 PLC 输入/输出点的编号及 I/O 分配的基本方法。

4）掌握相关指令的基本使用方法。

继电器控制的三相交流异步电动机正反转电路如图 1-1 所示。

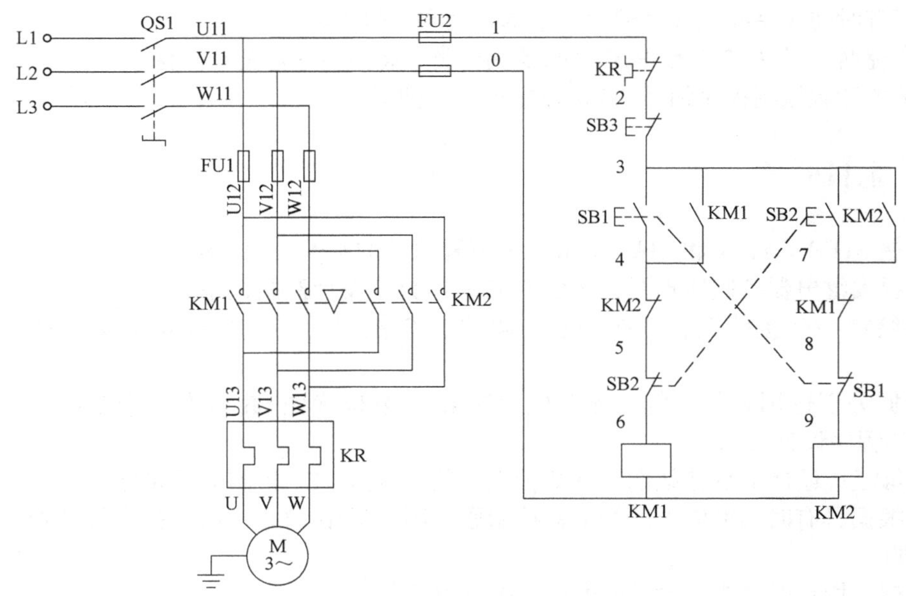

图 1-1　继电器控制的三相交流异步电动机正反转电路

三相交流异步电动机的双重联锁正反转控制电路原理比较简单，就是通过交流接触器KM1和KM2来改变通入三相交流异步电动机M的三相交流电相序，从而实现电动机的正反转。其主要元器件的功能见表1-1。

表1-1　主要元器件的功能

元件代号	元件名称	用　途	元件代号	元件名称	用　途
QS1	转换开关	控制总电路	SB3	停止按钮	停止控制
FU1	熔断器	主电路短路保护	KR	热继电器	过载保护
FU2	熔断器	控制电路短路保护	KM1	交流接触器	正转控制
SB1	正转起动按钮	正转起动控制	KM2	交流接触器	反转控制
SB2	反转起动按钮	反转起动控制			

三、相关知识

1. 可编程序控制器的工作原理

可编程序控制器实际上是一个特殊的计算机系统，系统通电后首先对硬件和软件进行初始化，然后以扫描的方式工作，周而复始不断循环。每一次扫描称为一个扫描周期，一般为几十微秒到十几毫秒甚至更短，主要由输入采样、程序执行和输出刷新三个阶段组成，其工作过程如图1-2所示。

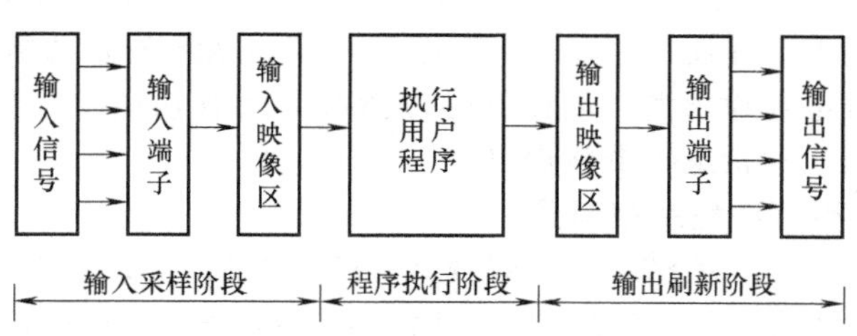

图1-2　PLC一个扫描周期的工作过程

（1）输入采样阶段　PLC在每个扫描周期都将和输入端子相连接的外部输入元件（如按钮、行程开关、传感器等）的状态（接通或断开）信号采样到输入映像区中，存储起来并保持一个扫描周期不变，以参与用户程序的运算。

（2）程序执行阶段　PLC按“自左向右，自上而下”的顺序扫描并执行用户程序的每一条指令，然后从输入映像区和输出映像区中取出相关数据参与用户程序的运算、处理，程序执行的结果保存在输出映像区内。

（3）输出刷新阶段　在整个程序执行完毕后，PLC将输出映像区中的执行结果送到输出状态锁存器锁存，并通过输出端子输出信号，驱动用户负载设备运行。

2. 可编程序控制器控制系统和继电器逻辑控制系统的比较

传统继电器控制系统框图如图1-3所示，控制信号对设备的控制作用是通过控制电路板的接线来实现的。在这种控制系统中，要实现不同的控制要求必须改变控制电路的接线。

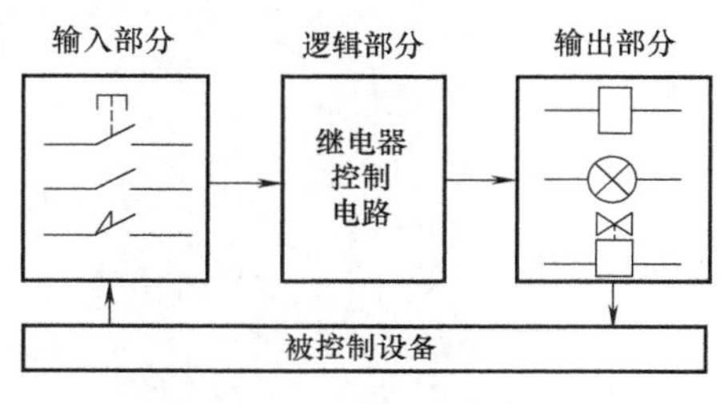

图1-3　传统继电器控制系统框图

图1-4是可编程序控制器控制系统框图，它通过输入端子接收外部输入信号，按下SB1，输入继

电器 I0.0 线圈得电，I0.0 的常开触点闭合、常闭触点断开。而对于输入继电器 I0.1 来说，由于外接的是 SB2 的常闭触点，因此未按下 SB1 时，输入继电器 I0.1 得电，其常开触点闭合、常闭触点断开，而当按下 SB2 时，输入继电器 I0.1 线圈失电，I0.1 的常开触点恢复断开、常闭触点恢复闭合。因此，输入继电器只能通过外部输入信号驱动，不能由程序驱动。

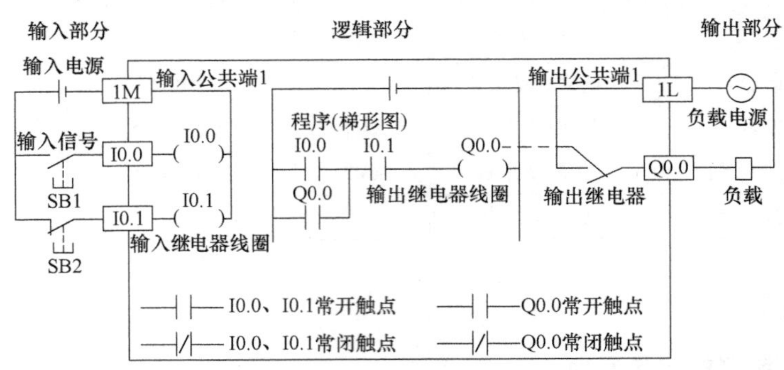

图 1-4　可编程序控制器系统框图

输出端子是 PLC 向外部负载输出信号的窗口，输出继电器的触点接到 PLC 的输出端子上，若输出继电器得电，其触点闭合，负载电源加到负载上，负载开始工作。而输出继电器由事先编好的程序（梯形图）驱动，因此修改程序即可实现不同的控制要求，非常灵活方便。应注意负载电源和负载的匹配，即负载电源是交流还是直流，额定电压、额定电流和额定功率都由负载决定。

其实 PLC 一般有继电器输出型、晶体管输出型和晶闸管输出型三种，为方便起见，若不特殊说明，本书所用 PLC 均指继电器输出型。

3. 西门子 S7-300 型可编程序控制器

西门子 S7 系列 PLC 主要有 S7-200、S7-300、S7-400、S7-1200 和 S7-1500 五种型号。S7-200、S7-1200 为整体式结构，具有较高的性价比；S7-300、S7-400 和 S7-1500 则采用模块式结构，由模块和机架组成，用户可根据需要选择模块，并将其插到机架的插槽上，指令更加丰富，功能更为完善，使用较为灵活。

西门子 S7-300 型 PLC（CPU 314C）的面板如图 1-5 所示。

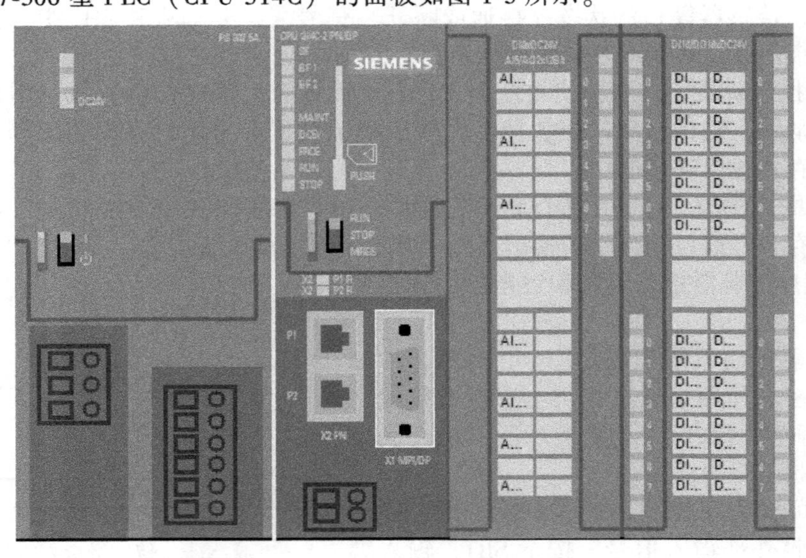

图 1-5　S7-300 型 PLC（CPU314C）的面板

西门子 S7-300 型 PLC 采用模块化结构设计，用户可以根据自己的应用要求来选择模块安装在正确的插槽上。如 S7-300 的 1 号槽上安装的是电源模板 PS 307 5A（输入：AC 120V/230V，输出：DC 24 V/5 A），2 号槽上安装的是 CPU 314C-2 PN/DP（24 点数字量输入、16 点数字量输出，DC 24V，5 点模拟量输入、2 点模拟量输出）。

CPU 模式选择开关的功能见表 1-2。

表 1-2　CPU 模式选择开关的功能

模式选择开关	功　能
RUN	CPU 执行程序，可读出程序，但不能修改
STOP	CPU 不执行程序，但可读出和修改程序
MERS	将开关旋至该位置并保持可复位寄存器，但松开后开关会自动回到 STOP 位置

CPU 状态和故障指示灯的功能见表 1-3。

表 1-3　CPU 状态和故障指示灯的功能

模式选择开关	功　能
SF	硬件或软件错误（红色）
BF1、BF2	总线错误（红色）（带有 DP 或 PN 接口的 CPU）
MAINT	指示维护请求尚未处理（黄色）
DC5V	CPU 和内部总线的 5V 电源正常（绿色）
FRCE	强行作业有效（黄色）
RUN	RUN 状态指示（绿色） 常亮：RUN 状态 重新起动：2Hz 闪亮 HOLD：0.5Hz 闪亮
STOP	STOP、HOLD 和重新起动状态指示（黄色） 存储器复位请求：0.5Hz 闪亮 存储器复位期间：2Hz 闪亮

另外，西门子 S7 系列 PLC 的输入/输出点还可以以字节、字或双字的方式表示。如 IB0 表示 I0.0~I0.7 八位组成的一个字节；QW0 则表示由 QB0 和 QB1 两个字节组成的一个字，其中 QB0 为高八位，QB1 为低八位；而 QW1 则由 QB1 和 QB2 两个字节组成。在以后编程时应特别注意要错开两个字的重叠部分，如 QW0 和 QW1 的重叠字节为 QB1，因此在编程时用了 QW0 后，尽量不要再用 QW1，可以用 QW2，以避免重叠字节对程序造成影响。双字 QD0 则由 QW0 和 QW2 组成，输入的表示方式也类似。具体的寻址方式如图 1-6 所示。

4. S7-300 型 PLC 相关指令

西门子 S7 系列 PLC 除可使用梯形图（LAD）编程外，还可用指令语句（STL）、功能图块（FBD）、顺序功能图（Graph）进行程序设计，下面介绍与本任务相关的语句指令。

S7-300 型 PLC 的指令集中也有 A、AN、O、ON 和 = 指令，其用法和 S7-200 型 PLC 指令集中对应的指令基本相同，但 S7-300 的指令集中没有 LD 和 LDN 指令，而用 A（或 AN）指令直接将常开触点（或常闭触点）与左母线相连。S7-300 的指令集中也无专用的堆栈指令，当需要暂存当前运算结果时，则将其暂存于 LB20 开始的局域数据区内；另外，S7-300 还设置了将当前逻辑操作结果（Result of Logic Operation，RLO）保存为位操作指令，即在--- (#) ---（中间输出）连接符中保存并将结果向下传输。

图 1-7 为一梯形图（LAD）转化为指令语句（STL）的例子。

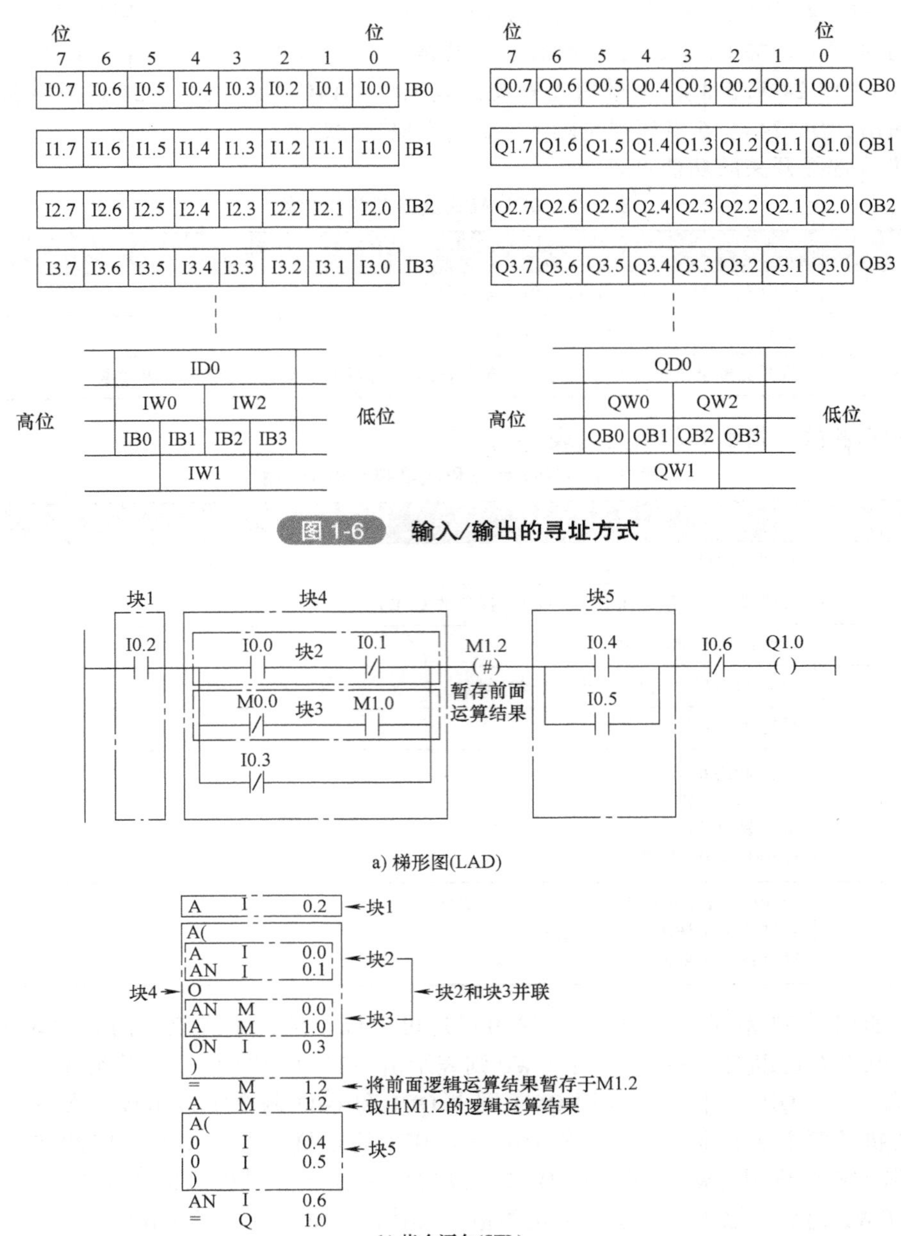

图 1-6　输入/输出的寻址方式

a) 梯形图(LAD)

b) 指令语句(STL)

图 1-7　LAD 转化为 STL 举例

图 1-7 中块 2 和块 3 由或指令 O 并联，再和 I0.3 常闭触点并联成为块 4，并由括号形成一个整体后，通过与指令 A 和块 1 串联，然后将当前逻辑运算结果暂存在 M1.2 中，再取出结果和块 5 串联。也可不暂存运算结果直接和块 5 串联，不影响程序的执行结果。由图 1-7 还可看出，在进行块并联和块串联时通常用括号将一个块连成整体，以使指令语句结构清晰。

四、任务准备

1）准备工具和器材，见表 1-4。

表 1-4 所需工具和器材清单

序号	分类	名　称	型号规格	数量	单位
1	工具	电工工具		1	套
2	器材	万用表	MF47 型	1	块
3		可编程序控制器	S7-300 CPU314C-2PN/DP	1	只
4		计算机	装有 STEP 7 V5. x 和 TIA Portal V1x 软件	1	台
5		安装铁板	600mm×900mm	1	块
6		导轨	C45	0. 3	m
7		小型剩余电流断路器	DZ47LE-32,4P,C3A	1	只
8		小型断路器	DZ47-60,1P,C2A	1	只
9		熔断器	RT28-2	3	只
10		熔断器	RT28-3	2	只
11		接触器	CJX2-0910/220V	2	只
12		继电器	JZX-22F(D)/4Z/DC 24V	2	只
13		热继电器	NR4-63,0. 8~1. 25A	1	只
14		直流开关电源	DC 24V,50W	1	只
15		三相异步电动机	JW6324-380V,250W,0. 85A	1	只
16		按钮	LAY5	1	只
17		接线端子	JF5-2. $5mm^2$,5 节一组	20	只
18		铜塑线	BV1/1. $5mm^2$	15	m
19		软线	BVR7/0. $75mm^2$	20	m
20		紧固件	M4×20 螺杆	若干	只
21			M4×12 螺杆	若干	只
22			ϕ4mm 平垫圈	若干	只
23			ϕ4mm 弹簧垫圈及 ϕ4mm 螺母	若干	只
24		号码管		若干	m
25		号码笔		1	支

2）S7-300 型 PLC 正反转控制系统可按图 1-8 布置元器件并安装接线，主电路则按三相交流异步电动机正反转电路的主电路接线。

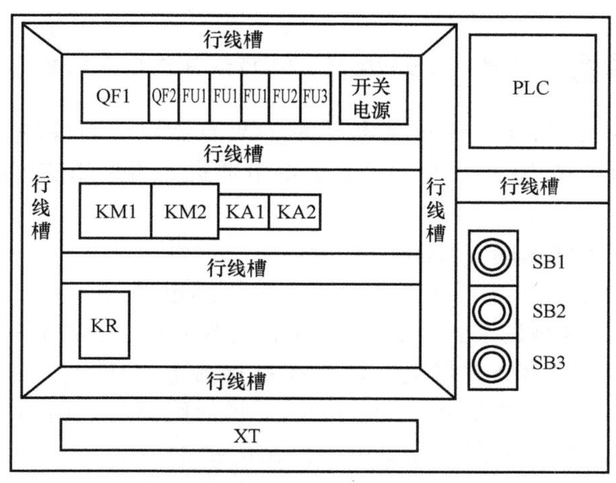

图 1-8 元器件布置图

五、任务实施

首先进行输入/输出点的分配，主要通过输入/输出分配表或输入/输出接线图来实现。

1. 输入/输出分配

三相交流异步电动机正反转控制电路的输入/输出分配见表 1-5。

表 1-5　输入/输出分配

输入			输出		
元件代号	输入继电器	作用	元件代号	输出继电器	作用
SB1	I0. 0	停止	KA1	Q0. 0	正转控制
SB2	I0. 1	正转起动	KA2	Q0. 1	反转控制
SB3	I0. 2	反转起动			
KR	I0. 3	过载保护			

2. S7-300 型 PLC 的输入/输出接线

用西门子 S7-300 型 PLC 实现三相交流异步电动机正反转控制的输入/输出接线如图 1-9 所示。

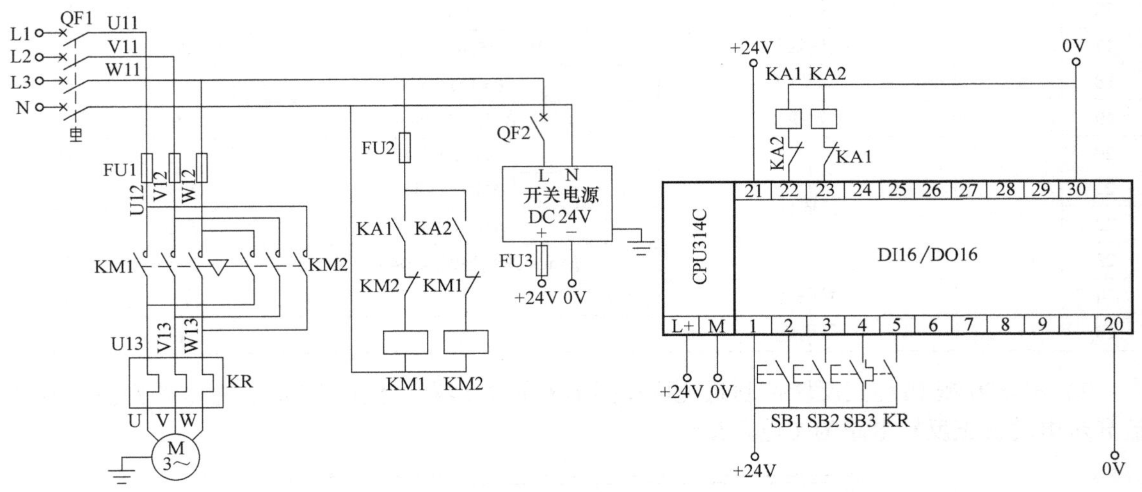

图 1-9　电动机正反转控制 S7-300 型 PLC 型输入/输出接线

由于 S7-300 的输入/输出模块的负载电压为 24V 直流电，而控制交流电动机正反转的接触器为交流 220V，所以 PLC 通过控制 24V 直流继电器进而再控制交流接触器以实现对交流电动机的正反转控制。

3. 继电器电路转化为梯形图（LAD）

由表 1-5 和图 1-9 可以看出，输入元件分别和输入继电器 I0. 0～I0. 3 相对应，而控制三相交流异步电动机正反转的接触器 KM1、KM2（或继电器 KA1、KA2）分别由输出继电器 Q0. 0 和 Q0. 1 控制，即输出继电器 Q0. 0 得电，最终控制接触器 KM1 得电；Q0. 1 得电，则最终控制 KM2 得电。现将图 1-9 中的控制电路改画成 PLC 梯形图程序如图 1-10 所示。

由图 1-10 可以看出，PLC 梯形图和继电器控制电路十分相似，图中只是将和热继电器 KR 常开触点对应的输入点 I0. 3 常闭触点移至前面，因为 PLC 程序规定输出继电器线圈必须和右母线直接相连，中间不能有任何元件。

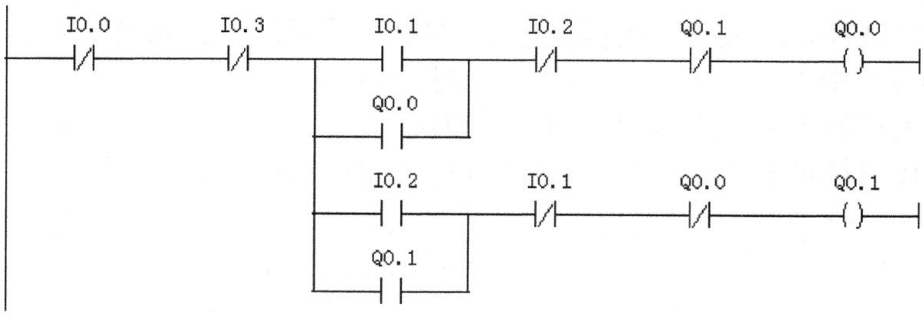

图 1-10 继电器控制电路转化的梯形图

图 1-10 对应的 S7-300 型 PLC 的指令语句如下：

AN I 0.0
AN I 0.3
= L 20.0
A L 20.0
A (
O I 0.1
O Q 0.0
)
AN I 0.2
AN Q 0.1
= Q 0.0
A L 20.0
A (
O I 0.2
O Q 0.1
)
AN I 0.1
AN Q 0.0
= Q 0.1

指令语句中 I0.0 常闭和 I0.1 常闭串联后，自动将当前运算结果暂存在局域数据区 L20.0 内，在正转控制程序写完后自动取出该结果，并在该点处继续写反转控制程序。

4. 编程技巧提示

在梯形图编写时，并联多的支路应尽量靠近母线，以使程序简单明了。为此应将三相交流异步电动机正反转控制程序进行修改，修改后的梯形图程序如图 1-11 所示。

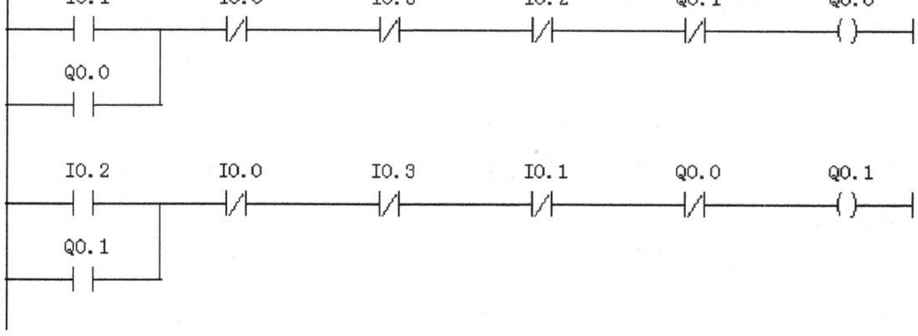

图 1-11 修改后的梯形图程序

5. 程序的输入

1）双击“SIMATIC Manager”图标，打开 STEP 7 编程软件，在自动弹出的 STEP 7“新建项目”向导的界面中单击“下一步”按钮，如图 1-12 所示。

2）在 CPU 型号列表框中选择 CPU 型号后单击“下一步”按钮，若 CPU 型号列表框中未列出所需型号，则直接单击“下一步”按钮即可，如图 1-13 所示。

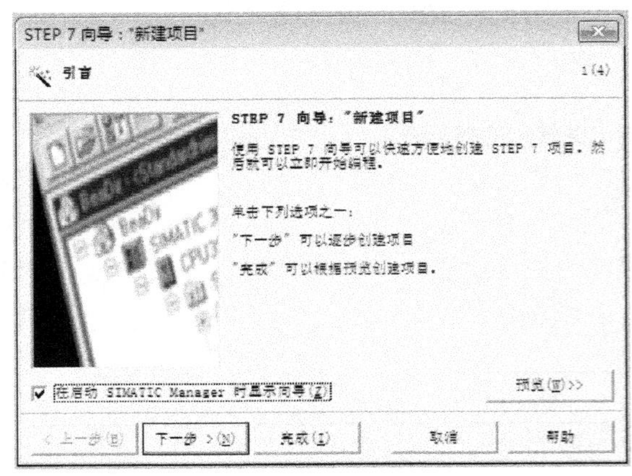

图 1-12 “新建项目”向导

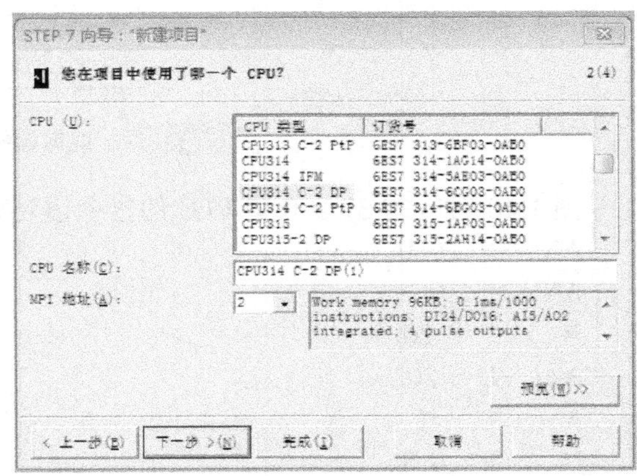

图 1-13 选择 CPU 型号

3）选择组织块“OB1”和块语言“LAD”，主程序均在“OB1”块中，它是用户和 CPU 的接口，因此“OB1”必选，其他 OB 块可根据需要选择。选择默认项继续单击“下一步”按钮，如图 1-14 所示。

4）输入项目名称“ZFZ”，如图 1-15 所示。

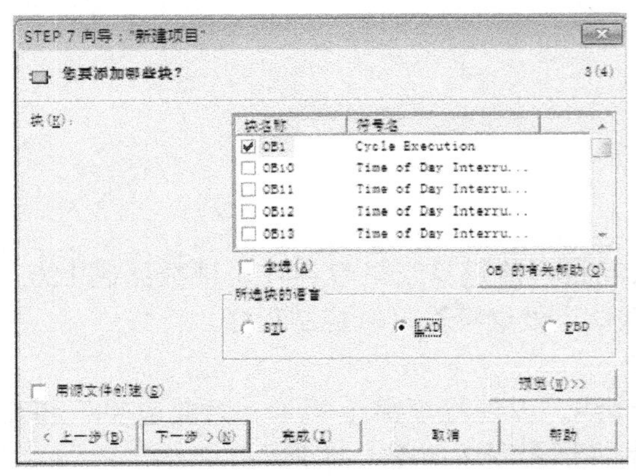

图 1-14 选择 OB 块和块语言

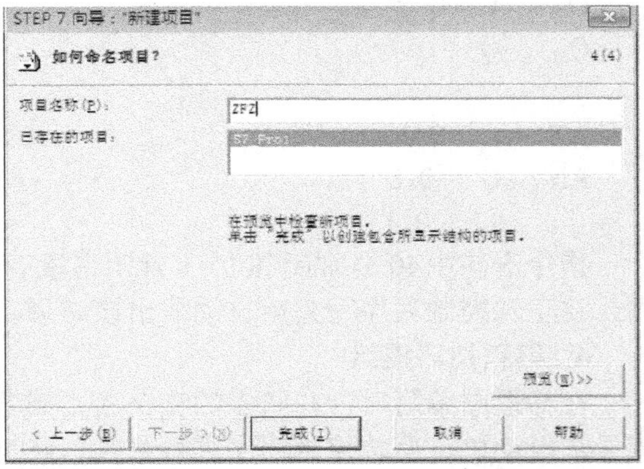

图 1-15 输入项目名称

5）单击“完成”按钮创建项目，如图 1-16 所示。

6）单击“SIMATIC 站点”或单击其前面的“—”号，再在图 1-17 所示界面中双击“硬件”可进入硬件组态界面。

7）出现如图 1-18 所示的硬件配置（组态）界面。若需更改 CPU 型号，则可用光标选中 CPU，按“Delete”键。

8）出现如图 1-19 所示几个确认删除的对话框。

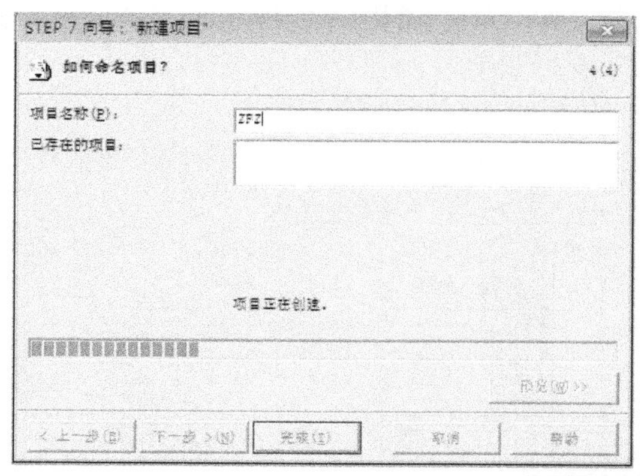

图 1-16 完成项目创建

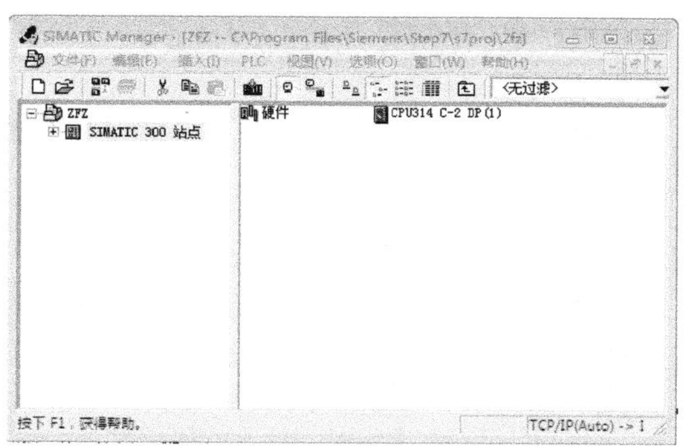

图 1-17 硬件组态界面的进入

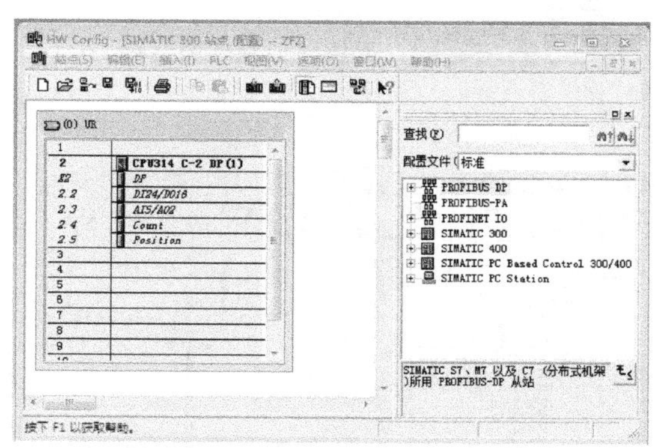

图 1-18 由项目新建向导创建的硬件配置

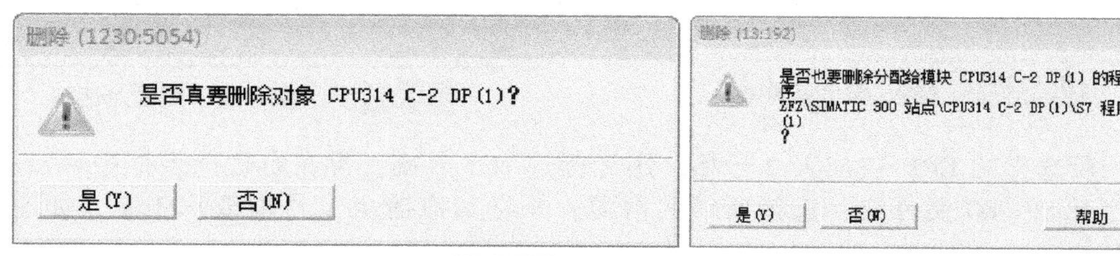

图 1-19 CPU 的删除

9）确认后原有 CPU 将被删除。选择需要的 CPU 类型，将其拖拽至 2 号槽；或先选中 2 号槽，双击所需的 CPU，如图 1-20 所示。

10）由于所选 CPU 具有以太网 PN 接口，因此会出现如图 1-21 所示网络接口属性对话框，单击“取消”按钮，CPU 314C-2 PN/DP 添加到 2 号槽，如图 1-22 所示。

11）由于 CPU 314C-2 PN/DP 具有 24 点数字量输入、16 点数字量输出，因此如图 1-23 所示单击“DI 24/DO 16”会出现如图 1-24所示输入/输出属性对话框，取消“系

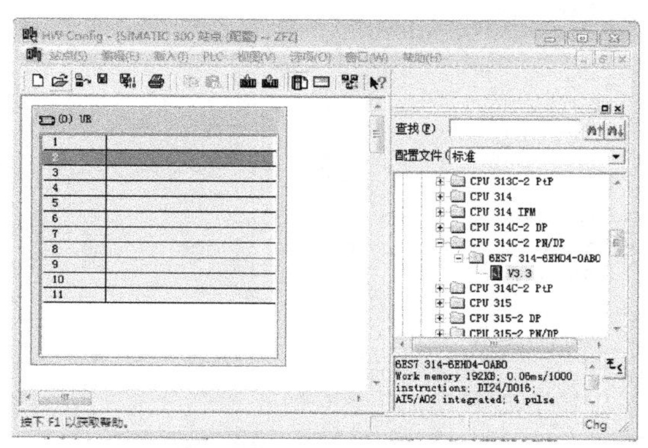

图 1-20 CPU 的选择

统默认”选项，修改“输入”选项组的“开始”为“0”及“输出”选项组的“开始”为“0”，如图 1-25 所示。

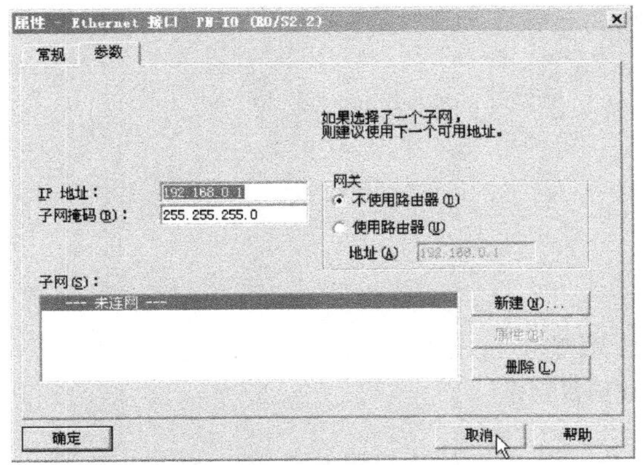

图 1-21 网络接口属性对话框

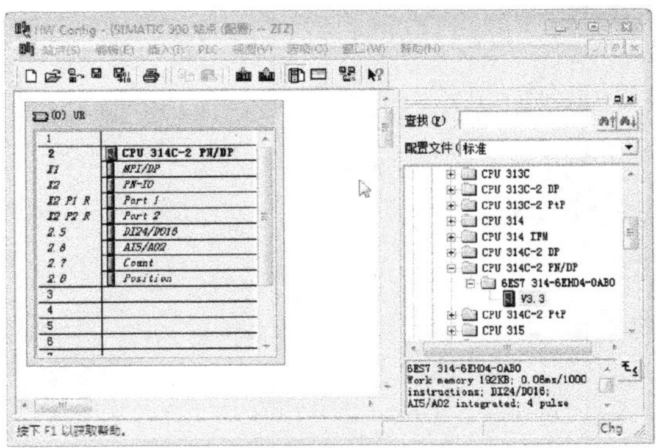

图 1-22 CPU 选择完成

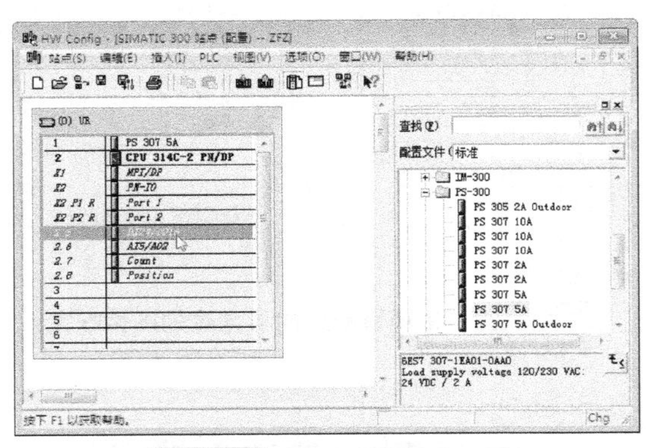

图 1-23 输入/输出点设置

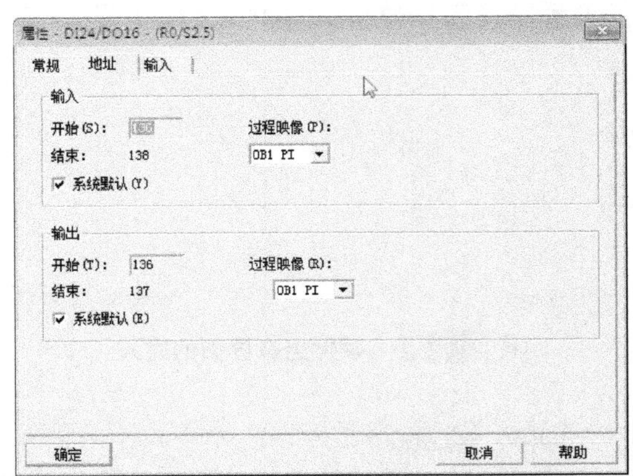

图 1-24 输入/输出属性对话框

12）所选择的 CPU 被加入 2 号槽。用光标选中 1 号槽，再在右栏列表框中单击“PS-300”，打开 PS-300 文件夹，选择所需的电源，并将其拖拽至 1 号槽或双击它，如图 1-26 所示。

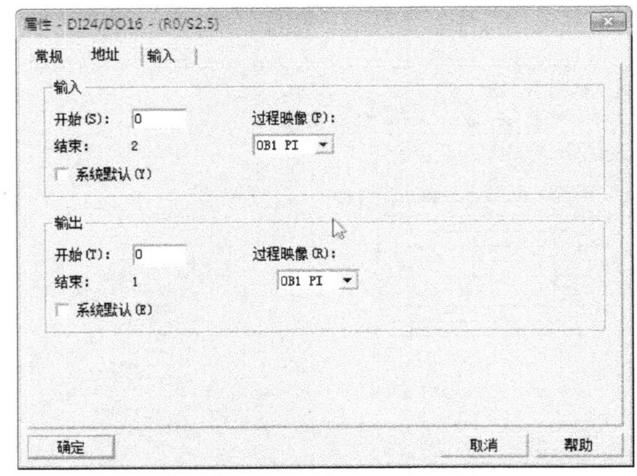

图 1-25 输入/输出属性设置完成

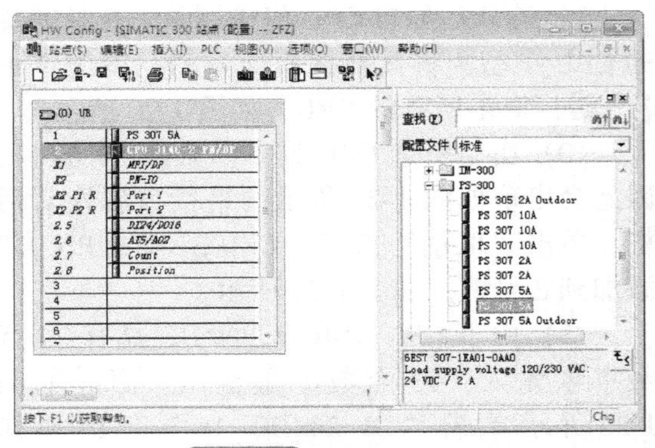

图 1-26 电源的选择

13）单击存盘编译工具，如图 1-27 所示。

14）在“选择消息号分配”对话框，选定消息编号分配方式，单击“确定”按钮，如图 1-28 所示。

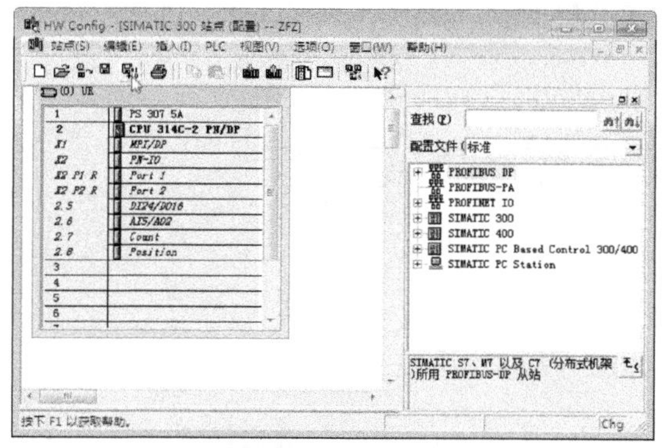

图 1-27　保存编译

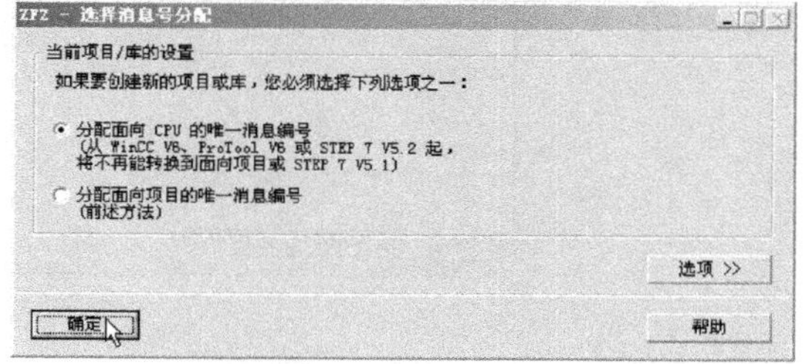

图 1-28　消息号分配的选择

15）进行硬件组态编译，如图 1-29 所示。

16）完成硬件组态编译，依次单击左栏“SIMATIC 300 站点”→“CPU 314C-2 PN/DP”→“S7 程序（2）”→“块”，如图 1-30 所示。

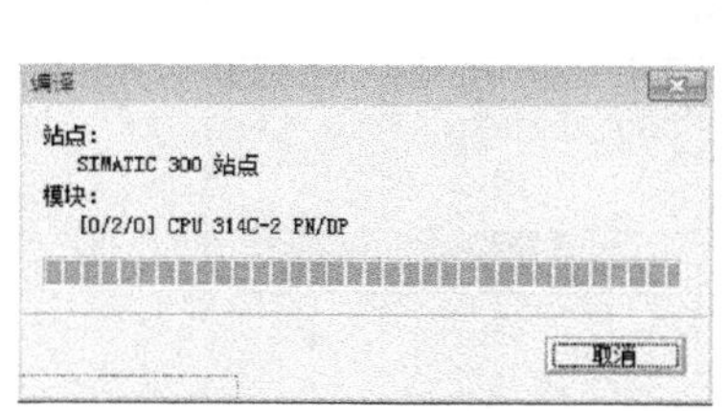

图 1-29　硬件组态编译进程

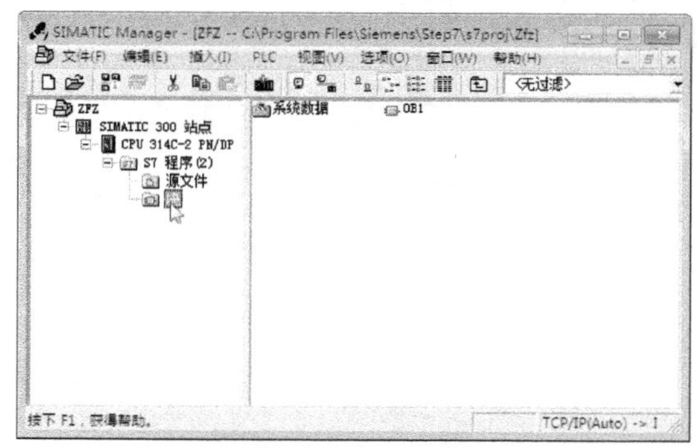

图 1-30　程序块

17）双击右栏组织块“OB1”，如图 1-31 所示。

18）设置组织块属性，如图 1-32 所示。

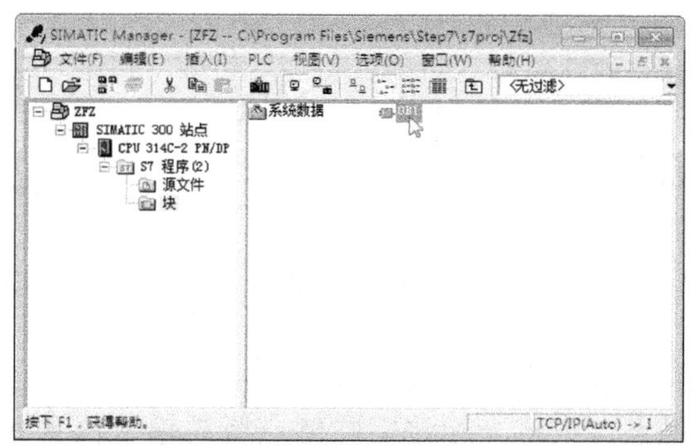

图 1-31　打开组织块“OB1”

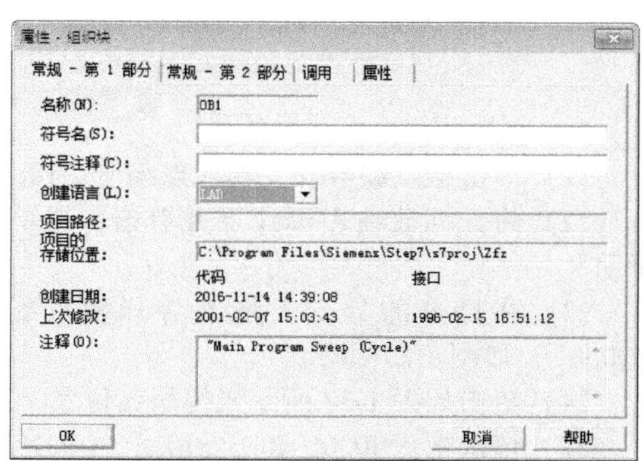

图 1-32　设置组织块属性

19）单击“OK”按钮进入梯形图程序设计界面，如图 1-33 所示。

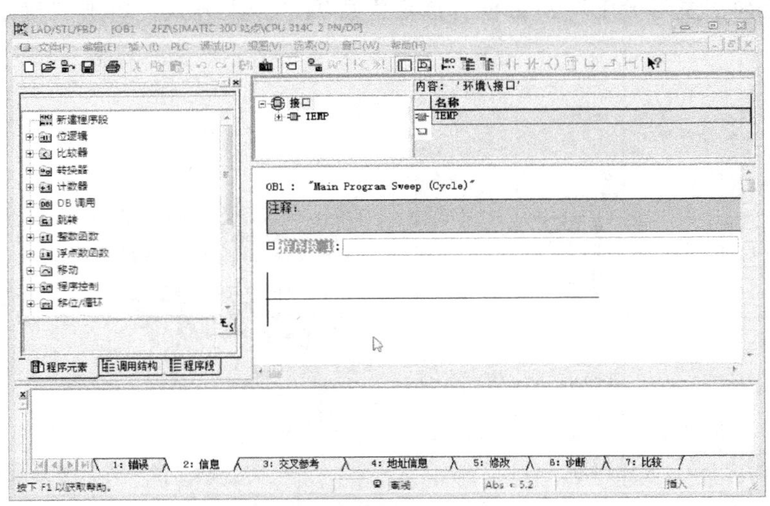

图 1-33 梯形图程序设计界面

20）单击左栏“位逻辑”，选择常开触点将其拖至编辑窗口光标定位到要输入编程元件的位置，如图 1-34 所示，或单击梯形图水平线已选定输入编程元件的位置后，选择常开触点并双击。

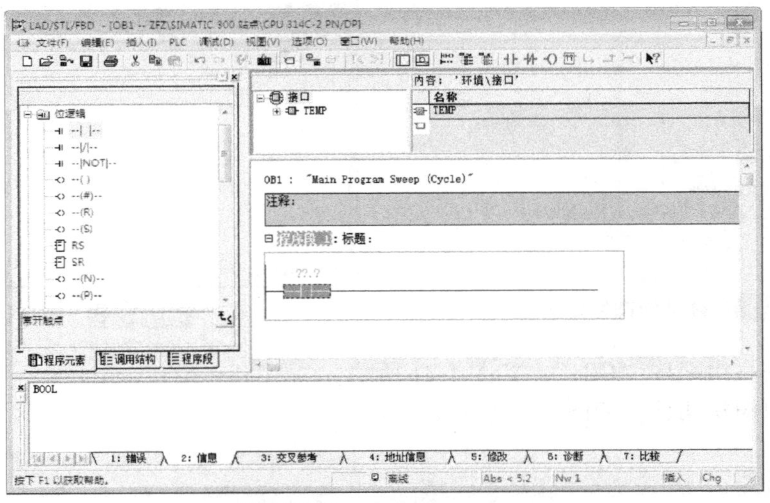

图 1-34 常开触点的输入

21）单击触点编号处，输入点编号“I0.1”，如图 1-35 所示。

22）将光标放在左母线上并单击，再单击“打开分支”按钮或按“F8”键，如图 1-36 所示。

23）在打开的分支上拖入常开触点或在选定分支上双击常开触点，并输入元件号“Q0.0”，如图 1-37 所示。

24）单击如图 1-38 所示光标所在位置，并单击“关闭分支”按钮或按“F9”键。

25）依次拖入 I0.0、I0.3、I0.2、Q0.1 常闭触点，或将光标停留在触点所需输入位置并双击上述常闭触点，如图 1-39 所示。

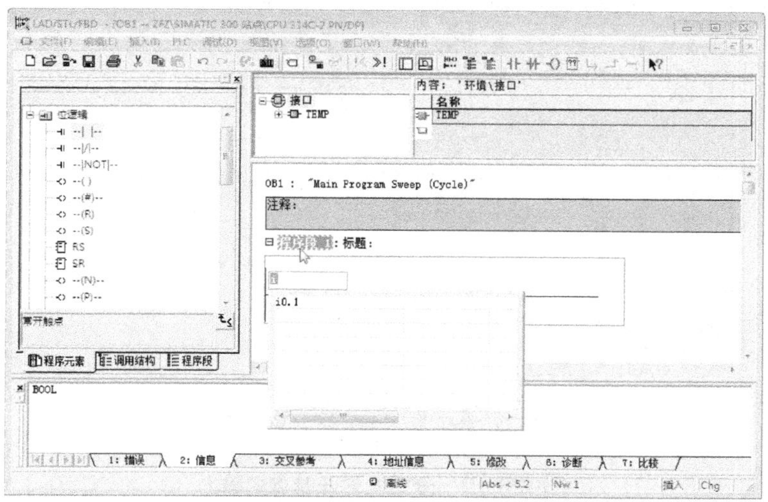

图 1-35 触点编号的输入

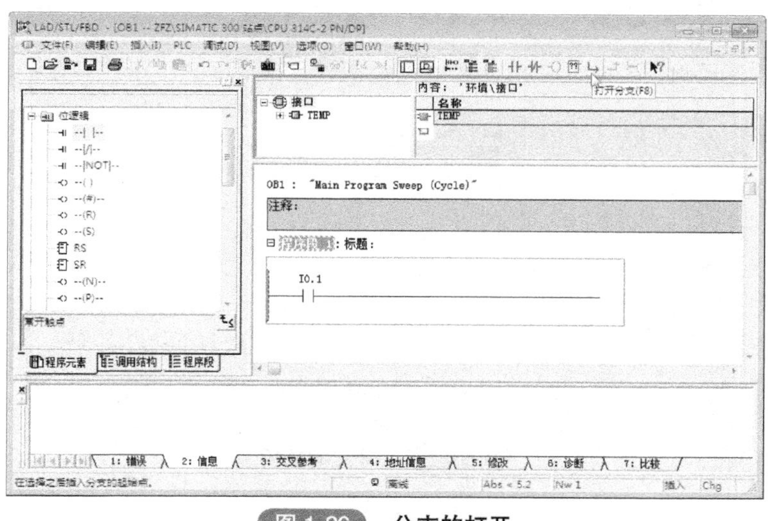

图 1-36 分支的打开

26）拖入 Q0.0 的线圈或将光标停留在触点所需输入位置并双击所要输入的线圈，完成正转控制程序的输入，如图 1-40 所示。

27）将光标放在“程序段 1”上并单击，再单击右键→“插入程序段（W）”，如图 1-41 所示。

28）在“程序段 2”中按同样的方法输入反转控制程序，如图 1-42 所示。

29）将程序保存后下载至 PLC 并进行调试，如图 1-43 所示。

6. 系统下载和调试

（1）S7-300 程序的下载与监控

1）S7-300 程序新建时一般会自动生成一个多点接口（Multi Point Interface，MPI）网络，如图 1-44 所示。双击“MPI”图标可打开如图 1-45 所示窗口，其中长的横线即为 MPI 网，由图可以看出 PLC 和 MPI 网并没进行连接。

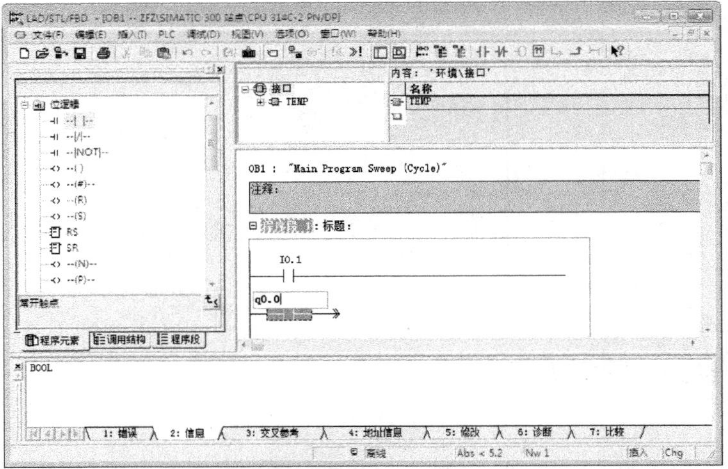

图 1-37　分支上常开触点的输入

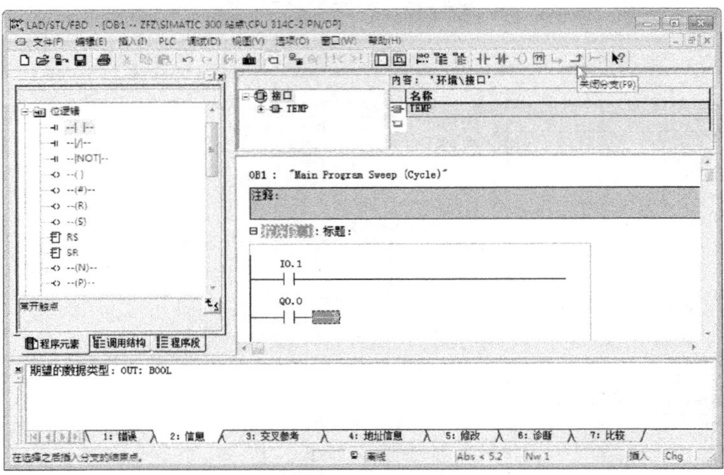

图 1-38　分支的关闭

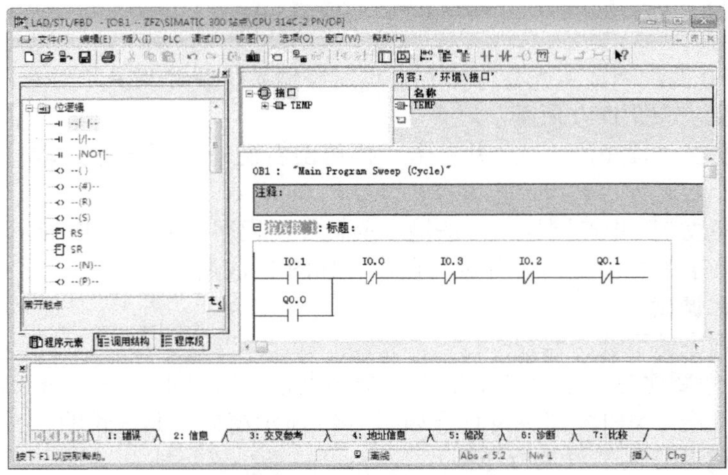

图 1-39　常闭触点的输入

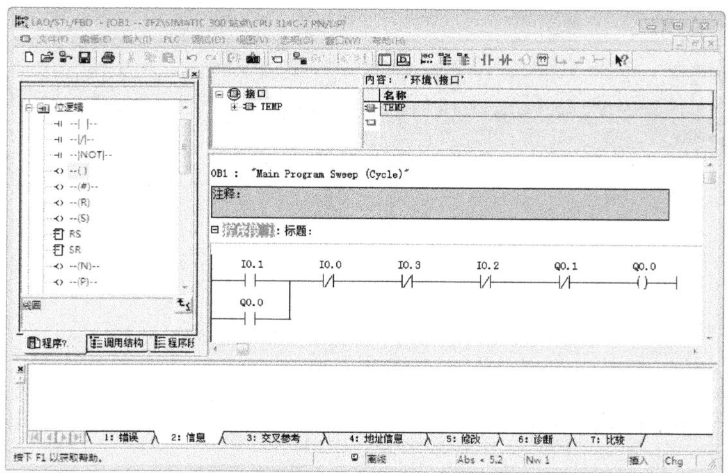

图 1-40 完成正转控制程序的输入

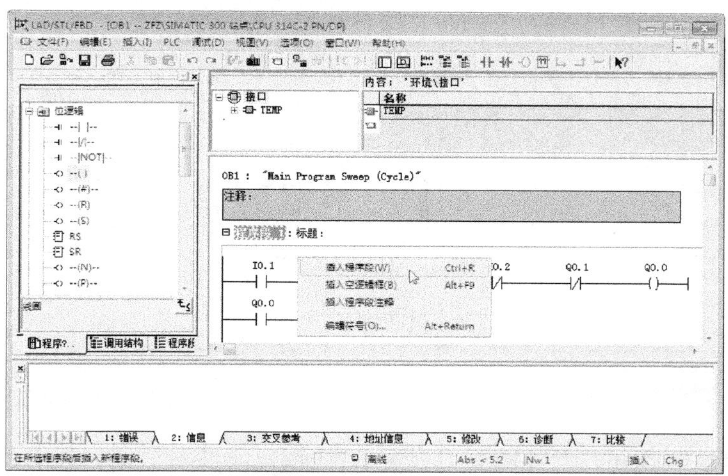

图 1-41 插入程序段

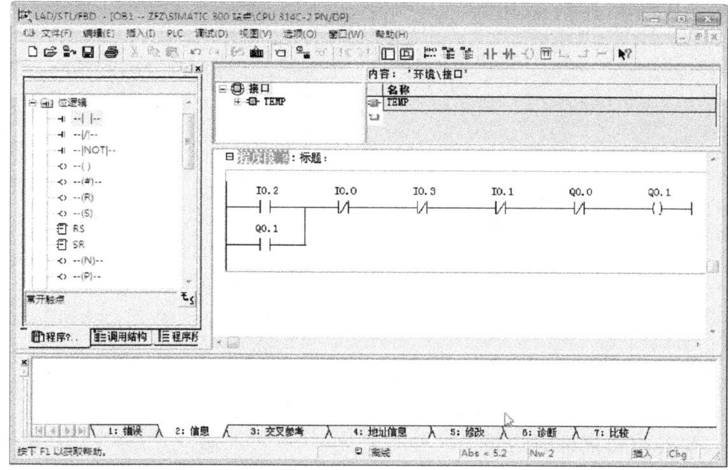

图 1-42 反转控制程序的输入

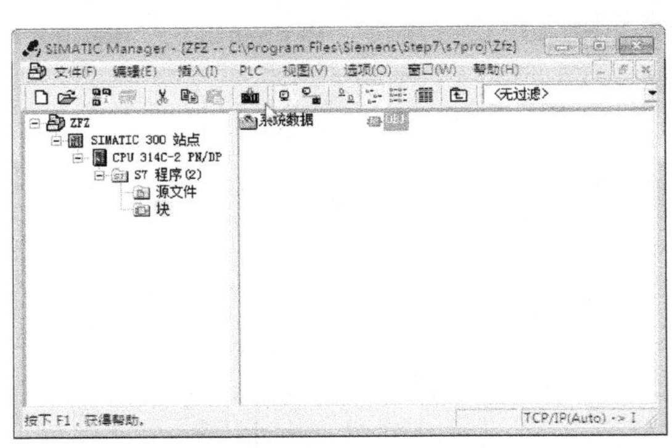

图 1-43　程序的下载

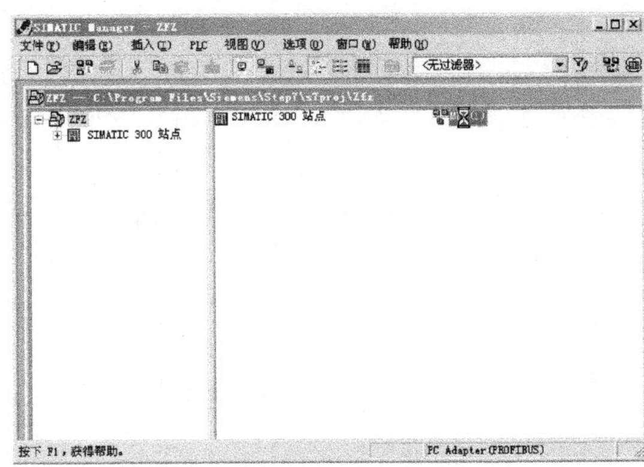

图 1-44　双击 MPI 图标

2）双击“MPI/DP”接口打开网络接口属性对话框，如图 1-46 所示。

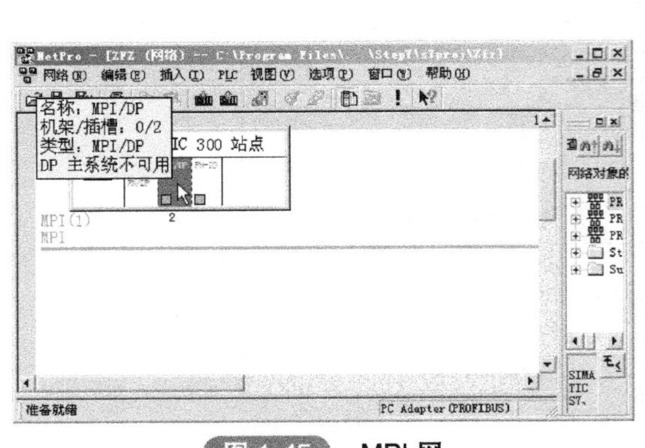

图 1-45　MPI 网

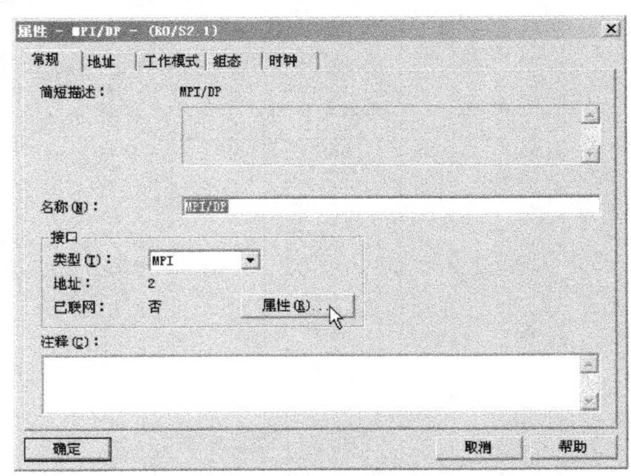

图 1-46　网络接口属性对话框

3）单击“属性”按钮打开如图 1-47 所示 MPI 接口属性对话框，其中已有一条 MPI 网络存在，若没有可通过图中“新建”按钮创建。

4）单击“属性”按钮打开如图 1-48 所示 MPI 属性对话框，在“网络设置”选项卡中可设置 MPI 的“传输率”，在此处设定为 187. 5kbit/s。

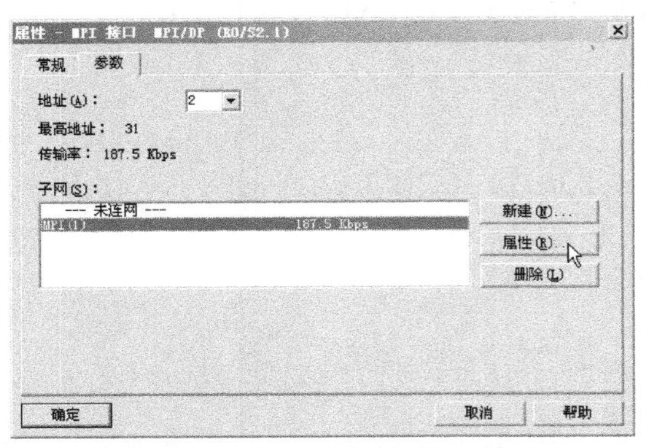

图 1-47　MPI 接口属性对话框

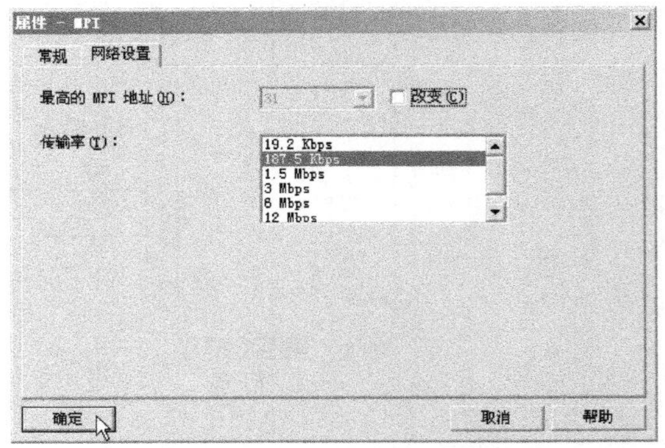

图 1-48　MPI 属性对话框

5）在主菜单上单击“选项”→“设置 PG/PC 接口”，如图 1-49 所示。

6）在“设置PG/PC接口”对话框中单击“选择”按钮，为使用的接口分配参数，如图1-50所示。

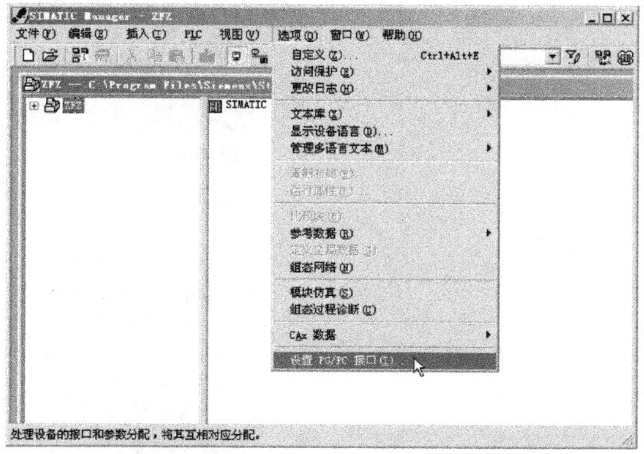

图 1-49 选择设置 PG/PC 接口

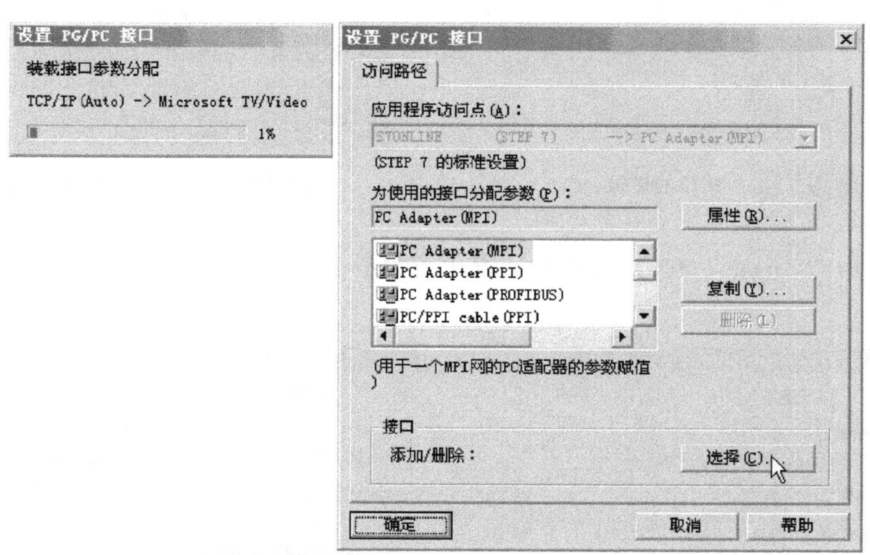

图 1-50 “设置 PG/PC 接口”对话框

7）由于选用的适配器是通过PC的USB接口连接的MPI适配器，因此在左面“选择”列表框中选择“PC Adapter”，单击“安装”按钮进行安装，若在“已安装”列表框中已有此选项则不需再安装，如图1-51所示。

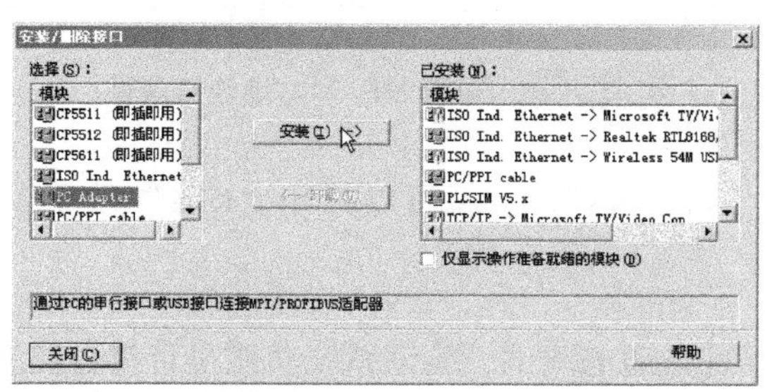

图 1-51 接口的安装

8）安装后“已安装”列表框中即会出现已安装的接口，若需删除接口则可在“已安装”列表框中选中其后单击“卸载”按钮进行删除，如图 1-52 所示。

9）在如图 1-53 所示“设置 PG/PC 接口”对话框中选择“PC Adapter（MPI）”，单击“属性”按钮。

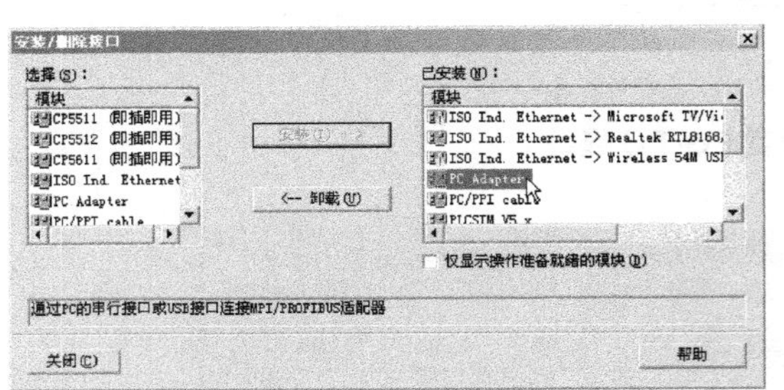

图 1-52 接口的删除

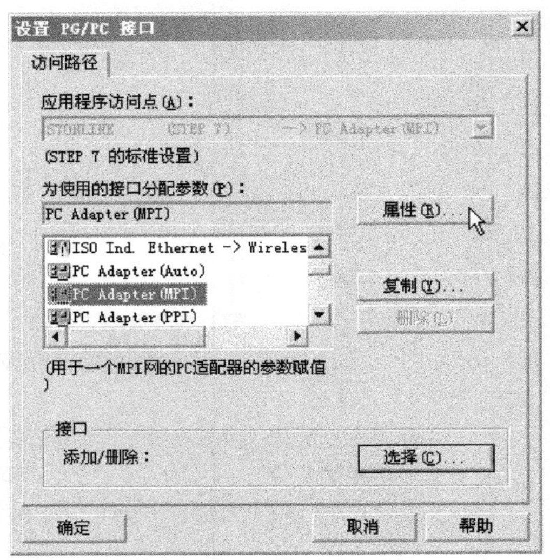

图 1-53 单击“属性”按钮

10）在 PC Adapter（MPI）属性对话框中可以查看 MPI 和本地连接的属性，如图 1-54 所示。

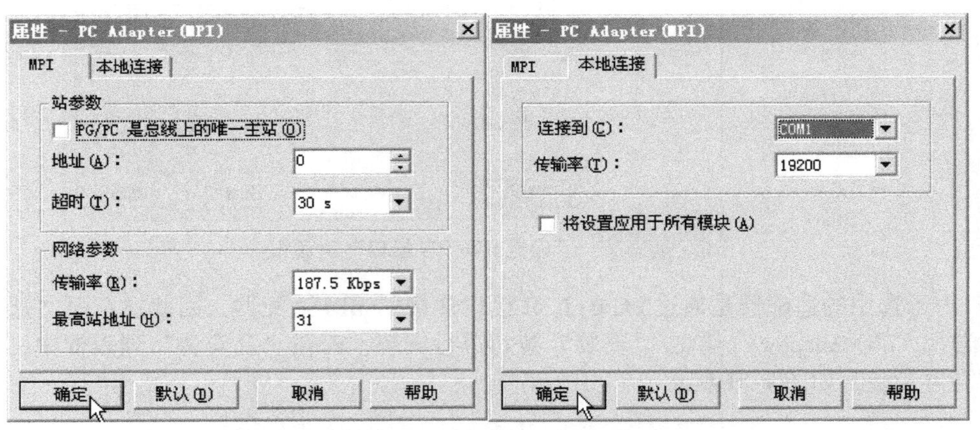

图 1-54 查看 MPI 和本地连接属性

11）按上述步骤将通信口设置好后，就可以打开“OB1”块了，如图 1-43 所示单击工具条中“下载”图标。

（2）系统调试

1）在教师现场监护下进行通电调试，验证系统功能是否符合控制要求。

2）如果出现故障，学生应独立检修。线路检修完毕和梯形图修改完毕后应重新调试，直至系统正常工作。

六、检查评议

考核时采用两人一组共同协作完成的方式，按表 1-6 的标准进行评分，此分数作为成绩的 60%；而分别对两位学生进行提问，学生答复得分作为成绩的 40%。

表 1-6　评分标准

内容	考核要求	配分/分	评分标准	扣分	得分	备注
I/O 分配表设计	1. 根据设计的功能要求，正确地分配输入和输出点 2. 能根据课题功能要求，正确分配各种 I/O 量	10	1. 设计的点数符合系统要求功能，每处不符合扣 2 分 2. 功能标注不清楚，每处扣 2 分 3. 少标、错标、漏标，每处扣 2 分			
程序设计	1. PLC 程序能正确实现系统控制功能 2. 梯形图程序及程序清单正确完整	40	1. 梯形图程序未实现某项功能，酌情扣 5~10 分 2. 梯形图画法不符合规定，程序清单有误，每处扣 2 分 3. 梯形图指令运用不合理，每处扣 2 分			
程序输入	1. 指令输入熟练正确 2. 程序编辑与传输方法正确	20	1. 指令输入方法不正确，每提醒一次扣 2 分 2. 程序编辑方法不正确，每提醒一次扣 2 分 3. 传输方法不正确，每提醒一次扣 2 分			
系统安装调试	1. PLC 系统接线完整正确，有必要的保护 2. PLC 安装接线符合工艺要求 3. 调试方法合理正确	30	1. 错线、漏线，每处扣 2 分 2. 缺少必要的保护环节，每处扣 2 分 3. 反圈、压皮、松动，每处扣 2 分 4. 编码错误、漏标编码，每处扣 1 分 5. 调试方法不正确，酌情扣 2~5 分			
安全生产	按国家颁布的安全生产法规或企业自定的规定考核		1. 每违反一项规定从总分中扣除 2 分(总扣分不超过 10 分) 2. 发生重大事故的取消其考试资格			
时间	不能超过 120min	扣分：每超时 2min 扣 1 分				

七、扩展知识

用 PLC 控制系统实现电力拖动控制电路中小车自动往返的控制功能，图 1-55 所示。

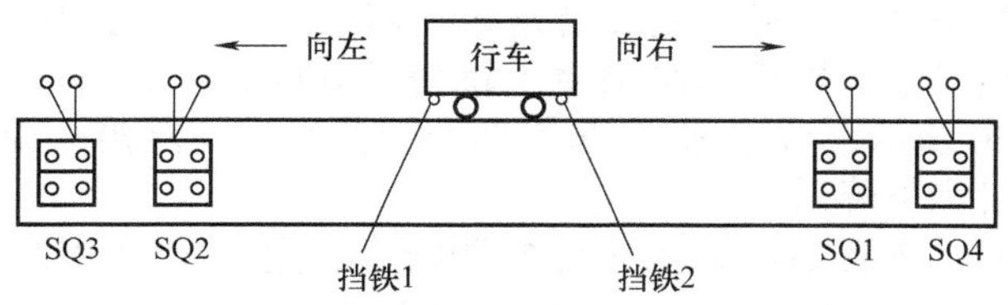

图 1-55　小车自动往返示意图

任务2　三相交流异步电动机单键起动和停止控制

一、任务描述

三相交流异步电动机的起动、停止控制，通常采用两个按钮来分别实现，即起动按钮和停止按钮，这在任务1中已经进行了详细介绍。其实，采用PLC控制三相交流电动机时，通过一个按钮也可以实现其起动和停止，但这需要运用一些指令编程实现，如上升沿、下降沿检测指令。本任务我们学习利用边沿检测指令实现三相异步电动机单键起动和停止的方法。

用一个按钮控制三相交流异步电动机的起动、停止。第一次按下按钮，电动机起动；第二次按下按钮，电动机停止；第三次按下按钮，电动机起动，依此类推。

二、任务分析

主要知识点：

1）理解三相交流异步电动机的单键起动和停止控制的工作原理。

2）理解上升沿和下降沿的概念，并能正确分析简单的时序图。

3）掌握西门子S7-300型PLC的上升沿与下降沿检测指令的基本使用方法。

三相交流异步电动机的单键起动、停止控制电路比较简单，就是利用一个按钮SB，既有起动功能，又有停止功能。由于三相交流电动机由接触器KM控制三相电源的接入和断开，以此实现电动机的起动和停止控制，因此按钮SB就需要控制接触器的得电和失电。其控制动作时序图如图1-56所示。

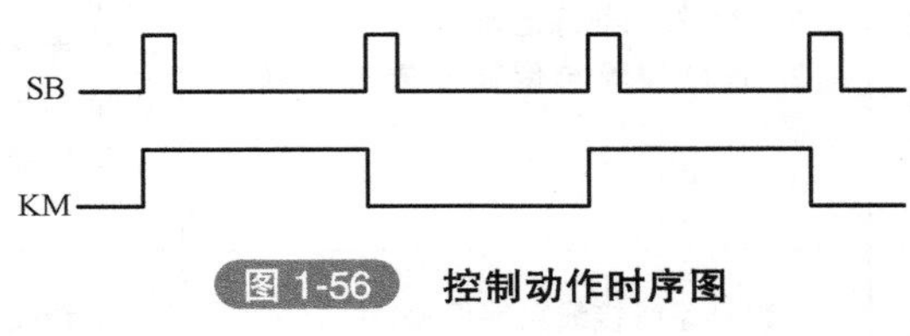

图1-56　控制动作时序图

由图1-56可以看出，当按钮SB第一次由OFF→ON即上升沿到来时，接触器KM得电，然后SB即使由ON→OFF即下降沿到来时，KM保持得电状态；当SB第二个上升沿到来时，KM失电。由于控制任务要求SB奇数次按下时KM得电，偶数次按下时KM失电，而偶数次按下时必须经过下降沿，所以可以通过下降沿检测指令来判断SB是奇数次按下还是偶数次按下，从而决定KM的得电和失电问题，以此来控制电动机的起动和停止。

三、相关知识

1. 逻辑操作结果（RLO）

逻辑操作结果（Result of Logic Operation，RLO）是指程序执行时，某一点左侧程序块的运算结果。即当该点和左侧母线相通时，RLO=1，若此点有输出元件时，输出元件接通；反之，RLO=0，此时即使该点有输出元件也不会接通。

2. 边沿触发

边沿主要有上升沿和下降沿两种。上升沿是指控制信号或逻辑操作结果由0跳变至1的瞬间；下降沿是指控制信号或逻辑操作结果由1跳变至0的瞬间。所以上升沿、下降沿又称为正、负跳变。如图1-56所示，按钮SB信号有四个上升沿和下降沿，即按下和松开了四次，而接触器则有两个上升沿和下降沿。

采用边沿触发方式时，编程时应运用边沿检测指令，用于检测RLO的上升沿和下降沿，一般PLC都具有该类指令，西门子S7-300型PLC也不例外，而且其用法也基本相同。

3. 基于STEP 7 V5. x软件的相关PLC指令

S7-300型PLC的边沿检测指令是通过比较相邻两个扫描周期（“OB1”循环扫描一周为一

个扫描周期）流过该指令的“能流”状态，并以此来决定自身是否导通的。根据检测对象的不同，S7-300 型 PLC 的边沿检测指令可分为 RLO 边沿检测指令和地址边沿检测指令两种。

（1）RLO 边沿检测指令　S7-300 型 PLC 的 RLO 边沿检测指令见表 1-7。表中的操作数为位地址，用于存放上一个扫描周期指令左端的 RLO 的值，以便用于和本扫描周期该点 RLO 值相比较，当发生正、负跳变时，则相应的 RLO 边沿检测指令接通一个扫描周期，并把当前的 RLO 值存放到位地址中，以便下一次进行 RLO 边沿检测。应注意的是，操作数中可以用 I 来进行位地址存储，而 L 为本地数据寄存器，按位寻址时可写成 L0. 0、L1. 0 等。RLO 边沿检测指令的用法如图 1-57 所示。

表 1-7　RLO 边沿检测指令

指令名称	指令格式		操作数(位)的存储区域	作用
	LAD	STL		
RLO 正跳沿检测指令	操作数 —(P)—	FP	I、Q、M、L、D	检测到地址(操作数)的信号状态从“0”到“1”变化时,接通一个扫描周期
RLO 负跳沿检测指令	操作数 —(N)—	FN	I、Q、M、L、D	检测到地址(操作数)的信号状态从“1”到“0”变化时,接通一个扫描周期

图 1-57 中，操作数 M0. 0 用于存储 I0. 0（指令左侧 RLO）上一个扫描周期的状态，以便进行状态比较确认是否有上升沿的发生。若 M0. 0 状态为“0”时，I0. 0（指令左侧 RLO）当前状态变为“1”，则表明发生了上升沿，RLO 正跳沿检测指令接通一个扫描周期后断开，输出点 Q0. 0 也接通一个扫描周期。相邻两个扫描周期的 RLO 状态对比完成后，M0. 0 的状态将被 I0. 0 改写，也就是说，M0. 0 的状态与 I0. 0 的状态基本一致，只是在时间上滞后 I0. 0 不到一个扫描周期。其运行时序图如图 1-58a 所示。

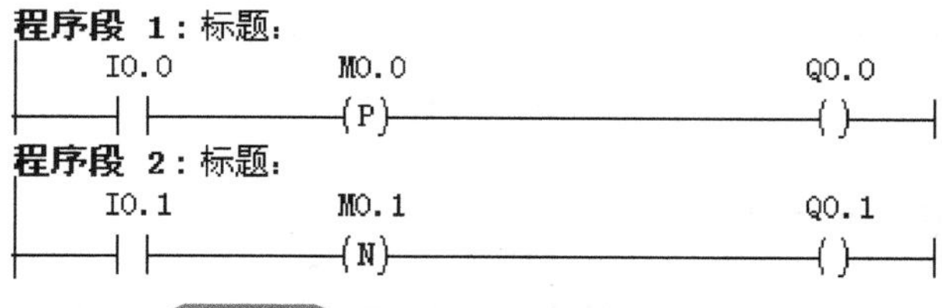

图 1-57　RLO 边沿检测指令的用法

RLO 负跳沿检测指令用法和 RLO 正跳沿检测指令类似，只是用于检测相邻两个扫描周期的下降沿，当 RLO 下降沿到来时，Q0. 1 接通一个扫描周期后断开。其动作时序图如图 1-58b 所示。

值得注意的是，若在同一程序中多次使用 RLO 边沿检测指令时，应保证各指令用于存放上一扫描周期 RLO 的位地址的唯一性，不能在两个或两个以上的边沿检测指令中重复使用同一个地址，即各边沿检测指令的操作数应互不相同，否则程序在执行时容易出错。

（2）地址边沿检测指令　地址边沿检测指令与 RLO 检测指令不同，其检测的不是指令左侧的 RLO 的变化，而是指定位地址单元的状态变化。地址边沿检测指令见表 1-8。

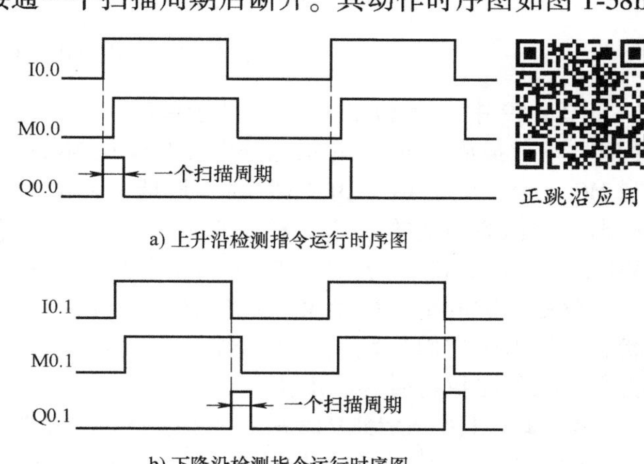

a) 上升沿检测指令运行时序图

b) 下降沿检测指令运行时序图

图 1-58　上升沿检测指令与下降沿检测指令运行时序图

表 1-8　地址边沿检测指令

指令名称	指令格式		操作数(位)	作用
	LAD	STL		
地址上升沿检测指令	操作数1 POS Q 操作数2—M_BIT	FP	操作数 1：被检测的位地址。存储区域为 I、Q、M、L、D 操作数 2：M_BIT，边沿存储位。存储区域为 I、Q、M、L、D Q：输出端。存储区域为 I、Q、M、L、D	检测到位地址（操作数1）的信号状态从“0”到“1”变化时，输出端接通一个扫描周期
地址下降沿检测指令	操作数1 NEG Q 操作数2—M_BIT	FN	操作数 1：被检测的位地址。存储区域为 I、Q、M、L、D 操作数 2：M_BIT，边沿存储位。存储区域为 I、Q、M、L、D Q：输出端。存储区域为 I、Q、M、L、D	检测到位地址（操作数1）的信号状态从“1”到“0”变化时，输出端接通一个扫描周期

表 1-8 中，地址边沿检测指令用于检测操作数 1 所定义的位地址的上升沿或下降沿信号状态，M_ BIT 则用于存储该位上一个扫描周期的状态，通过比较，当被检测位地址单元的信号状态在两个相邻的扫描周期出现正或负跳变，且此时使能端处于接通状态时，从对应指令的 Q 端输出一个扫描周期的“1”，然后变为“0”。其用法如图 1-59 所示。

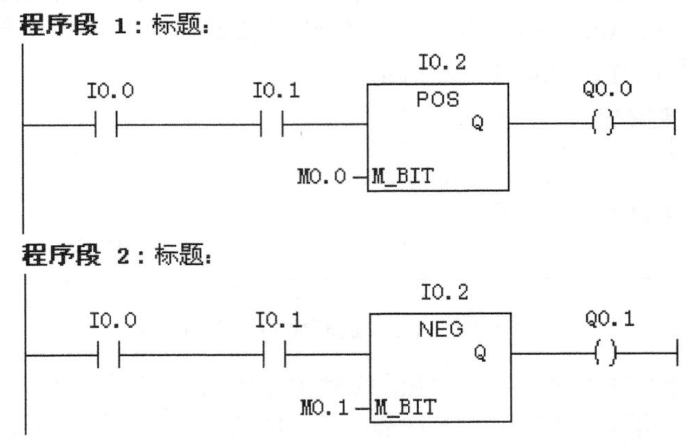

图 1-59　地址边沿检测指令的用法

图 1-59 中，当 I0.0 和 I0.1 处于接通状态，即地址上升沿和下降沿指令的使能端的 RLO = 1 时，本扫描周期 I0.2 的状态分别和存储在 M0.0 和 M0.1 的上一扫描周期 I0.2 的状态比较，当 M0.0 为“0”，I0.2 为“1”时，地址上升沿检测指令检测到 I0.2 的上升沿，在输出端 Q 输出一个扫描周期的“1”，然后恢复为“0”，即 Q0.0 接通一个扫描周期后断开；同样，当 M0.1 为“1”，I0.2 为“0”即 I0.2 的下降沿到来时，Q0.1 接通一个扫描周期后断开。

值得注意的是，尽管 M0.0 和 M0.1 两个位地址均是存储被检测位 I0.2 上一个扫描周期的状态，但由于它们分别用于上升沿和下降沿状态的比较，因此不能用同一个位地址来存储，否则，在程序执行时容易出错。

4. 基于 TIA Portal V1x 软件的相关 PLC 指令

（1）扫描操作数信号边沿指令　表 1-9 中的操作数 2 为边沿存储器位，用于存放上一个扫描周期的信号状态，以便用于和本扫描周期该点 RLO 值相比较，当发生上升沿、下降沿时，则该指令输出的信号状态为“1”。在其他任何情况下，该指令输出的信号状态均为“0”。

值得注意的是，边沿存储器位的地址在程序中最多只能使用一次，否则，该存储器位会被覆盖。该步骤将影响到边沿检测，从而导致结果不再唯一。

表 1-9 扫描操作数信号边沿指令

指令名称	指令格式		操作数(位)	作用
	LAD	STL		
扫描操作数信号上升沿指令	操作数 1 —|P|— 操作数 2	FP	操作数 1:要扫描的信号。存储区域为 I、Q、M、T、C、D、L 操作数 2:上一次扫描的信号状态的边沿存储器位。存储区域为 I、Q、M、D、L	检测到地址(操作数 1)的信号状态从“0”到“1”变化时,接通一个扫描周期
扫描操作数信号下降沿指令	操作数 1 —|N|— 操作数 2	FN	操作数 1:要扫描的信号。存储区域为 I、Q、M、T、C、D、L 操作数 2:上一次扫描的信号状态的边沿存储器位。存储区域为 I、Q、M、D、L	检测地址(操作数 1)的信号状态从“1”到“0”变化时,接通一个扫描周期

（2）扫描 RLO 的信号边沿指令　扫描 RLO 的信号边沿指令与 STEP 7 V5. x 软件的地址边沿检测指令相同，其检测的是指定位地址单元的状态变化。地址边沿检测指令见表 1-10。

表 1-10 扫描 RLO 的信号边沿指令

指令名称	指令格式		操作数(位)	作用
	LAD	STL		
扫描 RLO 的信号上升指令	P_TRIG —CLK　Q— 操作数	FP	CLK:当前的 RLO 状态,存储区域为 I、Q、M、D、L 操作数:保存上一次查询的 RLO 的边沿存储位,存储区域为 I、Q、M、D、L Q:边沿检测的结果,存储区域为 I、Q、M、D、L	检测到地址(操作数)的信号状态从“0”到“1”变化时,接通一个扫描周期
扫描 RLO 的信号下降指令	N_TRIG —CLK　Q— 操作数	FN	CLK:当前的 RLO 状态存储区域为 I、Q、M、D、L 操作数:保存上一次查询的 RLO 的边沿存储位,存储区域为 I、Q、M、D、L Q:边沿检测的结果,存储区域为 I、Q、M、D、L	检测到地址(操作数)的信号状态从“1”到“0”变化时,接通一个扫描周期

四、任务准备

1）准备工具和器材，见表 1-11。

2）S7-300 型 PLC 正反转控制系统可按图 1-60 布置元器件并安装接线，主电路则按三相交流异步电动机正反转电路的主电路接线。

五、任务实施

首先要进行输入/输出点的分配，主要通过输入/输出分配表或输入/输出接线图来实现。

1. 输入/输出分配

三相交流异步电动机单键起动和停止控制系统电路的输入/输出分配见表 1-12。

表 1-11　所需工具和器材清单

序号	分类	名　称	型号规格	数量	单位
1	工具	电工工具		1	套
2	器材	万用表	MF47 型	1	块
3		可编程序控制器	S7-300 CPU314C-2PN/DP	1	只
4		计算机	装有 STEP 7 V5. x 和 TIA Portal V1x 软件	1	台
5		安装铁板	600mm×900mm	1	块
6		导轨	C45	0. 3	m
7		小型剩余电流断路器	DZ47LE-32，4P，C3A	1	只
8		小型断路器	DZ47-60，1P，C2A	1	只
9		熔断器	RT28-2	3	只
10		熔断器	RT28-3	2	只
11		接触器	CJX2-0910/220V	2	只
12		继电器	JZX-22F(D)/4Z/DC 24V	2	只
13		热继电器	NR4-63，0. 8～1. 25A	1	只
14		直流开关电源	DC 24V，50W	1	只
15		三相异步电动机	JW6324-380V、250W、0. 85A	1	只
16		按钮	LAY5	1	只
17		接线端子	JF5-2. 5mm^2，5 节一组	20	只
18		铜塑线	BV1/1. 5mm^2	15	m
19		软线	BVR7/0. 75mm^2	20	m
20		紧固件	M4×20 螺杆	若干	只
21			M4×12 螺杆	若干	只
22			ϕ4mm 平垫圈	若干	只
23			ϕ4mm 弹簧垫圈及 ϕ4mm 螺母	若干	只
24		号码管		若干	m
25		号码笔		1	支

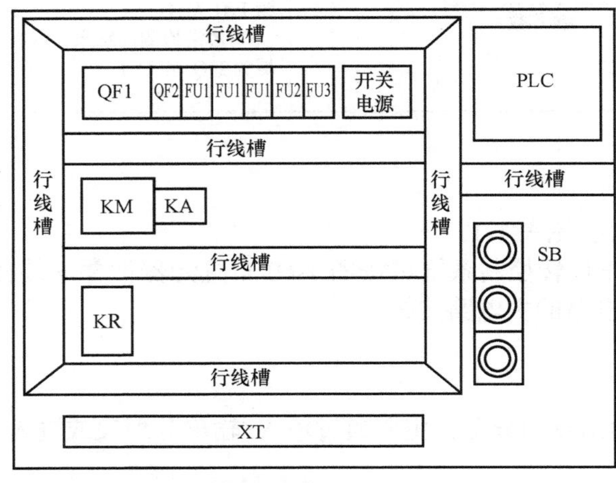

图 1-60　元器件布置图

表 1-12 输入/输出分配

输入			输出		
元件代号	输入继电器	作用	元件代号	输出继电器	作用
SB	I0.0	起动/停止	KA	Q0.0	电动机运行控制

2. S7-300 型 PLC 的输入/输出接线

用西门子 S7-300 型 PLC 实现三相交流异步电动机单键起动和停止控制的输入/输出接线如图 1-61 所示。

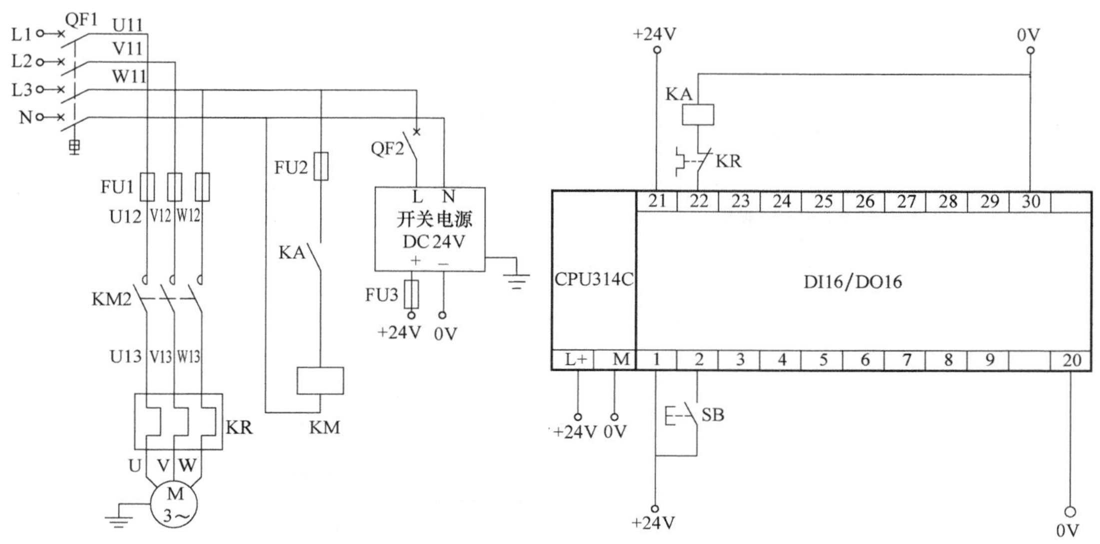

图 1-61 电动机单键起停控制 S7-300 型 PLC 输入/输出接线

图 1-61 中，由于 S7-300 型 PLC 的输入/输出模块的负载电压为 24V 直流电，而控制交流电动机正反转的接触器为交流 220V，所以 PLC 通过控制 24V 直流继电器进而控制交流接触器以实现对交流电动机的起停控制。

3. 程序设计

电动机单键起停控制由于用一个按钮控制电动机的起动和停止，起动信号在按钮按下次数为单数时，停止信号在按钮按下次数为双数时，这就需要通过下降沿检测指令进行检测区分，从而使电动机按控制要求运行。

（1）基于 STEP 7 V5.x 软件的 S7-300 型 PLC 控制程序　三相交流异步电动机单键起动和停止的控制梯形图程序如图 1-62 所示。按钮 SB（I0.0）第一次接通时，M0.0 得电自锁（程序段 1），于是中间继电器 KA（Q0.0）得电（程序段 5）；而当 SB 第一次断开时，则 M0.1 得电自锁（程序段 2），这等于记录下了按钮的第一次动作状态。按钮 SB 第二次接通时，由于 M0.1 此前已经得电，因此 M0.2 接通（程序段 3），于是 M0.2 的常闭触点断开使 KA 失电（程序段 5）；而当 SB 第二次断开时，M0.3 接通一个扫描周期（程序段 4），其常闭触点使 M0.0、M0.1、M0.2 同时失电，让各个辅助继电器都恢复到原始的状态。如此周而复始，实现了单键起动和停止的功能。

程序执行各元件的动作时序图如图 1-63 所示。

进行图 1-62 所示程序设计时充分利用了边沿检测指令的特点，实现了控制要求，但是程序中使用了 4 个辅助继电器，程序结构和逻辑关系都较为复杂。其实通过简化还可以使程序更为简单，简化后的梯形图程序和元件动作时序图如图 1-64 和图 1-65 所示。

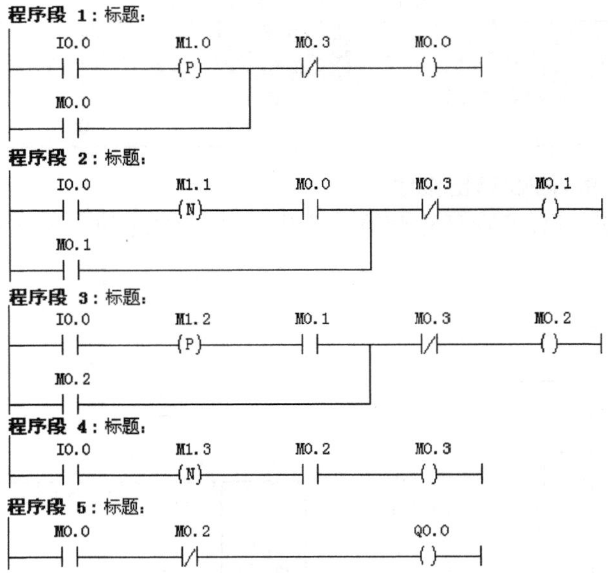

图 1-62 基于 STEP 7 V5. x 软件的 PLC 梯形图程序

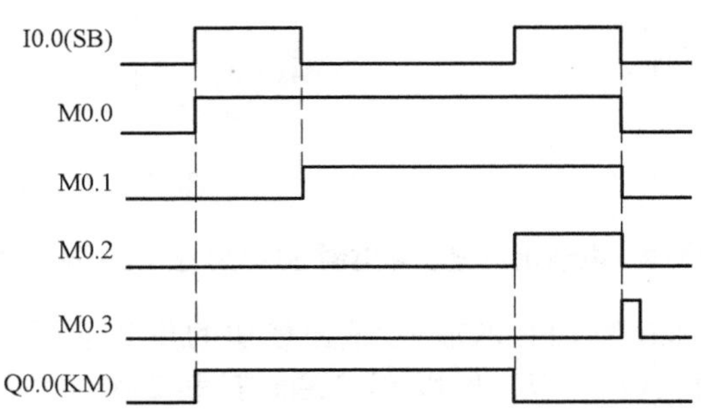

图 1-63 程序执行动作时序图

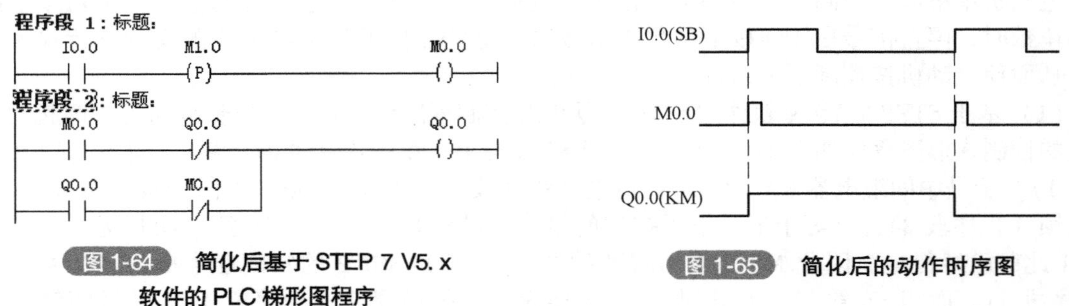

图 1-64 简化后基于 STEP 7 V5. x 软件的 PLC 梯形图程序

图 1-65 简化后的动作时序图

由图 1-64 可以看出按钮 SB（I0.0）第一次接通时，M0.0 动作一个扫描周期（程序段 1），于是程序段 2 的第一行便接通，使 KA（Q0.0）得电自锁；当 SB 第二次接通时，M0.0 再次动作一个脉冲，由于程序段 2 的第一行此时已经被 Q0.0 的常闭触点断开，程序段 2 的第二行也因为 M0.0 的动作而断开一个脉冲，因此导致 KA 失电，从而也实现了单键起动和停止的控制功能。

从表面上看，在 I0.0 接通时，程序段 2 的第一行会接通一个脉冲，同时程序段 2 的第二行会断开一个脉冲，似乎不能使 Q0.0 自锁，但是由于 PLC 的输出继电器 Q0.0 的动作要比其内部辅助继电器 M0.0 的动作更慢，所以当 M0.0 的动作结束时，Q0.0 仍处于接通状态，这种动作的滞后使得 Q0.0 在 I0.0 第一次动作时能得电自锁，这一点应细细体会。

若采用地址边沿检测指令编程，两种不同的编程思路所对应的程序分别如图 1-66 和图 1-67 所示，读者可自行分析。

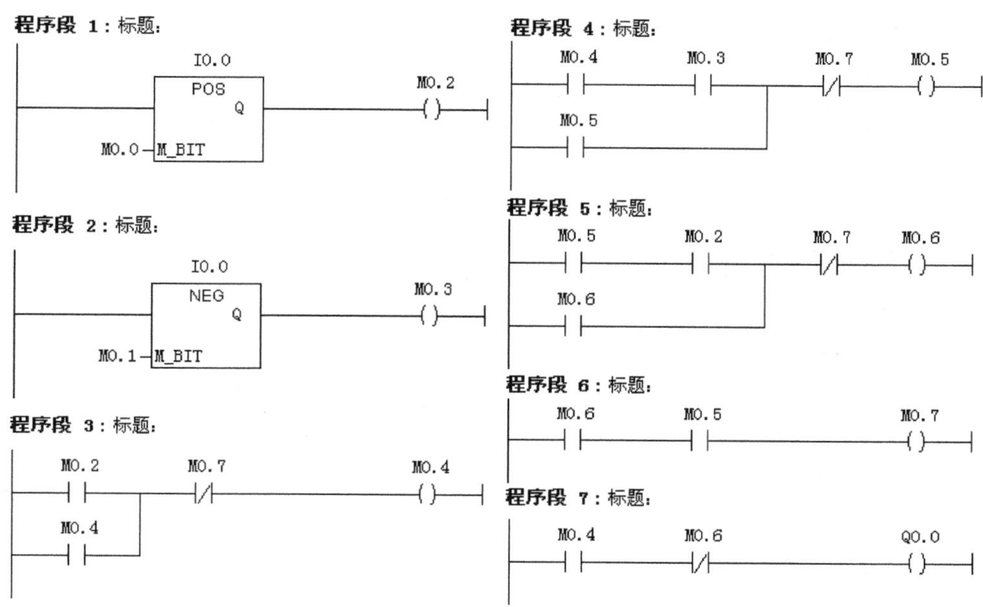

图 1-66　基于 STEP 7 V5. x 软件的地址边沿检测指令梯形图程序（1）

（2）基于 TIA Portal V1x 软件的 S7-300 型 PLC 控制程序　基于 TIA Portal V1x 软件的 S7-300 型 PLC 控制程序实现电动机单键起停控制时，设计思路和设计方法与基于 STEP 7 V5. x 软件的基本相同，只是所用指令的格式不同而已。现将图 1-62 和图 1-66 所示程序分别改写为图 1-68 和图 1-69 所示程序。

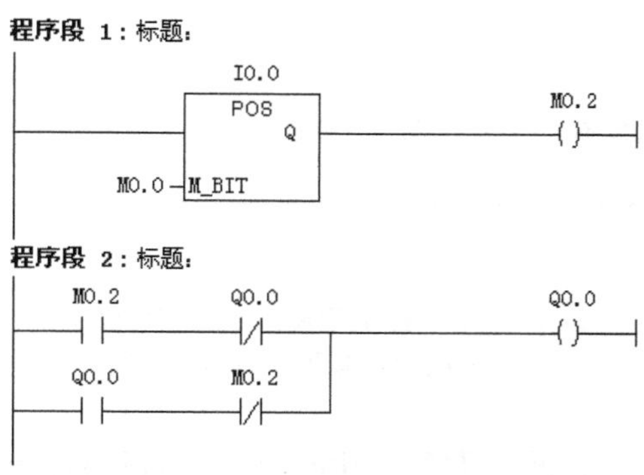

图 1-67　基于 STEP 7 V5. x 软件的地址边沿检测指令梯形图程序（2）

4. 基于 STEP 7 V5. x 软件的程序输入

（1）RLO 正跳沿检测指令的输入　将光标停在要输入位置，双击“位逻辑”下 RLO 正跳沿检测指令或将其拖至需要输入的位置，输入参数后即完成了 RLO 正跳沿检测指令的输入，如图 1-70所示。RLO 负跳沿检测指令的输入方法与正跳沿检测指令输入类似。

（2）地址上升沿检测指令的输入　将光标停在要输入位置，双击“位逻辑”下地址上升沿检测指令或将其拖至需要输入的位置，输入参数后即完成了地址上升沿检测指令的输入，如图 1-71 所示。地址下降沿检测指令的输入方法与此类似。

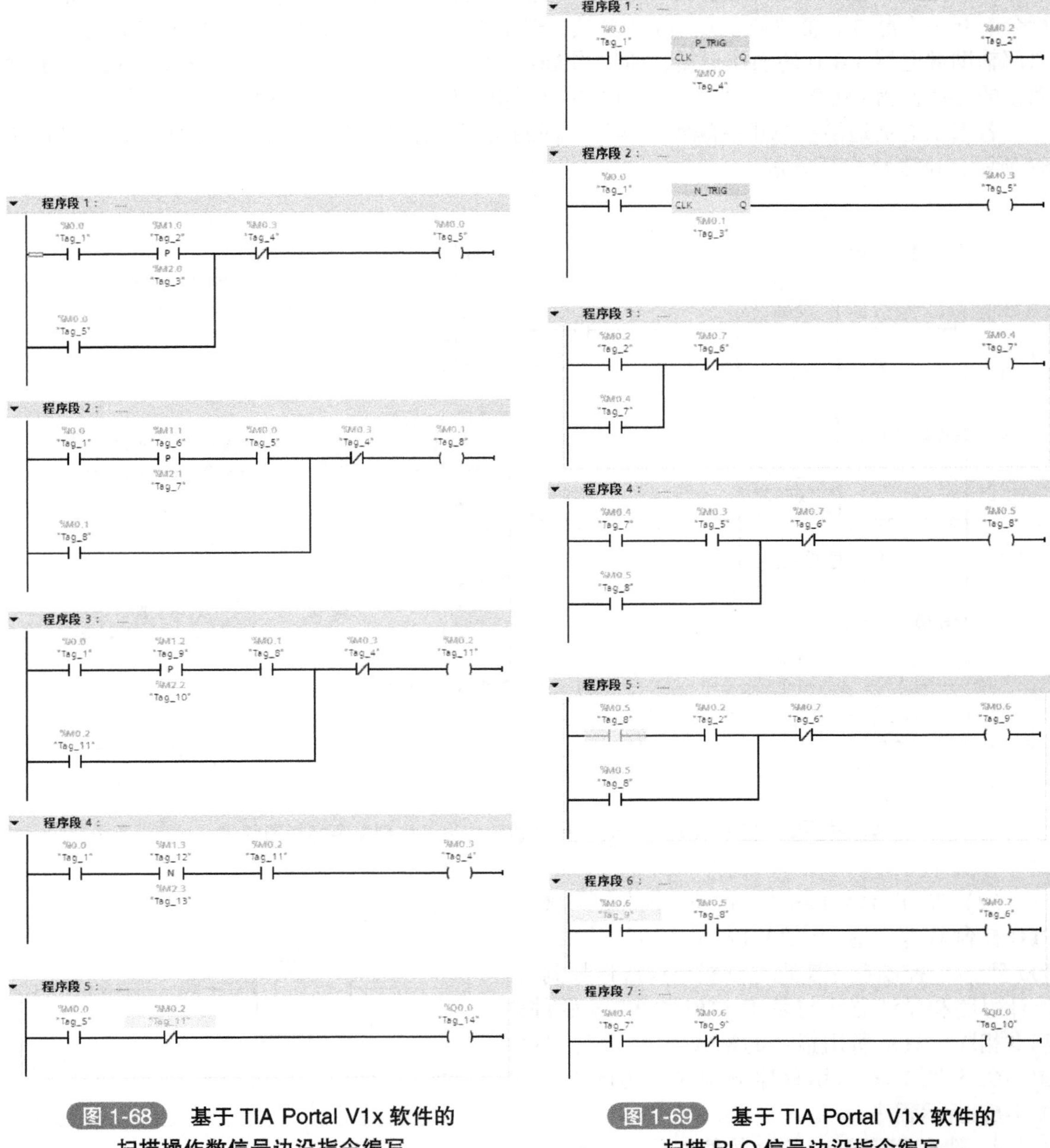

图 1-68 基于 TIA Portal V1x 软件的扫描操作数信号边沿指令编写

图 1-69 基于 TIA Portal V1x 软件的扫描 RLO 信号边沿指令编写

5. 基于 TIA Portal V1x 软件的程序输入

（1）扫描操作数信号上升沿指令的输入　将光标停在要输入位置，双击“位逻辑运算”下的扫描操作数的信号上升沿指令或将其拖至需要输入的位置，输入参数后即完成了扫描操作数信号上升沿指令的输入，如图 1-72 所示。扫描操作数信号下降沿指令的输入方法与此类似。

（2）扫描 RLO 的信号上升沿指令的输入　将光标停在要输入位置，双击“位逻辑运算”下的扫描 RLO 的信号上升沿指令“P_ TRIG”或将其拖至需要输入的位置，输入参数后即完成了 P_ TRIG 指令的输入，如图 1-73 所示。扫描 RLO 的信号下降沿指令“N_ TRIG”的输入方法与此类似。

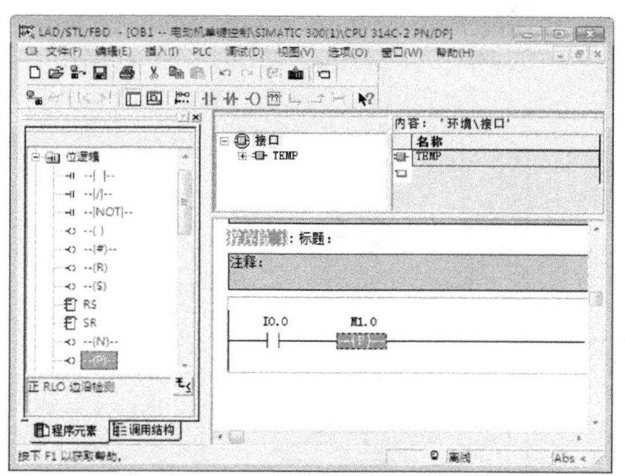

图 1-70　RLO 正跳沿检测指令的输入

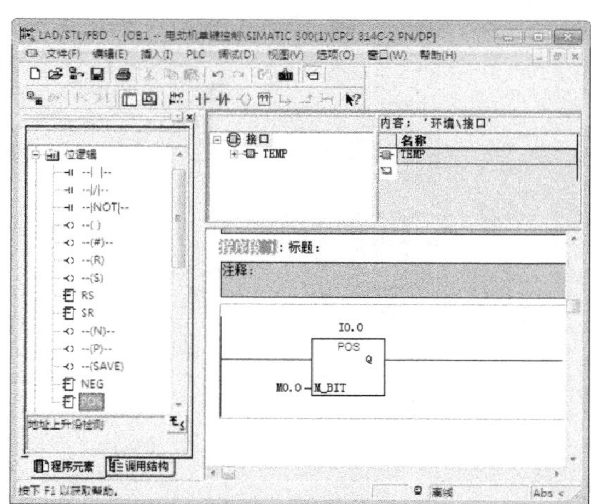

图 1-71　地址上升沿检测指令的输入

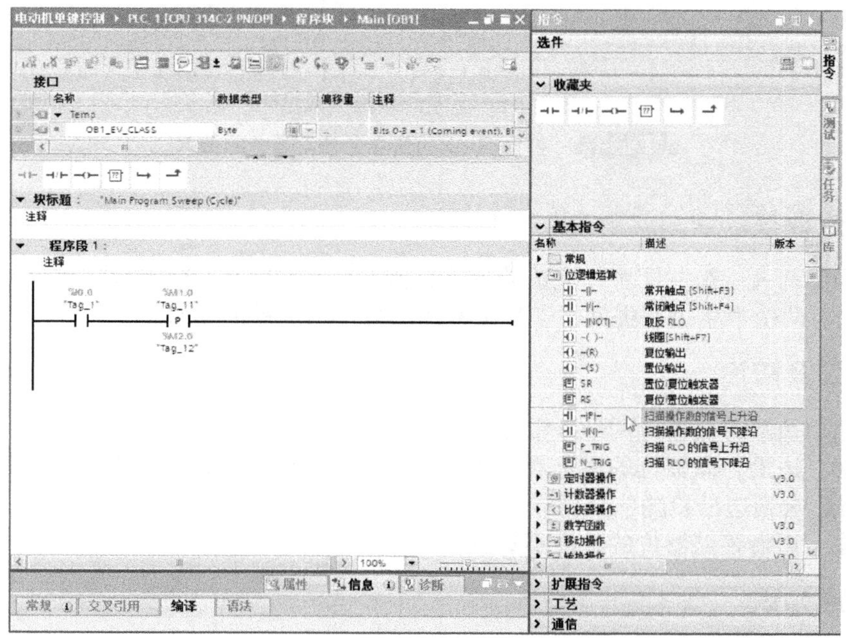

图 1-72　扫描操作数信号上升沿指令的输入

6. 系统调试

（1）安装接线　按要求自行完成系统的安装与接线，主电路则按三相交流异步电动机单向运行电路的主电路接线。

（2）程序下载　将几种不同的控制程序分别下载至 PLC 中。

（3）系统调试

1）在教师现场监护下进行通电调试，验证系统功能是否符合控制要求。

2）如果出现故障，学生应独立检修。线路检修完毕和梯形图修改完毕后应重新调试，直至系统正常工作。

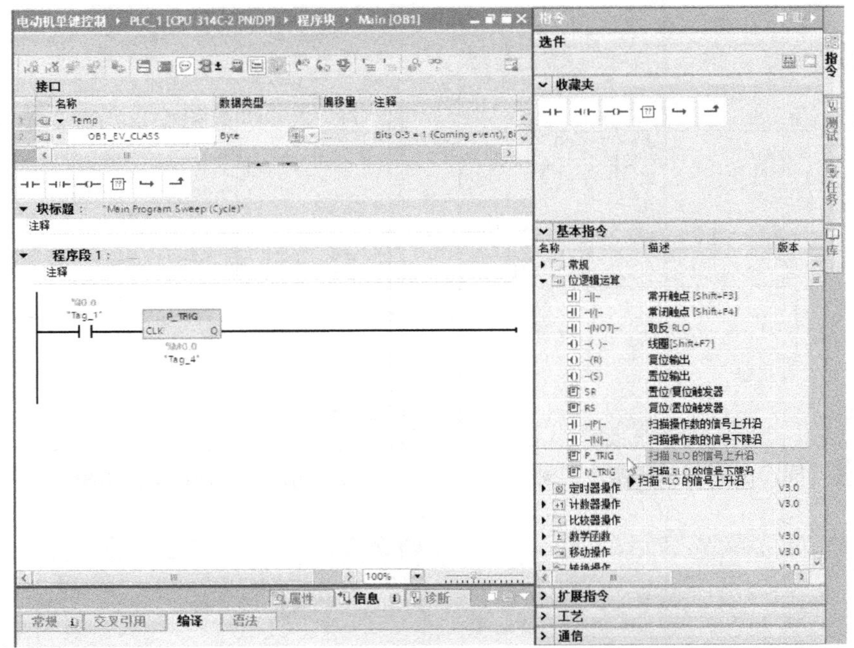

图 1-73 扫描 RLO 的信号上升沿指令的输入

六、检查评议

考核时采用两人一组共同协作完成的方式，按表 1-6 的标准进行评分，此分数作为成绩的 60%，并分别对两位学生进行提问，学生答复的得分作为成绩的 40%。

七、问题及防治

问题：使用边沿存储器位的地址重复。

理论基础：边沿存储器位的地址在程序中最多只能使用一次，否则，该存储器位会被覆盖。该步骤将影响到边沿检测，从而导致结果不再唯一。

预防方法：边沿存储器位的地址不重复。

八、扩展知识

利用上升沿检测指令和下降沿检测指令设计电动机起停控制程序。

1）按下起动按钮 SB1 时，电动机 M1 开始连续运行，按下停止按钮 SB2 时，电动机 M1 不停止，而松开 SB2 时，电动机 M1 停止运行。

2）按下起动按钮 SB1 时，电动机 M1 不运行，而松开 SB1 时，电动机开始连续运行，按下停止按钮 SB2 时，电动机 M1 停止运行。

任务 3　优先抢答器控制

一、任务描述

抢答器在各类竞赛中应用广泛。在竞赛中，参赛人员往往分为几组，针对主持人提出的问题，各组要进行抢答。因此，判断哪一组率先按键至关重要。抢答器能够通过指示灯显示、数码显示等方式在竞赛中准确、公正、直观地指示出第一抢答者。在本任务中，我们将对四路抢答器进行设计与调试。

1）系统初始通电后，主持人在总控制台上按“开始”按键后，允许各队人员开始抢答，即各队抢答按键有效。

2）在抢答过程中，1~4 队中的任何一队抢先按下各自的抢答按键后，该队指示灯点亮，LED 数码显示系统显示当前的队号，并且其他队的人员继续抢答无效。

3）主持人对抢答状态确认后，按“复位”按键，系统又继续允许各队人员重新开始抢答，即主持人按下“开始”按键，直至又有一队抢先按下自己的抢答按键。该模块中的数码管，经过译码电路处理为 8421BCD 码输入方式，D 端、C 端、B 端、A 端依次对应的权限为 8、4、2、1。

二、任务分析

主要知识点：

1）了解自锁电路。

2）了解双稳态触发器。

3）掌握西门子 S7-300 型 PLC 置位、复位、置位优先 RS、复位优先 SR 触发器指令的基本使用方法。

四路抢答器的结构如图 1-74 所示。

该任务控制可以分为四部分：起动控制、各队抢答控制、复位控制及数码管显示控制。起动控制的外部按钮信号要通过程序处理为保持型信号。各队抢答控制要保证只能有一个队抢答成功。复位控制将主持人的复位键作为停止信号设计在程序中。数码管显示控制要注意避免双线圈输出。

三、相关知识

1. 自锁电路

三相笼型异步电动机连续运行控制电路如图 1-75 所示。主电路转换开关 QS 起隔离作用，熔断器 FU1 对主电路进行短路保护，接触器 KM 的主触头控制电动机的起动、运行和停止，热继电器 KR 用作过载保护，M 为三相笼型异步电动机。控制电路中 SB1 为停止按钮，SB2 为起动按钮。

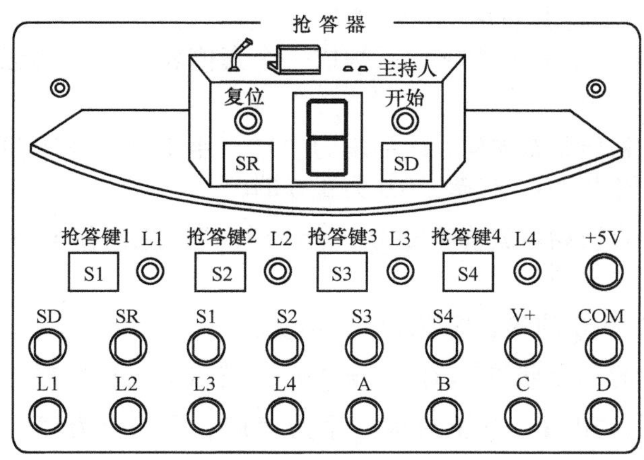

图 1-74 四路抢答器的结构

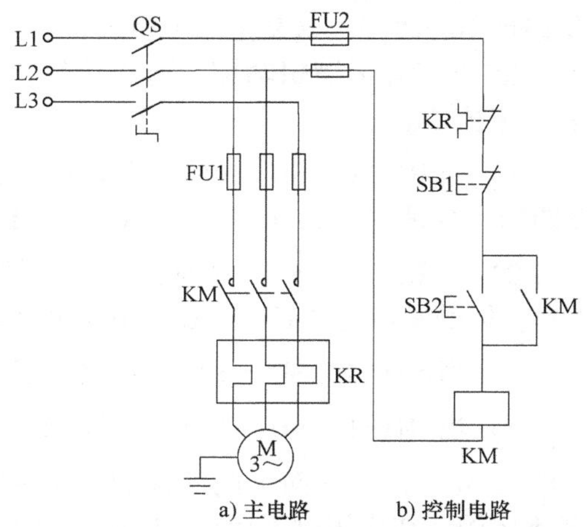

图 1-75 三相笼型异步电动机连续运行控制电路

合上转换开关 QS 引入三相电源→按下起动按钮 SB2→KM 线圈通电→KM 的衔铁吸合→主触头闭合和动合辅助触头闭合→电动机接通电源运转；松开起动按钮 SB2，利用接通的 KM 动合辅助触头自锁，电动机 M 连续运转。

所谓“自锁”，是依靠接触器自身的辅助动合触头来保证线圈继续通电的现象，也称为自保持控制。这个起自锁作用的辅助触头称为自锁触头。电动机的连续运行与点动运行主要区别在于：连续运行具有自锁控制功能，而点动控制没有。

2. 双稳态触发器

双稳态触发器是一种具有记忆功能的逻辑单元电路，它能储存一位二进制码。它的输出状态受输入端数据控制，并能保持“0”或者“1”两个稳定工作状态。在适当触发信号作用下，触发器的状态发生翻转，即触发器可由一个稳态转换到另一个稳态。当输入触发信号消失后，触发器的状态保持不变（即记忆功能）。

根据功能的不同，触发器有 RS 触发器、JK 触发器、D 触发器等类型。其中 RS 触发器是构成其他触发器的基本组成部分，故又称为基本 RS 触发器。下面以基本 RS 触发器为例，学习触发器的电路结构和工作原理。

图 1-76a 所示是由两个“与非”门构成的基本 RS 触发器，图 1-76b 所示是其逻辑符号。RD、SD 是两个输入端，Q 及 $\overline{Q}$ 是两个输出端。

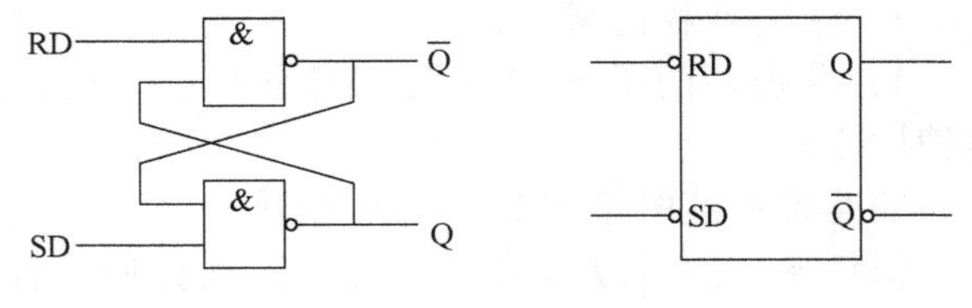

a) 两个“与非”门构成的基本RS触发器　　b) 逻辑符号

图 1-76　RS 触发器及逻辑符号

在正常工作时，触发器的 Q 和 $\overline{Q}$ 应保持相反，因而触发器具有两个稳定状态：

1）Q=1，$\overline{Q}$=0。通常将 Q 端作为触发器的状态。若 Q 端处于高电平，就说触发器是“1”状态。

2）Q=0，$\overline{Q}$=1。Q 端处于低电平，就说触发器是“0”状态；Q 端称为触发器的原端或 1 端，$\overline{Q}$ 端称为触发器的非端或 0 端。

由图 1-76 可看出，如果 Q 端的初始状态设为“1”，RD、SD 端都作用于高电平（逻辑 1），则 $\overline{Q}$ 一定为“0”。如果 RD、SD 状态不变，则 Q 及 $\overline{Q}$ 的状态也不会改变；这是一个稳定状态。同理，若触发器的初始状态 Q 为“0”而 $\overline{Q}$ 为“1”，在 RD、SD 为“1”的情况下这种状态也不会改变；这又是一个稳定状态。可见，它具有两个稳定状态。

RS 触发器的逻辑功能，可以用输入、输出之间的逻辑关系构成一个真值表（或叫功能表）来描述。

1）当 RD=0、SD=1 时，不论触发器的初始状态如何，$\overline{Q}$ 一定为“1”，由于“与非”门 2 的输入全是“1”，Q 端应为“0”。称触发器为“0”状态，RD 为置 0 端。

2）当 RD=1、SD=0 时，不论触发器的初始状态如何，Q 一定为“1”，从而使 $\overline{Q}$ 为“0”。称触发器为“1”状态，SD 为置 1 端。

3）当 RD=1、SD =1 时，如前所述，Q 及 $\overline{Q}$ 的状态保持原状态不变。

4）当 RD=0、SD =0 时，不论触发器的初始状态如何，Q=$\overline{Q}$=1，若 RD、SD 同时由“0”变成“1”，在两个门的性能完全一致的情况下，Q 及 $\overline{Q}$ 哪一个为“1”，哪一个为“0”是不定的，在应用时不允许 RD 和 SD 同时为“0”。

综合以上四种情况，可建立 RS 触发器的真值表见表 1-13。应注意的是，表中 RD=SD=0

的一行中 Q 及 $\overline{Q}$ 状态是指 RD、SD 同时变为“1”后所处的状态是不定的。由于 RD=0，SD=1 时 Q 为“0”，RD 端称为置 0 端或复位端。同理，SD 称为置 1 端或置位端。

表 1-13　RS 触发器真值表

RD	SD	Q	$\overline{Q}$
0	1	0	1
1	0	1	0
0	0	不定	
1	1	不变	

3. 西门子 S7-300 型 PLC 置位、复位、置位优先 RS、复位优先 SR 触发器指令

(1) 置位和复位指令及应用　S (Set，置位) 指令将指定的位地址置位 (变为 1 状态并保持)。指令符号如图 1-77 所示，其中，线圈上方的问号是要输入的位地址。该位地址的数据类型是 BOOL (布尔型)，位地址的存储区可以是 I、Q、M、L、D。

R (Reset，复位) 指令将指定的地址位复位 (变为 0 状态并保持)。指令符号如图 1-78 所示，其中，线圈上方的问号是要输入的位地址。该位地址的数据类型是 BOOL (布尔型)，位地址的存储区可以是 I、Q、M、L、D、T、C。

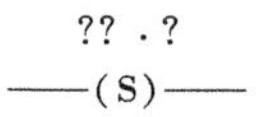

图 1-77　置位指令符号 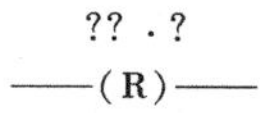　　图 1-78　复位指令符号

置位指令的格式及应用示例如图 1-79 所示。当满足输入端 I0.0 的信号状态为 1，且 I0.1 的信号状态为 0 的条件时，输出端 Q0.0 的信号状态将是 1；如果 (S) 前面指令的 RLO 为 0，输出端 Q0.0 的信号状态将保持不变。

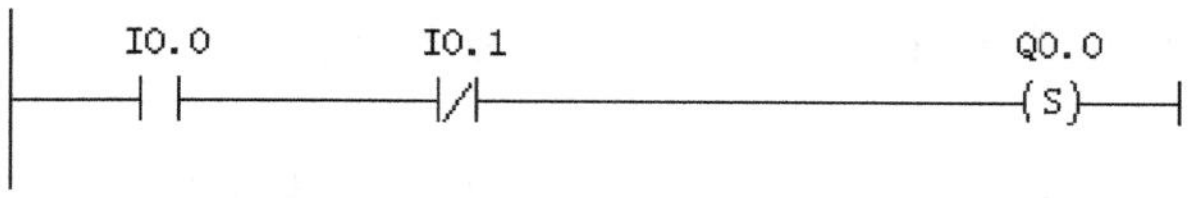

图 1-79　置位指令的格式及应用示例

复位指令的格式及应用示例如图 1-80 所示。当满足输入端 I0.0 的信号状态为 1，且 I0.1 的信号状态为 0 的条件时，输出端 Q0.1 的信号状态将复位为 0；如果 (R) 前面指令的 RLO 为 0，输出端 Q0.1 的信号状态将保持不变。

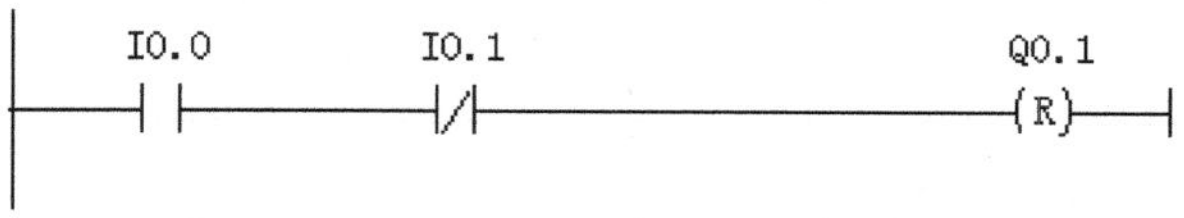

图 1-80　复位指令的格式及应用示例

应用实例：三相异步电动机起停继电器—接触器控制电路如图 1-75 所示。具体控制过程是，当按下起动按钮 SB2 (I0.1)，电动机接触器 KM (Q0.0) 线圈接通得电，主触头闭合，电动机 M 起动运行，当按下停止按钮 SB1 (I0.2)，电动机接触器 KM 线圈失电，主触头断开，电动机 M 停止运行。应用 PLC 置位和复位指令可实现其控制过程，如图 1-81 所示。

(2) 置位优先 RS 触发器、复位优先 SR 触发器指令及应用　RS 触发器有置位优先和复位优先两种类型，其梯形图如图 1-82 所示。

置位优先 RS 触发器中，R 端在 S 端之上，当两个输入端都为“1”时，即都接通时，置位输入最终有效，即执行置位功能，这是因为 CPU 顺序扫描时，置位端有优先权。若 S 端输入为“1”、R 端输入为“0”时，输出端 Q 为“1”。若 S 端输入为“0”、R 端输入为“1”时，输出端 Q 为“0”。

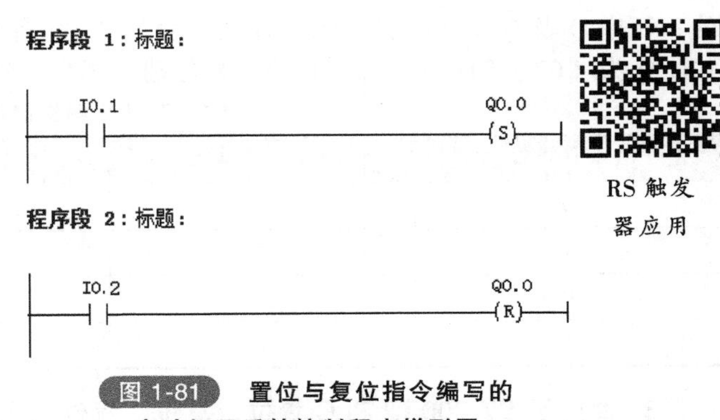

图 1-81 置位与复位指令编写的电动机正反转控制程序梯形图

复位优先 SR 触发器中，S 端在 R 端之上，当两个输入端都为“1”时，即都接通时，复位输入最终有效，即执行复位功能，这是因为 CPU 顺序扫描时，复位端有优先权。若 S 端输入为“1”、R 端输入为“0”时，输出端 Q 为“1”。若 S 端输入为“0”、R 端输入为“1”时，输出端 Q 为“0”。

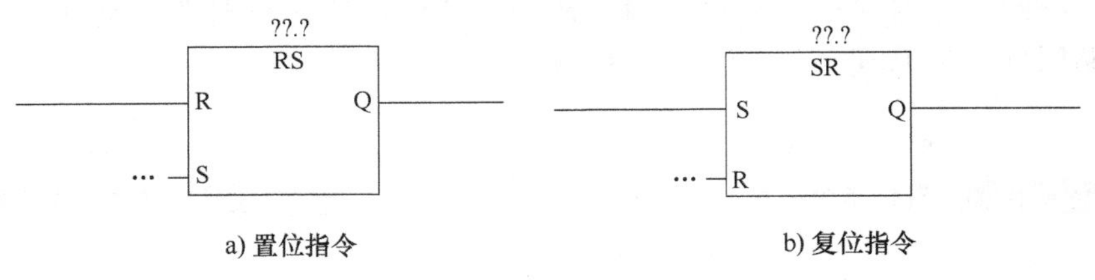

a) 置位指令　　b) 复位指令

图 1-82 触发器置位与复位指令

置位优先 RS 触发器和复位优先 SR 触发器的区别在于 S 端和 R 端输入均为“1”时，SR 触发器的输出端 Q 为“0”，RS 触发器的输出端 Q 为“1”。

Q 端与触发器指令的位地址（?? .?）与对应的存储单元状态一致。存储区可使用 I、Q、M、D 和 L。

置位优先 RS、复位优先 SR 触发器的输入与输出的关系见表 1-14。

表 1-14 RS 触发器与 SR 触发器的输入与输出的关系

RS 触发器			SR 触发器		
R	S	Q	S	R	Q
0	0	不变	0	0	不变
1	0	0	0	1	0
0	1	1	1	0	1
1	1	1	1	1	0

RS 触发器指令应用示例如图 1-83 所示。如果输入端 I0.0 的信号状态为“1”，I0.1 的信号状态为“0”，则 M0.1 将被复位，Q0.0 端输出“0”。如果输入端 I0.0 的信号状态为“0”，I0.1 的信号状态为“1”，则 M0.1 将被置位，Q0.0 端输出“1”。如果两个信号状态均为“0”，则不会发生任何变化。如果两个信号状态均为“1”，则将按顺序关系执行置位指令，置位 Q0.0。

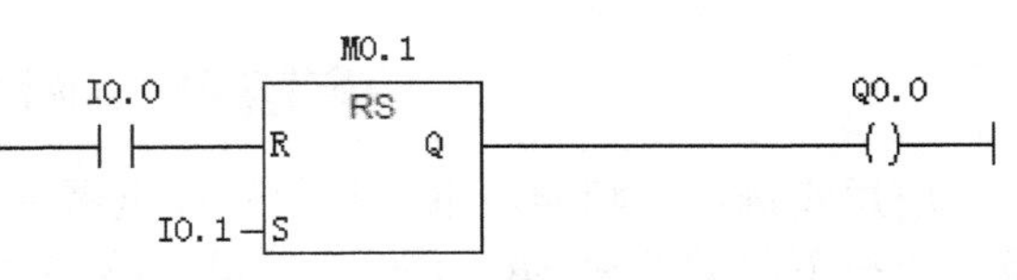

图 1-83 RS 触发器指令应用示例

SR 触发器指令应用示例如图 1-84 所示。如果输入端 I0.0 的信号状态为“1”，I0.1 的信号状态为“0”，则 M0.3 将被置位，Q0.1 端将输出“1”。如果输入端 I0.0 的信号状态为“0”，I0.1 的信号状态为“1”，则 M0.3 将被复位，Q0.1 端将输出“0”。如果两个信号状态均为“0”，则不会发生任何变化。如果两个信号状态均为“1”，则将按顺序关系执行复位指令，复位 Q0.1。

应用实例：应用 SR 触发器指令编写三相交流异步电动机的双重联锁正反转控制程序。

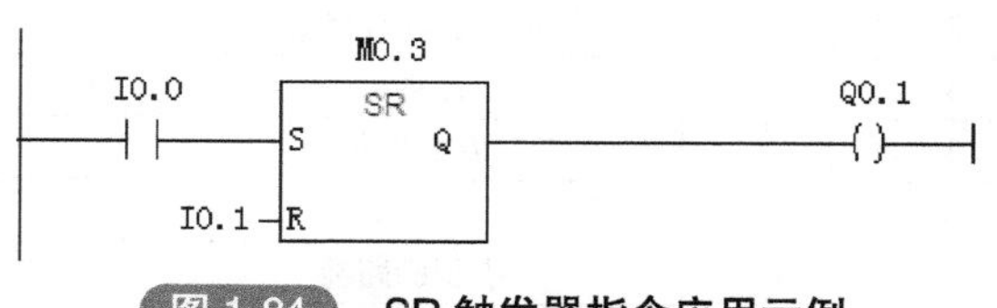

图 1-84 SR 触发器指令应用示例

控制要求：按下正转起动按钮 SB1（I0.0），电动机正转接触器 KM1（Q0.0）线圈得电，电动机正转起动；按下反转起动按钮 SB2（I0.1），电动机反转接触器 KM2（Q0.1）线圈得电，电动机反转起动；按下停止按钮 SB3（I0.2），电动机停转；能够实现正反转之间的直接切换。编写的控制程序梯形图如图 1-85 所示。

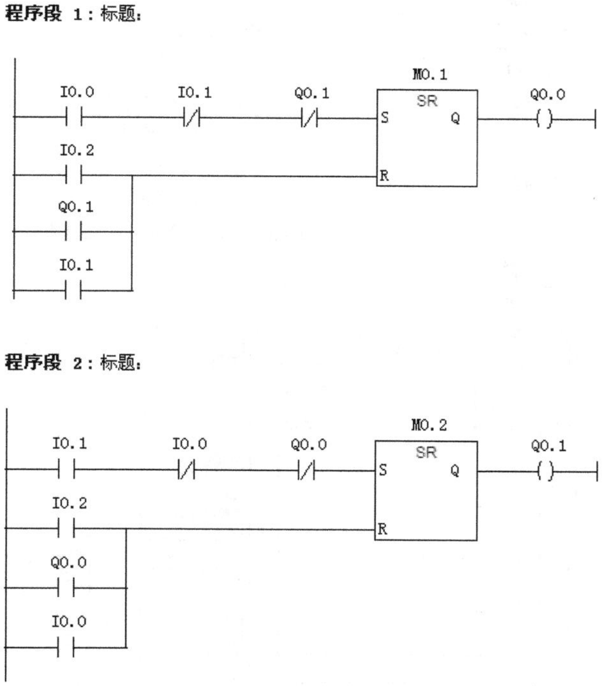

程序段 1：标题：

程序段 2：标题：

图 1-85 应用 SR 触发器编写的电动机正反转控制程序梯形图

四、任务准备

1）准备工具和器材，见表 1-15。

2）S7-300 型 PLC 实现优先抢答器可按图 1-86 布置元器件并安装接线。

五、任务实施

首先要进行输入/输出点的分配，主要通过输入/输出分配表或输入/输出接线图来实现。

1. 输入/输出分配

优先抢答器控制系统电路的输入/输出分配见表 1-16。

表 1-15　所需工具与器材清单

序号	分类	名　称	型号规格	数量	单位
1	工具	电工工具		1	套
2	器材	万用表	MF47 型	1	块
3		可编程序控制器	S7-300 CPU314C-2 PN/DP	1	只
4		计算机	装有 STEP 7 V5. x 和 TIA Portal V1x 软件	1	台
5		安装铁板	600mm×900mm	1	块
6		导轨	C45	0. 3	m
7		小型断路器	DZ47-60，1P，C2A	1	只
8		熔断器	RT28-3	1	只
9		直流开关电源	DC 24V，50W	1	只
10		数码管	JM-S02041A-B	1	只
11		按钮	LAY5	6	只
12		按钮盒	三孔	1	只
13		接线端子	JF5-2. 5mm^2，5 节一组	4	组
14		指示灯	AD56-22DS	4	只
15		软线	BVR7/0. 75mm^2	20	m
16		紧固件	M4×20 螺杆	若干	只
17			M4×12 螺杆	若干	只
18			ϕ4mm 平垫圈	若干	只
19			ϕ4mm 弹簧垫圈及 ϕ4mm 螺母	若干	只
20		号码管		若干	m
21		号码笔		1	支

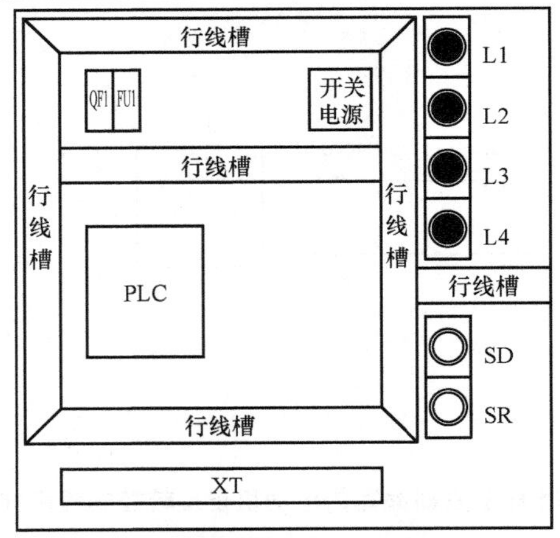

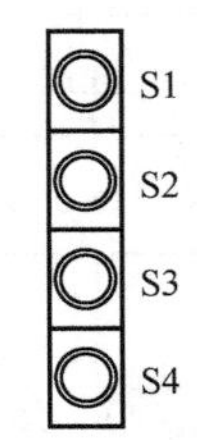

图 1-86　元器件布置图

表 1-16　输入/输出分配

元件代号	作用	编程序元件地址	元件代号	作用	编程序元件地址
SD	起动	I0. 0	A	数码控制端子 A	Q0. 0
SR	复位	I0. 1	B	数码控制端子 B	Q0. 1
S1	1 队抢答	I0. 2	C	数码控制端子 C	Q0. 2
S2	2 队抢答	I0. 3	D	数码控制端子 D	Q0. 3
S3	3 队抢答	I0. 4	L1	1 队抢答显示	Q0. 4
S4	4 队抢答	I0. 5	L2	2 队抢答显示	Q0. 5
			L3	3 队抢答显示	Q0. 6
			L4	4 队抢答显示	Q0. 7

2. S7-300 型 PLC 的输入/输出接线

S7-300 型 PLC 实现优先抢答器控制的输入/输出接线如图 1-87 所示。

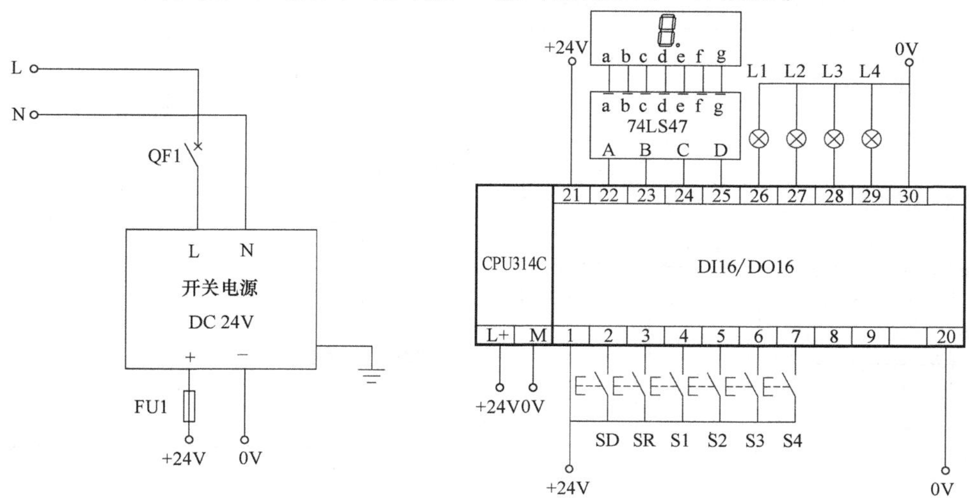

图 1-87 优先抢答器控制 S7-300 型 PLC 输入/输出接线

3. 编写优先抢答器控制梯形图程序

（1）基于 STEP 7 V5. x 软件 S7-300 型 PLC 控制程序　利用 STEP 7 V5. x 软件编写程序前，首先建立符号表，优先抢答器控制程序的符号如图 1-88 所示。

S7 程序(1) (符号) -- 优先抢答器\SIMATIC 300 站点\CPU314 C-2 DP(1)

	状态	符号	地址		数据类型	注释
1		SD	I	0.0	BOOL	起动
2		SR	I	0.1	BOOL	复位
3		S1	I	0.2	BOOL	1队抢答
4		S2	I	0.3	BOOL	2队抢答
5		S3	I	0.4	BOOL	3队抢答
6		S4	I	0.5	BOOL	4队抢答
7		A	Q	0.0	BOOL	数码控制端子A
8		B	Q	0.1	BOOL	数码控制端子B
9		C	Q	0.2	BOOL	数码控制端子C
1		D	Q	0.3	BOOL	数码控制端子D
1		L1	Q	0.4	BOOL	1队抢答显示
1		L2	Q	0.5	BOOL	2队抢答显示
1		L3	Q	0.6	BOOL	3队抢答显示
1		L4	Q	0.7	BOOL	4队抢答显示
1						

图 1-88 基于 STEP 7 V5. x 软件的优先抢答器控制程序的符号

优先抢答器控制梯形图程序如图 1-89所示，在控制要求中，只有当主持人按下起动按钮时，各队才能开始抢答，所以用继电器 M0. 0 的常开触点串接在各队的抢答回路中，从而实现该控制功能。具体分析过程如下：主持人按下起动按钮 SD（I0. 0）后，辅助继电器 M0. 0 的线圈得电并自锁，将主持人“起动”按钮的短信号变成了保持型信号（程序段 1），串接在各队抢答控制回路中的 M0. 0 的常开触点闭合。

在各队抢答控制中，以 1 队抢答为例，若 1 队先于其他队按下了抢答按钮 S1（I0. 2），则 Q0. 4 线圈得电，即 1 队抢答指示灯 L1 亮并保持。将 Q0. 4 常开触点接到其他队控制程序中的 R 端，实现了互锁，若其他队再按下抢答按钮，则抢答无效。其他各队的抢答控制分析同理于 1 队抢答控制。

当主持人按下复位按钮 SR（I0. 1）时，以 1 队为例，Q0. 4 复位，1 队指示灯熄灭，等待重新抢答。其他各队的分析同理于 1 队复位控制。

在数码管显示队号控制中，1 队控制程序中的 M0. 1 和 Q0. 4 逻辑结果相同（程序段 2）。根据该模块数码管的特点，当 M0. 1 接通 A（Q0. 0）（程序段 6）时，则 1 队抢答成功时，数码管会显示“1”。同理，当 M0. 2 接通 B（Q0. 1）（程序段 7），则 2 队抢答成功时，数码管会显示“2”。当 M0. 4 接通 C（Q0. 2）（程序段 8），则 4 队抢答成功时，数码管会显示“4”。显示 3 队队号“3”时，由 M0. 3 将 A（Q0. 0）和 B（Q0. 1）同时接通即可。

程序段 1：按下起动按钮SD，M0.0得电并自锁

I0.0 I0.1 M0.0
M1.0

程序段 2：1队抢答

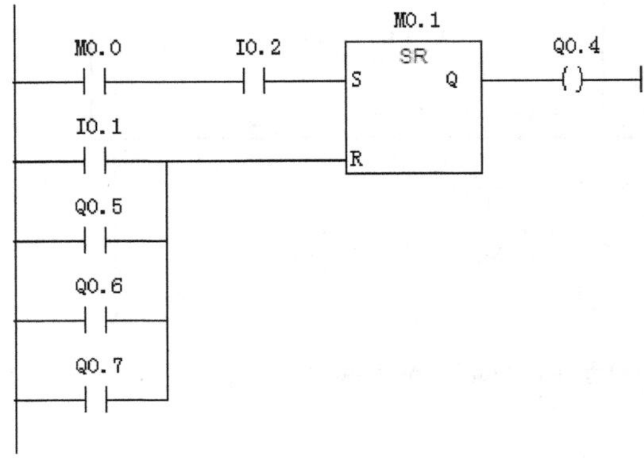

程序段 3：2队抢答

M0.2
M0.0 I0.3 SR S Q Q0.5
I0.1 R
Q0.4
Q0.6
Q0.7

程序段 4：3队抢答

M0.3
M0.0 I0.4 SR S Q Q0.6
I0.1 R
Q0.4
Q0.5
Q0.7

程序段 5：4队抢答

M0.4
M0.0 I0.5 SR S Q Q0.7
I0.1 R
Q0.4
Q0.5
Q0.6

程序段 6：标题：

M0.1 Q0.0
M0.3

程序段 7：标题：

M0.2 Q0.1
M0.3

程序段 8：标题：

M0.4 Q0.2

图 1-89 基于 STEP 7 V5. x 软件优先抢答器控制梯形图程序

（2）基于 TIA Portal V1x 软件的 S7-300 型 PLC 控制程序　利用 TIA Portal V1x 软件编写程序前，首先建立符号表，优先抢答器控制程序的符号如图 1-90 所示。

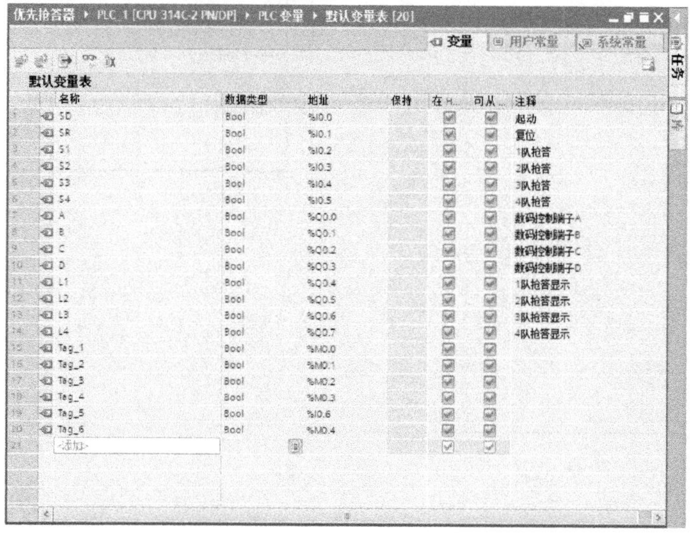

优先抢答器 ▸ PLC_1 [CPU 314C-2 PN/DP] ▸ PLC 变量 ▸ 默认变量表 [20]

默认变量表

	名称	数据类型	地址	保持	在 H...	可从...	注释
1	SD	Bool	%I0.0		☑	☑	起动
2	SR	Bool	%I0.1		☑	☑	复位
3	S1	Bool	%I0.2		☑	☑	1队抢答
4	S2	Bool	%I0.3		☑	☑	2队抢答
5	S3	Bool	%I0.4		☑	☑	3队抢答
6	S4	Bool	%I0.5		☑	☑	4队抢答
7	A	Bool	%Q0.0		☑	☑	数码控制端子A
8	B	Bool	%Q0.1		☑	☑	数码控制端子B
9	C	Bool	%Q0.2		☑	☑	数码控制端子C
10	D	Bool	%Q0.3		☑	☑	数码控制端子D
11	L1	Bool	%Q0.4		☑	☑	1队抢答显示
12	L2	Bool	%Q0.5		☑	☑	2队抢答显示
13	L3	Bool	%Q0.6		☑	☑	3队抢答显示
14	L4	Bool	%Q0.7		☑	☑	4队抢答显示
15	Tag_1	Bool	%M0.0		☑	☑	
16	Tag_2	Bool	%M0.1		☑	☑	
17	Tag_3	Bool	%M0.2		☑	☑	
18	Tag_4	Bool	%M0.3		☑	☑	
19	Tag_5	Bool	%I0.6		☑	☑	
20	Tag_6	Bool	%M0.4		☑	☑	
21	<添加>				☑	☑	

图 1-90　基于 TIA Portal V1x 软件的优先抢答器控制程序的符号表

基于 TIA Portal V1x 软件的 S7-300 型 PLC 控制程序实现优先抢答器控制时，设计思路和设计方法与基于 STEP 7 V5. x 软件基本相同，只是指令格式不同。现将图 1-89 所示程序改写为图 1-91 所示程序。

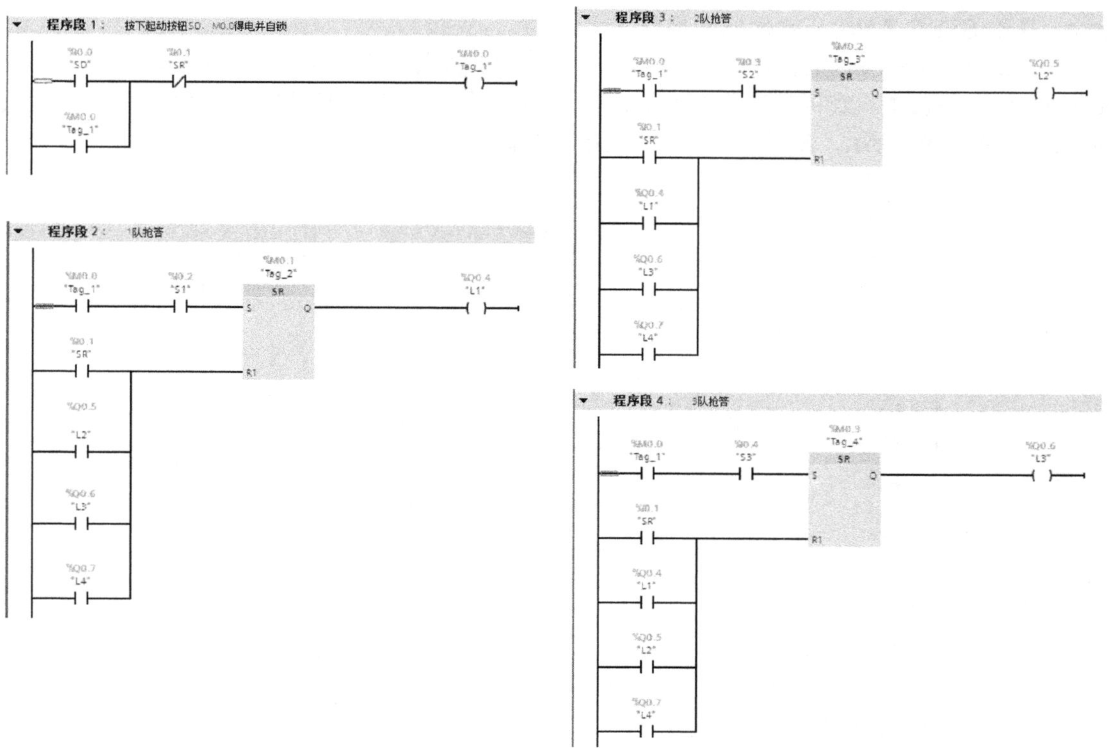

图 1-91　基于 TIA Portal V1x 软件的优先抢答器控制梯形图程序

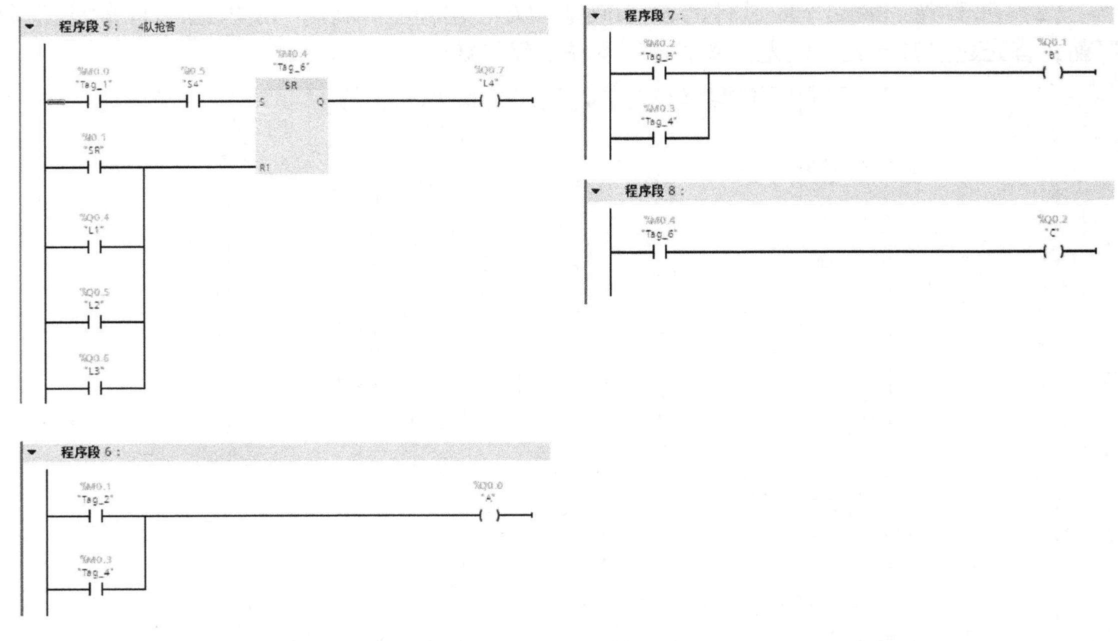

图 1-91　基于 TIA Portal V1x 软件的优先抢答器控制梯形图程序（续）

4. 基于 STEP 7 V5. x 软件的程序输入

（1）置位 S（Set）指令的输入　将光标停在要输入位置，双击“位逻辑”下置位 S（Set）指令“--(S)”或将其拖至需要输入的位置，输入参数后即完成了置位 S（Set）指令的输入，如图 1-92 所示。复位 R（Reset）指令的输入方法与此类似。

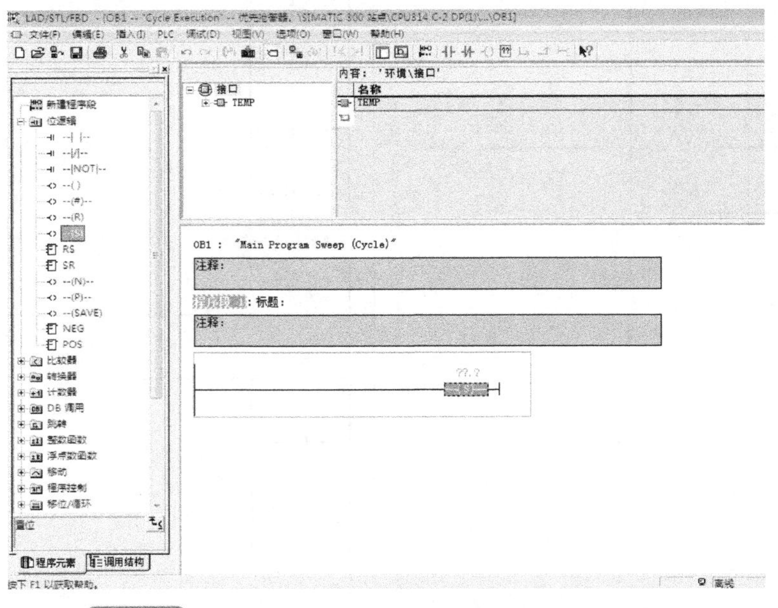

图 1-92　基于 STEP 7 V5. x 软件的置位 S（Set）指令

（2）置位优先 RS 触发器指令的输入　将光标停在要输入位置，双击“位逻辑”下置位优先 RS 触发器指令“RS”或将其拖至需要输入的位置，输入参数后即完成了置位优先 RS 触发器指令的输入，如图 1-93 所示。复位优先 SR 触发器指令的输入方法与此类似。

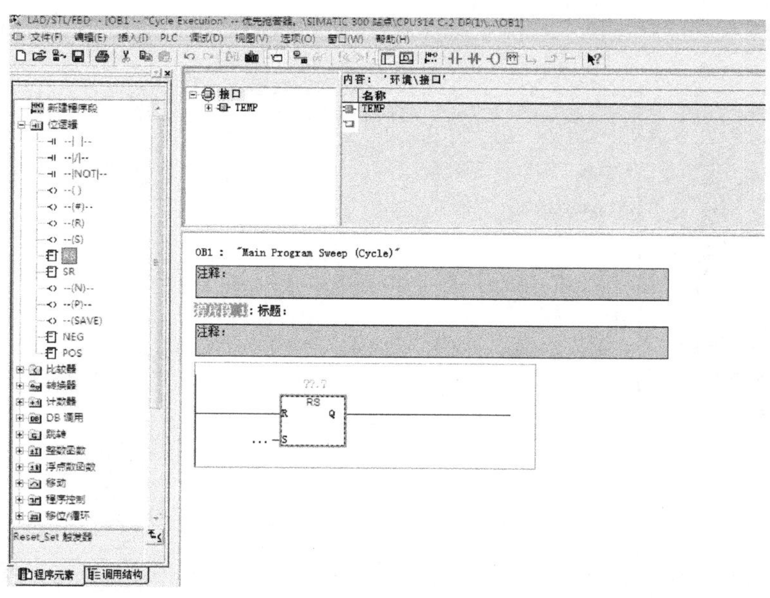

图 1-93　基于 STEP 7 V5. x 软件的置位优先 RS 触发器指令

5. 基于 TIA Portal V1x 软件的程序输入

（1）置位输出指令的输入　将光标停在要输入位置，双击“位逻辑运算”下置位输出指令“--(S)”或将其拖至需要输入的位置，输入参数后即完成了置位输出指令的输入，如图 1-94 所示，复位输出指令的输入方法与此类似。

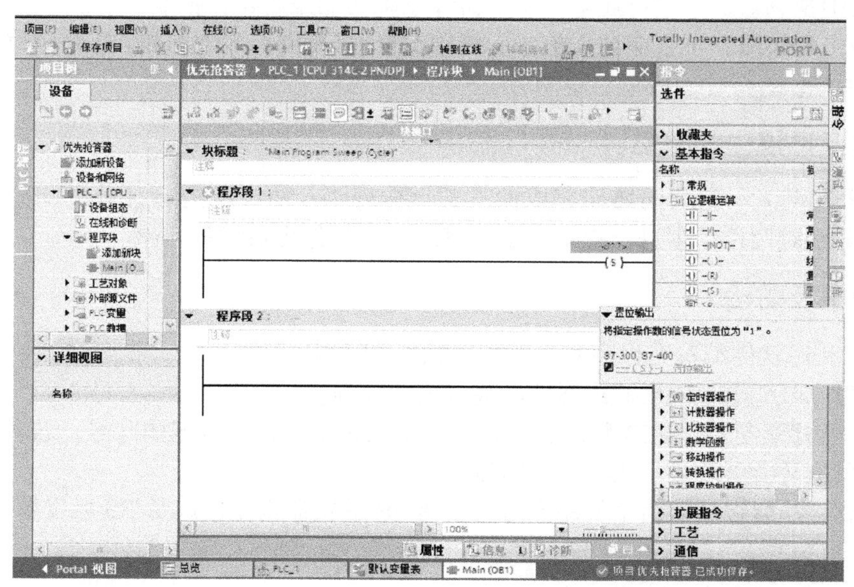

图 1-94　基于 TIA Portal V1x 软件的置位输出指令的输入

（2）复位/置位触发器指令的输入　将光标停在要输入位置，双击“位逻辑运算”下复位/置位触发器指令“RS”或将其拖至需要输入的位置，输入参数后即完成了复位/置位触发器指令的输入，如图 1-95 所示。置位/复位触发器指令的输入方法与此类似。

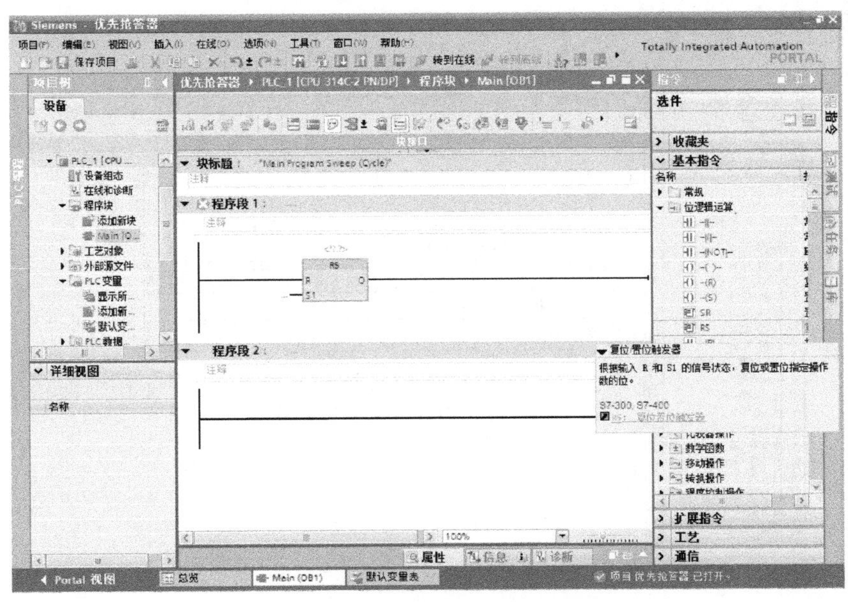

图 1-95　复位/置位触发器指令

6. 系统调试

（1）安装接线　按照要求自行完成系统的安装接线。

（2）程序下载　将优先抢答器控制梯形图程序下载至 PLC 中。

（3）系统调试

1）在教师现场监护下进行通电调试，验证系统功能是否符合控制要求。

2）如果出现故障，学生应独立检修。线路检修完毕和梯形图修改完毕后应重新调试，直至系统正常工作。

六、检查评议

考核时采用两人一组共同协作完成的方式，按表 1-6 的标准进行评分，此分数作为成绩的 60%，并分别对两位学生进行提问，学生答复的得分作为成绩的 40%。

七、问题及防治

问题 1：利用软件编写完程序后，不能下载到 PLC 中。

预防方法：PLC 电源未接通或通信电缆未连接好等。

问题 2：程序运行后，LED 数码显示系统显示的是最后按下按键的队号，若其他队再按下按键，显示系统又会更改显示成其对应队号。

预防方法：注意触发器指令使用方法，错将 SR 触发器指令用成了 RS 触发器。

八、扩展知识

双向运转的传送带采用两地控制，当传送带上的工件到达终端的指定位置后，自动停止运转，在传送带的两端均有起动按钮和停止按钮，并且均有工件检测传感器。试编写相应程序并进行调试。

任务4　三相交流异步电动机的星形-三角形减压起动控制

一、任务描述

三相交流异步电动机直接起动时定子绕组中的起动电流为额定电流的4~7倍。过大的起动冲击电流对电动机本身和电网以及其他电气设备的正常运行都会造成不利的影响，可能导致电动机过热、使绝缘老化，影响其使用寿命，同时还会造成电网电压大幅度下降，影响其他电器的正常工作，电动机自身运转不稳，甚至停转。因此，对有些电动机特别是功率较大的电动机需要采用减压起动。三相交流异步电动机减压起动的方法有定子绕组串电阻起动和Y-△减压起动等多种方式。本任务我们学习用PLC实现三相交流异步电动机的Y-△减压起动控制。

1）按下起动按钮，电动机在星形联结下起动；5s后电动机自动转为三角形运行方式。

2）按下停止按钮，电动机立即停止运行。

3）电路具有短路保护和过载保护等必要的保护措施。

二、任务分析

主要知识点：

1）了解Y-△减压起动的工作原理。

2）掌握西门子S7-300型PLC定时器指令的分类、特点及基本使用方法。

时间继电器转换的Y-△减压起动控制电路如图1-96所示。KM是电源接触器，KMY是“Y”联结接触器，KM△是“△”联结接触器。注意KMY和KM△不能同时通电，否则会造成电源短路。控制电路中SB1为起动按钮，SB2为停止按钮。

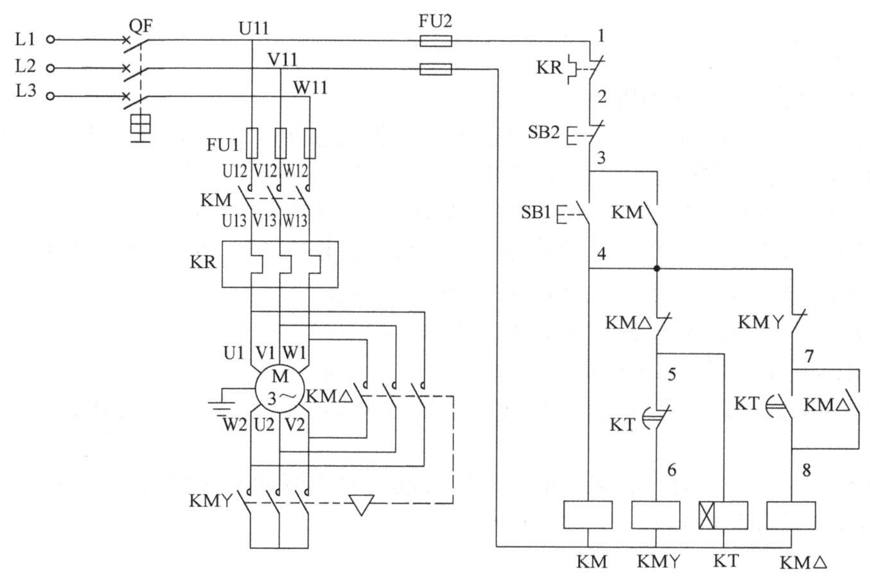

图1-96　时间继电器转换的Y-△减压起动控制电路

电路的工作过程是：合上电源开关 QF，按下 SB1，KM、KM丫、KT 线圈通电，KM、KM丫的主触头闭合，电动机在“丫”联结下起动。同时，KM 动合辅助触头闭合，实现自锁，KM丫动断触头分断，实现联锁。

待 KT 延时时间到，KT 延时动断触头分断，KM丫线圈断电，其主触头复位断开，电动机“丫”联结解除，同时 KM丫动断辅助触头复位闭合，KT 延时动合触头闭合，KM△线圈通电，电动机在“△”联结下运行。同时 KM△动断辅助触头分断，实现联锁，KM△动合辅助触头闭合，实现自锁。

停止时按下 SB2，控制电路断电，各接触器释放，电动机停止运行。

在控制中，利用 KM△的动断辅助触头断开 KT 的线圈，使 KT 退出运行，这样可延长时间继电器的使用寿命并节约电能。其主要元器件的功能见表 1-17。

表 1-17　主要元器件的功能

元件代号	元件名称	元件用途
QF	三相断路器	控制总电路
FU1	熔断器	主电路短路保护
FU2	熔断器	控制电路短路保护
SB1	起动按钮	起动控制
SB2	停止按钮	停止控制
KM	交流接触器	电源控制
KM丫	交流接触器	星形联结控制
KM△	交流接触器	三角形联结控制
KT	时间继电器	时间控制
KR	热继电器	过载保护

三、相关知识

1. 丫-△减压起动的工作原理

丫-△减压起动是指电动机起动时，把定子绕组接成星形，以降低起动电压，限制起动电流；等电动机起动后，再把定子绕组改接成三角形，使电动机全压运行。

丫-△减压起动的电动机三相绕组共有 6 个端子：U1-U2、V1-V2、W1-W2。星形起动：U2-V2-W2 相连，U1、V1、W1 三端接三相交流额定电压 U_N，此时每相绕组电压为 $U_N/\sqrt{3}$，比直接加额定电压 U_N 时起动电流大为降低，避免了过大的起动电流对电网造成的冲击。三角形运行：电动机在星形起动持续一段时间达到一定转速后，将电动机 6 个接线端子转换成三角形联结，即 U2-V1 相连、V2-W1 相连、W2-U1 相连，U1、V1、W1 三端接三相交流额定电压 U_N，每相绕组电压为 U_N，转矩和转速大大提高，电动机进入额定条件下的运行状态。

下面讨论丫-△减压起动时的起动电流和直接起动时的起动电流之间的关系。

假设电动机的额定电压为 U_N，每相漏阻抗为 Z_σ，则

丫联结时的起动电流为 $I_{st丫}=\dfrac{\dfrac{U_N}{\sqrt{3}}}{Z_\sigma}$

△联结时的起动电流（线电流），即直接起动电流为 $I_{st\triangle}=\sqrt{3}\dfrac{U_N}{Z_\sigma}$

于是得到起动电流减小的倍数为 $I_{stY}=\dfrac{1}{3}I_{st\triangle}$

由此可见，Y-△减压起动时的起动电流将为直接起动时的 1/3。

Y-△减压起动操作方便，起动设备简单，凡是在正常运行时定子绕组作三角形联结的异步电动机，均可采用这种星-三角形减压起动方式。

2. 西门子 S7-300 型 PLC 定时器指令

定时器相当于继电器—接触器控制电路中的时间继电器，S5 定时器是 S5 系列 PLC 的定时器，在梯形图中用指令框（Box）的形式来表示。此外每一种 S5 定时器都有功能相同的定时器线圈。S7-300 型 PLC 的定时器分为脉冲定时器（SP）、扩展脉冲定时器（SE）、接通延时定时器（SD）、保持型接通延时定时器（SS）和断开延时定时器（SF）。

S7 系列 CPU 为定时器保留了一片存储区域。该存储区域为每个定时器留有一个 16 位的字和一个二进制位，定时器的字用来存放它的剩余时间值，定时器触点的状态由它的位的状态来决定。用定时器地址（T 和定时器号，例如 T6）来访问它的时间值和定时器位，带位操作数的指令用来访问定时器位，带字操作数的指令用来访问定时器的时间值。S7-300 的定时器个数（128~2048 个）与 CPU 的型号有关。在使用定时器时，定时器的地址编号必须在有效范围内。

用户使用的定时器的字由表示时间值（0~999）的 3 位 BCD 码（第 0 位到第 11 位）和时间基准组成，如图 1-97 所示，时间值以指定的时间基准为单位。在 CPU 内部，时间值以二进制格式存放。

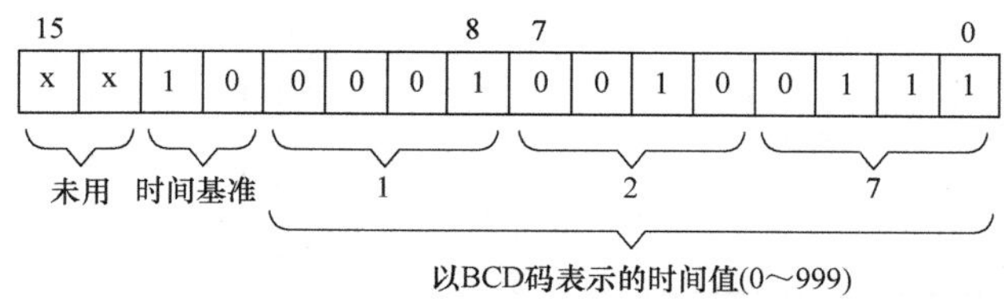

图 1-97 **定时器字格式**

（1）定时器预置值的表示方法　可以按下列的形式将时间预置值装入累加器的低位字中。

1）十六进制数 W#16#wxyz，其中的 W 是时间基准，xyz 是 BCD 码格式的时间值，“#”号必须是英语字符。

2）S5T#aH_ bM_ cS_ dMS（可以不输入下划线），其中 H 表示小时，M 表示分钟，S 表示秒，MS 表示毫秒，a、b、c、d 是用户设置的值。例如 S5T#1H_ 12M_ 18S 为 1h12min18s，可以按照上述格式输入时间，也可以以秒为单位输入时间。输入 S5T#200S 后按回车键，显示的时间值将变为 S5T#3M20S。时间基准是 CPU 自动选择的，选择的原则是在满足定时范围要求条件下选择最小的时间基准。可输入的最大时间值为 9990s 或 2H_ 46M_ 30S。

在梯形图中必须使用“S5T#”格式的时间值，在语句表中，还可以使用 IEC 格式的时间值，即在时间值的前面加 T#，例如 T#20S。

（2）时间基准　定时器字的第 12 位和第 13 位用来作时间基准，时间基准代码为二进制 00、01、10 和 11 时，对应的时间基准分别为 10ms、100ms、1s 和 10s。

定时时间计算公式：定时时间值=时间基准值×时间值（BCD 码）。

例如定时器字为 W#16#3999 时，时间基准为 10s，定时时间为 999×10s=9990s。

时间基准反映了定时器的分辨率，时间基准越小，分辨率越高，可定时的时间越短；时间基准越大，分辨率越低，可定时的时间越长。

3. S5 定时器指令

下面将详细介绍这五种定时器块图和线圈格式，并分析指令的功能和应用。

（1）S_ PULSE（脉冲 S5 定时器）　S_ PULSE（脉冲 S5 定时器，简称脉冲定时器）的指令有两种形式：块图指令和 LAD 环境下的定时器线圈指令。

1）脉冲定时器的块图指令。脉冲定时器的 LAD 符号如图 1-98 所示。

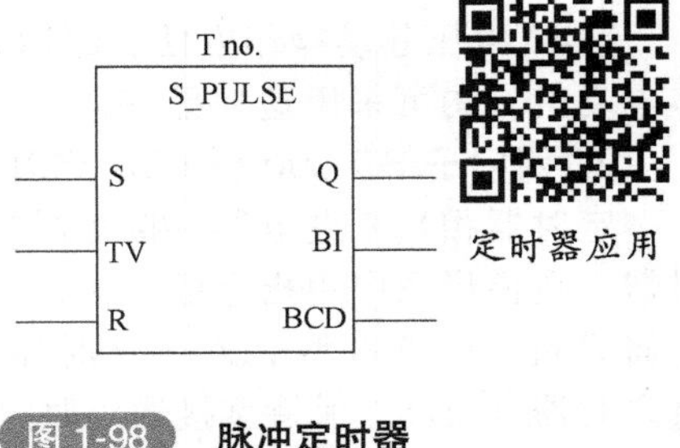

图 1-98　脉冲定时器的 LAD 符号

脉冲定时器的指令参数说明见表 1-18。

表 1-18　S_ PULSE 指令的参数说明

参　数	数据类型	内存区域	说　明
T no.	定时器	I、Q、M、L、D	定时器标识号，范围取决于 CPU
S	布尔	I、Q、M、L、D	起动输入
TV	S5TIME	I、Q、M、L、D	预设时间值
R	布尔	I、Q、M、L、D	复位输入
BI	字	I、Q、M、L、D	剩余时间值，整数格式
BCD	字	I、Q、M、L、D	剩余时间值，BCD 格式
Q	布尔	I、Q、M、L、D	定时器的状态

2）脉冲定时器的指令说明。如果在起动输入端 S 有一个上升沿，S_ PULSE 的指令将起动指定的定时器。信号变化始终是起动定时器的必要条件。定时器在输入端 S 的信号状态为“1”时运行，但最长周期是输入端 TV 指定的时间值。只要定时器运行，输出端 Q 的信号状态就为“1”。如果在时间间隔结束前，S 输入端的信号状态从“1”变为“0”，则定时器将停止。在这种情况下，输出端 Q 的信号状态为“0”。

如果在定时器运行期间定时器复位输入端 R 的信号状态从“0”变为“1”，则定时器将被复位，当前时间和时间基准也被设置为“0”。如果定时器未运行，则定时器 R 输入端的逻辑“1”不起任何作用。

可在输出端 BI 和 BCD 上扫描当前时间值。时间值在 BI 端为二进制编码，在 BCD 端是 BCD 格式。当前时间值为初始 TV 值减去定时器起动后经过的时间。

3）脉冲定时器时序图。脉冲定时器的梯形图与时序图如图 1-99 所示（t 为设定时间）。

举例：用定时器构成一闪烁电路。当按下按钮 S0（I0.1）时，输出指示灯 H0（Q0.1）以亮 2s、灭 1s 的规律交替进行闪烁。梯形图如图 1-100 所示。

该程序也称为脉冲发生器电路，是常用的一种经典电路。

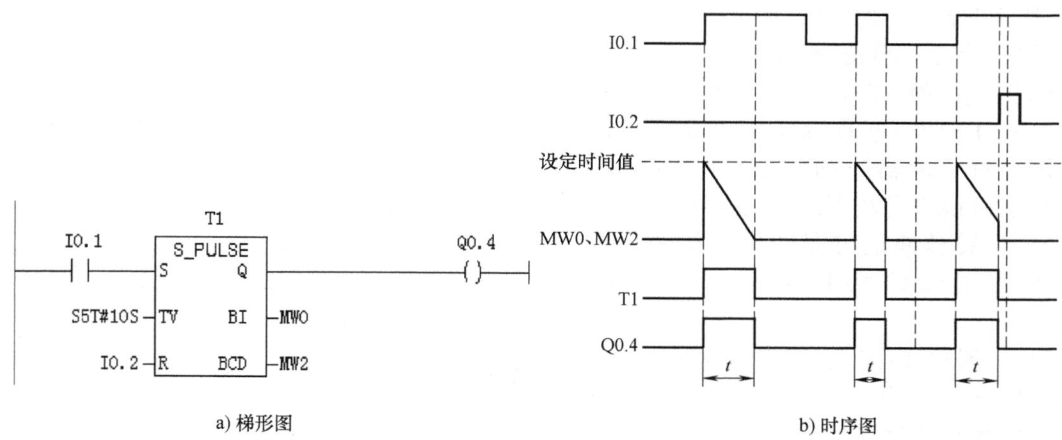

a) 梯形图　　b) 时序图

图 1-99 脉冲定时器梯形图与时序图

程序段 1：标题：

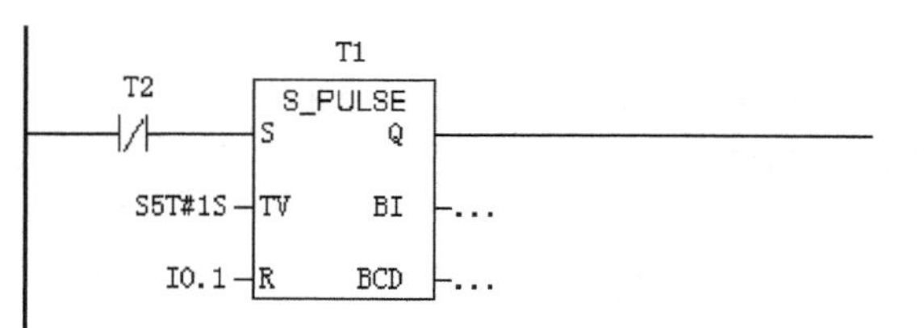

程序段 2：标题：

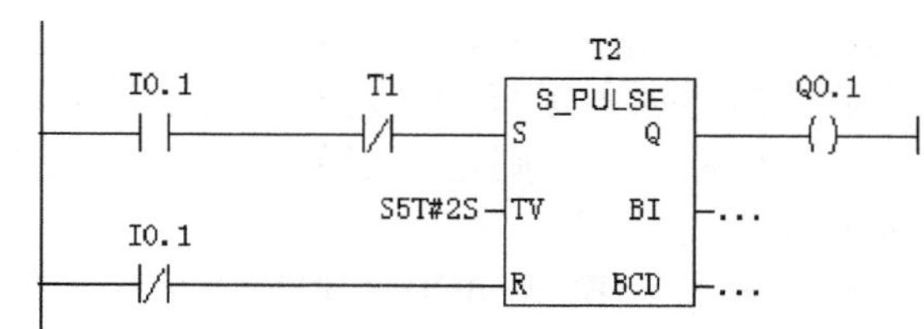

图 1-100 脉冲定时器构成闪烁电路梯形图

4）脉冲定时器的线圈“… (SP)”指令。脉冲定时器线圈的 LAD 符号如图 1-101 所示。定时器线圈的参数说明见表 1-19。

表 1-19　定时器线圈的参数说明

参　数	数据类型	内存区域	说　明
T no.	TIMER	T	定时器标识，范围取决于 CPU
定时时间	S5TIME	I、Q、M、I、D	预设时间值

T no.
--- (SP)
<定时时间值>

图 1-101 脉冲定时器线圈的 LAD 符号

5）脉冲定时器的线圈指令说明。如果 RLO 状态有一个上升沿，“(SP)”指令将以“定时时间值”起动指定的定时器。只要 RLO 保持正值，定时器就在指定的时间间隔内继续运行。只要定时器运行，定时器的信号状态就为“1”。如果在达到时间值前，RLO 中的信号状态从“1”变为“0”，则定时器停止。在这种情况下，对于“1”的扫描始终产生结果“0”。

举例：图 1-102 所示为脉冲定时器线圈的应用。当输入端 I0.0 的信号状态由“0”变为“1”，定时器 T1 起动，定时器就在指定的 5s 时间内继续运行。如果在指定的时间结束前输入端 I0.0 的信号状态从“1”变为“0”，则定时器停止。只要定时器运行，输出端 Q0.1 的信号状态就为“1”。如果输入端 I0.1 的信号状态从“0”变为

“1”，则定时器 T1 将复位，定时器停止，并将时间值的剩余部分清为“0”。

（2）S_ PEXT（扩展脉冲 S5 定时器） S_ PEXT（扩展脉冲 S5 定时器，简称扩展脉冲定时器）的指令有两种形式：块图指令和 LAD 环境下的定时器线圈指令。

1）扩展脉冲定时器的块图指令。扩展脉冲定时器的 LAD 符号如图 1-103 所示。

2）扩展脉冲定时器的指令说明：如果在起动输入端 S 有一个上升沿，S_ PEXT 的指令将起动指定的定时器。信号变化始终是起动定时器的必要条件。定时器在输入端 TV 指定的预设时间间隔运行。即使在时间间隔结束前，S 输入端的信号状态为“0”，只要定时器运行，输出端 Q 的信号状态就为“1”。如果在定时器运行期间输入端 S 的信号状态从“0”变为“1”，则将使用预定的时间值重新起动定时器。

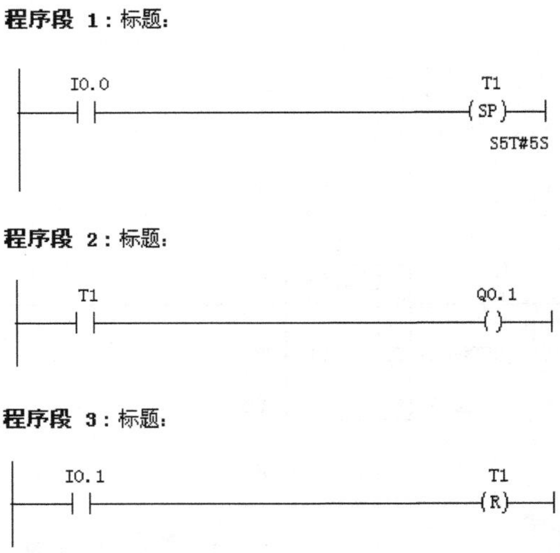

程序段 1：标题：

I0.0 —| |— T1 —(SP)— S5T#5S

程序段 2：标题：

T1 —| |— Q0.1 —( )—

程序段 3：标题：

I0.1 —| |— T1 —(R)—

图 1-102 脉冲定时器线圈的应用

如果在定时器运行期间定时器复位输入端 R 的信号状态从“0”变为“1”，则定时器将被复位，当前时间和时间基准也被设置为“0”。

可在输出端 BI 和 BCD 上扫描当前时间值。时间值在 BI 端为二进制编码，在 BCD 端是 BCD 格式。当前时间值为初始 TV 值减去定时器起动后经过的时间。

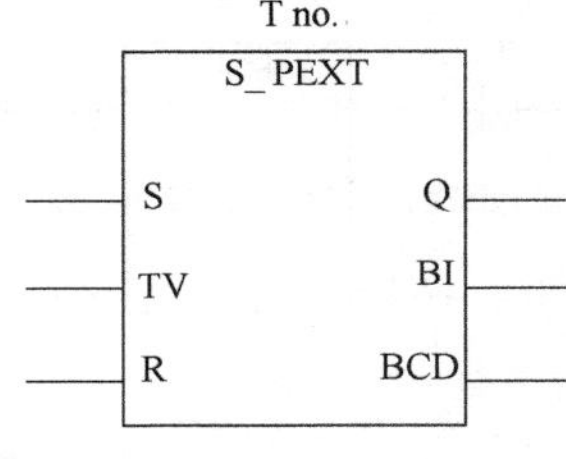

图 1-103 扩展脉冲定时器的 LAD 符号

3）扩展脉冲定时器的梯形图与时序图，如图 1-104 所示（t 为设定时间）。

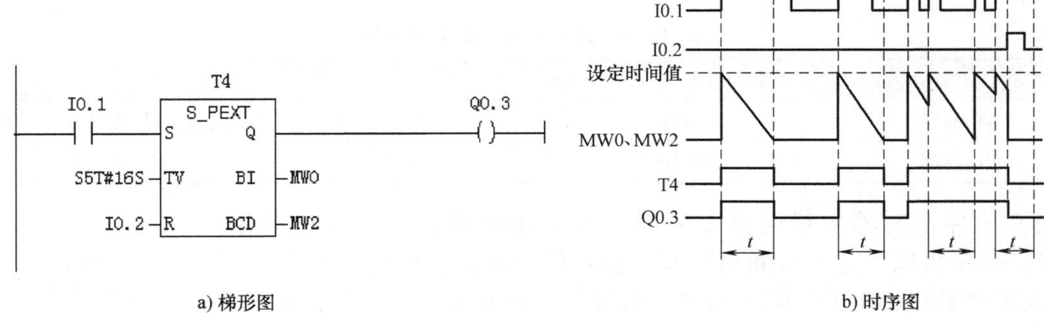

a) 梯形图 b) 时序图

图 1-104 扩展脉冲定时器的梯形图与时序图

4）扩展脉冲定时器的线圈“…（SE）”指令 。扩展脉冲定时器线圈的 LAD 符号如图 1-105 所示。

5）扩展脉冲定时器的线圈指令说明。如果 RLO 状态有一个上升沿，“…（SE）”指令将以“定时时间值”起动指定的定时器。定时器在指定的时间间隔内继续运行，即使定时器达到指定时间前

T no.
… (SE)
<定时时间值>

图 1-105 扩展脉冲定时器线圈的 LAD 符号

RLO 的信号状态变为“0”，只要定时器运行，定时器的信号状态就为“1”。如果在定时器运行期间，RLO 的信号状态从“0”变为“1”，则将以指定的时间间隔重新起动定时器。

举例：利用扩展脉冲定时器设计电动机延时自动关闭控制程序。按下起动按钮 S0（I1.0），电动机 M（Q1.0）立即起动，延时 10min 以后自动关闭。起动后按下停止按钮 S1（I1.1），电动机立即停机。梯形图程序如图 1-106 所示。

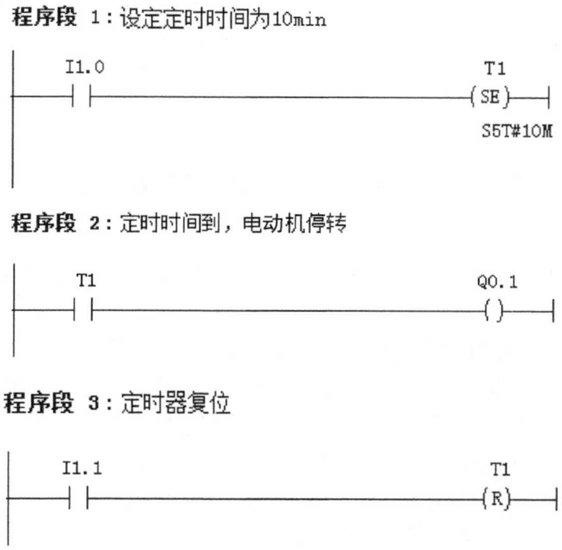

程序段 1：设定定时时间为10min

I1.0　T1　(SE)　S5T#10M

程序段 2：定时时间到，电动机停转

T1　Q0.1　( )

程序段 3：定时器复位

I1.1　T1　(R)

图 1-106　**电动机延时自动关闭控制梯形图**

（3）S_ ODT（接通延时 S5 定时器）　“S_ ODT”（接通延时 S5 定时器）的指令有两种形式：块图指令和 LAD 环境下定时器线圈指令。

1）接通延时定时器的块图指令。接通延时定时器的 LAD 符号如图 1-107 所示。

2）接通延时定时器的指令说明。如果在起动输入端 S 有一个上升沿，S_ ODT 的指令将起动指定的定时器。信号变化始终是起动定时器的必要条件。只要输入端 S 的信号状态为“1”，定时器就以输入端 TV 指定的时间间隔运行。当定时器达到指定时间而没有出错，并且输入端 S 的信号状态仍为“1”时，输出端 Q 的信号状态就为“1”。如果定时器运行期间输入端 S 的信号状态从“1”变为“0”，则定时器将停止运行。在这种情况下，输出端 Q 的信号状态为“0”。

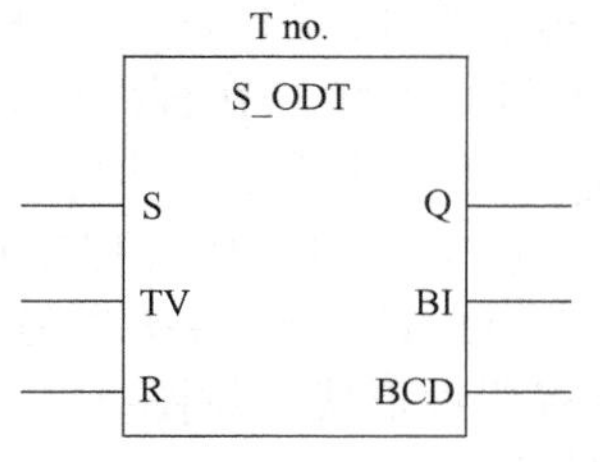

图 1-107　**接通延时定时器的 LAD 符号**

如果在定时器运行期间复位输入端 R 的信号状态从“0”变为“1”，则定时器将被复位。当前时间和时间基准也被设置为“0”，输出端 Q 的信号状态变为“0”。如果在定时器没有运行时输入端 R 的状态为逻辑“1”，并且输入端 S 的 RLO 的信号状态为“1”，则定时器也被复位。

可在输出端 BI 和 BCD 上扫描当前时间值。时间值在 BI 端为二进制编码，在 BCD 端是 BCD 格式。当前时间值为初始 TV 值减去定时器起动后经过的时间。

3）接通延时定时器的时序图。接通延时定时器的梯形图与时序图如图 1-108 所示（t 为设定时间）。

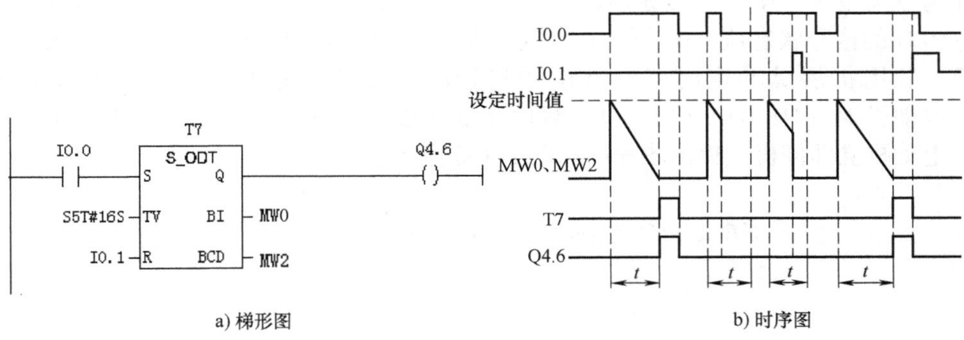

a) 梯形图　　　　b) 时序图

图 1-108　接通延时定时器的梯形图与时序图

4）接通延时定时器的线圈“…（SD）”指令。接通延时定时器线圈的 LAD 符号如图 1-109所示。

T no.
---(SD)
<定时时间值>

图 1-109　接通延时定时器线圈的 LAD 符号

5）接通延时定时器的线圈指令说明。如果 RLO 状态有一个上升沿，“…（SD）”指令将以“定时时间值”起动指定的定时器。如果达到定时时间而没有出错，且 RLO 的信号状态仍为“1”，则定时器的信号状态为“1”。如果在定时器运行期间 RLO 的信号状态从“1”变为“0”，则定时器复位。这种情况下，对于“1”的扫描始终产生结果“0”。

举例：指示灯顺序起动控制程序设计，有三盏指示灯 H1、H2、H3，按下起动按钮后 H1 点亮，延时 2s 后 H2 点亮，再延时 4s 后 H3 点亮。设计满足要求的梯形图程序。

梯形图参考程序如图 1-110 所示。当按下起动按钮（I0.0）时，H1 点亮，同时定时器 T2 线圈得电，2s 后其常开触点闭合，H2 点亮，定时器 T3 线圈得电，4s 后其串联在程序段 3 中的常开触点闭合，H3 点亮，实现顺序点亮的功能。串联在程序段 1 中的 H2 的常闭触点（Q0.1）及串联在程序段 2 中的 H3 的常闭触点（Q0.2）的作用为互锁。

程序段 1：标题:

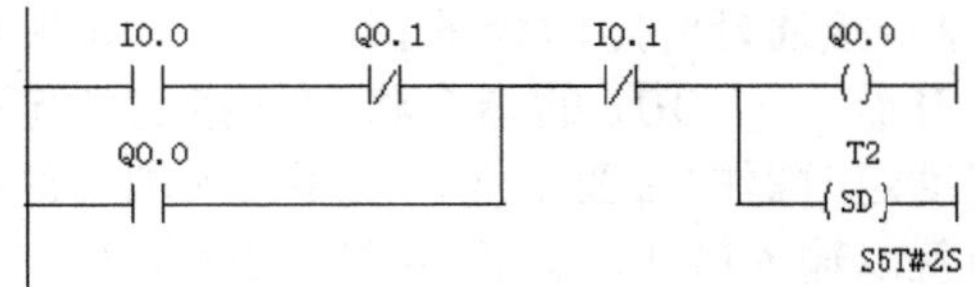

程序段 2：标题:

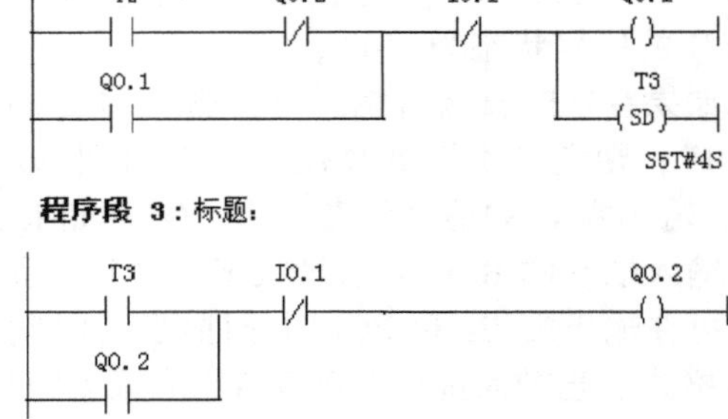

图 1-110　指示灯顺序点亮梯形图参考程序

（4）S_ ODTS（保持接通延时 S5 定时器）

S_ ODTS（保持接通延时 S5 定时器）的指令有两种形式：块图指令和 LAD 环境下的定时器线圈指令。

1）保持接通延时定时器的块图指令。保持接通延时定时器的 LAD 符号如图 1-111 所示。

2）保持接通延时定时器指令说明。如果在起动输入端 S 有一个上升沿，S_ ODTS 的指令将起动指定的定时器。信号变化始终是起动定时器的必要条件。即使在时间间隔结束前，输入端 S 的信号状态变为“0”，定时器仍以输入端 TV 指定的时间间隔运行。无论输入端S的信号状态如何，只有定时器预设时间结束时，输出端Q的信号状态才为“1”。如果在定时器运行时输入端S的信号状态从“0”变为1，则定时器将以指定的时间重新起动。

如果复位输入端R的信号状态从“0”变为“1”，则无论S输入端的RLO如何，定时器都将复位，然后输出端Q的信号状态变为“0”。

可在输出端BI和BCD上扫描当前时间值。时间值在BI端为二进制编码，在BCD端是BCD格式。当前时间值为初始TV值减去定时器起动后经过的时间。

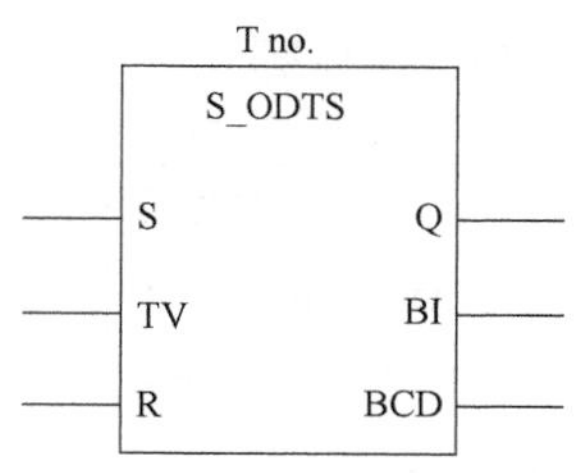

图1-111　保持接通延时定时器的LAD符号

3）保持接通延时定时器的时序图。保持接通延时定时器的梯形图与时序图如图1-112所示（t为设定时间）。

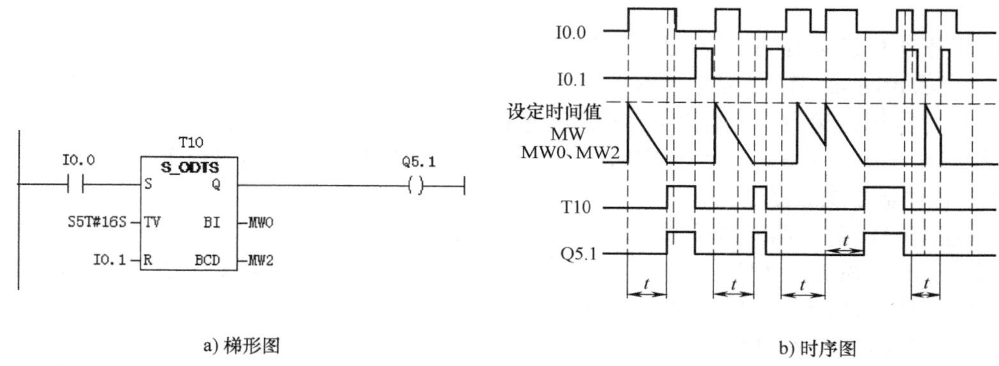

a) 梯形图　　b) 时序图

图1-112　保持接通延时定时器的梯形图与时序图

4）保持接通延时定时器的线圈“…（SS）”指令。保持接通延时定时器线圈的LAD符号如图1-113所示。

T no.
---(SS)
<定时时间值>

图1-113　保持接通延时定时器线圈的LAD符号

5）保持接通延时定时器的线圈指令说明。如果RLO状态有一个上升沿，“…（SS）”指令将起动指定的定时器。如果达到“定时时间值”，则该定时器的信号状态就为“1”，只有明确进行复位，定时器才可能重新起动。只有通过复位才能将定时器的信号状态设为“0”。如果在定时器运行期间RLO的信号状态从“0”变为“1”，则定时器以指定的时间值重新起动。

举例：如图1-114所示，按下起动按钮SB1（I0.0）后，延时10s后电动机M1（Q0.1）起动，再延时10s后电动机M2（Q0.2）起动。按下停止按钮SB2（I0.1）电动机停止运行。图1-114所示的程序中，不管I0.0是短信号还是长信号，都会满足延时要求，只有I0.1才能使定时器复位，让输出停止。

（5）S_ OFFDT（断开延时S5定时器）　S_ OFFDT（断开延时S5定时器）的指令有两种形式：块图指令和LAD环境下的定时器线圈指令。

1）断开延时定时器的块图指令。断开延时定时器的LAD符号如图1-115所示。

程序段 1：标题：
T1
I0.0
S_ODTS
S
Q
Q0.1
S5T#10S
TV
BI
...
I0.1
R
BCD
...
程序段 2：标题：
T10
I0.0
S_ODTS
S
Q
Q0.2
S5T#20S
TV
BI
MW0
I0.1
R
BCD
MW2

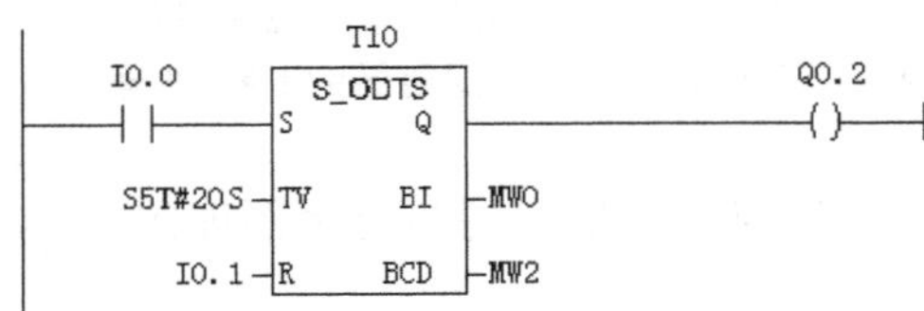

图 1-114 保持接通延时定时器的应用

T no.
S_OFFDT
S
Q
TV
BI
R
BCD

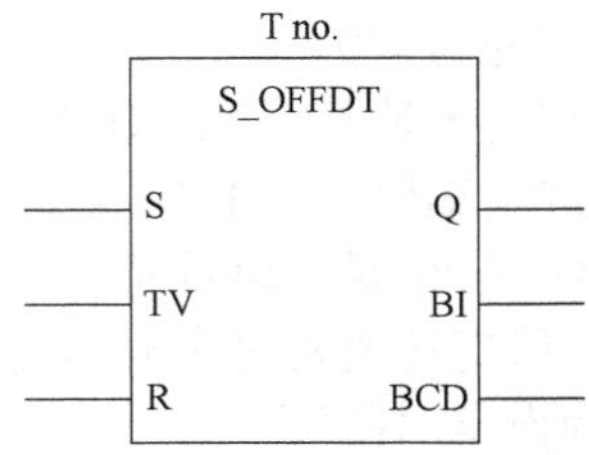

图 1-115 断开延时定时器的 LAD 符号

2）断开延时定时器的指令说明。如果在起动输入端 S 有一个下降沿，S_ OFFDT 的指令将起动指定的定时器。信号变化始终是起动定时器的必要条件。如果输入端 S 的信号状态为“1”，或定时器正在运行，则输出端 Q 的信号状态为“1”；如果在定时器运行期间输入端 S 的信号状态从“0”变为“1”，则定时器将复位。只有输入端 S 的信号状态再次从“1”变为“0”后，定时器才能重新起动。

如果在定时器运行期间复位输入端 R 的信号状态从“0”变为“1”，则定时器将复位。可在输出端 BI 和 BCD 上扫描当前时间值。时间值在 BI 端为二进制编码，在 BCD 端是 BCD 格式。当前时间值为初始 TV 值减去定时器起动后经过的时间。

3）断开延时定时器时序图。断开延时定时器的梯形图与时序图如图 1-116 所示（*t* 为设定时间）。

T13
I0.0
S_OFFDT
S
Q
Q5.4
S5T#10S
TV
BI
MW0
I0.1
R
BCD
MW2
I0.0
I0.1
设定时间值
MW0、MW2
T13
Q5.4
t
t
t
t

a) 梯形图　　b) 时序图

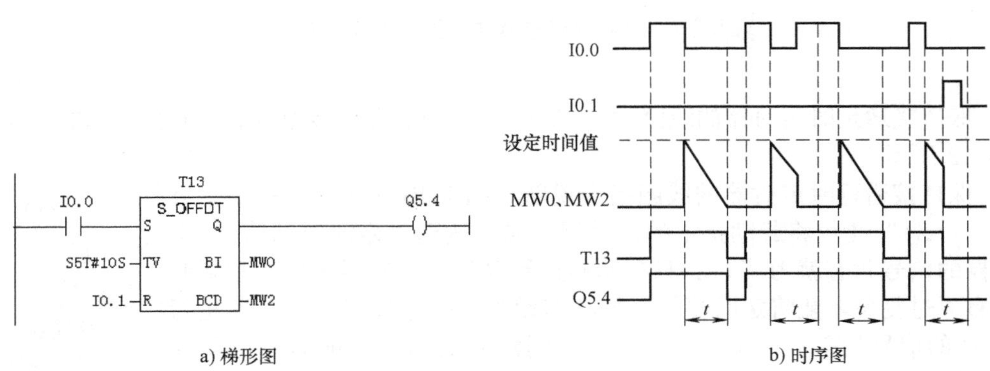

图 1-116 断开延时定时器的梯形图与时序图

4）断开延时定时器的线圈“…（SF）”指令。断开延时定时器线圈的 LAD 符号如图 1-117 所示。

T no.
---(SF)
<定时时间值>

图 1-117 断开延时定时器线圈的 LAD 符号

5）断开延时定时器的线圈指令说明。如果 RLO 状态有一个下降沿，“…（SF）”指令将起动指定的定时器。当 RLO 的信号状态为“1”时或只要定时器在“定时时间值”给定的时间间隔内运行，定时器的信号状态就为“1”。如果在定时器运行期间RLO的信号状态从“0”变为“1”，则定时器复位。只要RLO的信号状态从“1”变为“0”，定时器即会重新起动。

举例：断开延时定时器的应用如图1-118所示。按下按钮SB1（I0.0），电动机M（Q0.0）立即起动，按下停止按钮SB2（I0.1），延时5s后M停机。

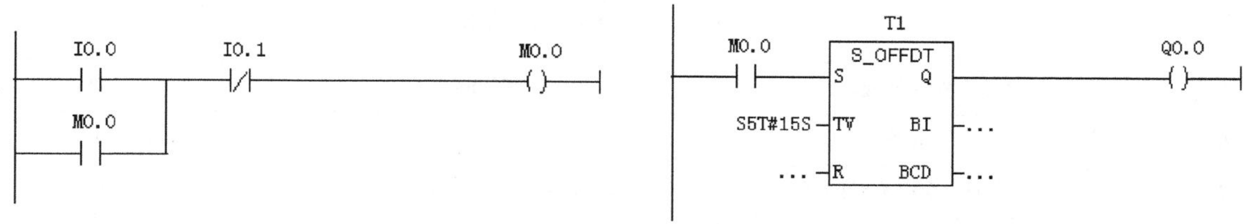

图1-118　断开延时定时器的应用

（6）定时器的工作原理　五种定时器的工作原理如下：

1）S_ PULSE（脉冲定时器）的工作原理：输入为“1”，定时器开始计时，输出为“1”；计时时间到，定时器停止工作，输出为“0”。如在定时时间未到时，输入变为“0”，则定时器停止工作，输出变为“0”。若定时器复位端R从“0”变为“1”，则定时器复位，时间清零，输出变为“0”。

2）S_ PEXT（扩展脉冲定时器）的工作原理：输入从“0”到“1”时，定时器开始工作计时，输出为“1”；定时时间到，输出为“0”。在定时过程中，输入信号断开不影响定时器的计时（定时器继续计时）。若定时器复位端R从“0”变为“1”，则定时器复位，时间清零，输出变为“0”。

扩展脉冲定时器与脉冲定时器的区别是扩展脉冲定时器在定时过程中，输入信号断开不影响定时器的计时（只需接通一瞬间）。

3）S_ ODT（接通延时定时器）的工作原理：输入信号为“1”，定时器开始计时，此时输出为“0”；计时时间到，输出为“1”。计时时间到后，若输入信号断开，则定时器输出为“0”。如在计时时间未到时，输入信号变为“0”，则定时器停止计时。

顾名思义“接通延时”就是起动定时器（输入信号变为“1”）且定时时间到之后定时器输出Q才接通。

4）S_ ODTS（保持型接通延时定时器）的工作原理：输入信号为“1”，定时器开始计时，输出为“0”，计时时间到，定时器输出为“1”。当定时器定时结束时，不管输入信号状态如何，输出Q的状态总为“1”，定时器位只有使用复位指令才能使输出变为“0”，并触发定时器下一个周期定时工作。

5）S_ OFFDT（断开延时定时器）的工作原理：输入信号由“0”到“1”时定时器复位，输出为“1”；当输入信号由“1”到“0”时，定时器才开始计时，计时时间到，输出为“0”。在计时过程中，如果输入信号由“0”到“1”则定时器复位，停止计时，输出为“1”，等待输入由“1”到“0”时才重新开始计时。

四、任务准备

1）准备工具和器材，见表1-20。

表 1-20　所需工具和器材清单

序号	分类	名称	型号规格	数量	单位
1	工具	电工工具		1	套
2	器材	万用表	MF47 型	1	块
3		可编程序控制器	S7-300 CPU314C-2PN/DP	1	只
4		计算机	装有 STEP 7 V5. x 和 TIA Portal V1x 软件	1	台
5		安装铁板	600mm×900mm	1	块
6		导轨	C45	0. 3	m
7		小型剩余电流断路器	DZ47LE-32,4P,C3A	1	只
8		小型断路器	DZ47-60,1P,C2A	1	只
9		熔断器	RT28-2	3	只
10		熔断器	RT28-3	2	只
11		接触器	CJX2-0910/220V	3	只
12		继电器	JZX-22F(D)/4Z/DC 24V	3	只
13		热继电器	NR4-63,0. 8～1. 25A	1	只
14		直流开关电源	DC 24V,50W	1	只
15		三相异步电动机	JW6324-380V、250W、0. 85A	1	只
16		按钮	LAY5	2	只
17		接线端子	JF5-2. 5mm^2,5 节一组	20	只
18		铜塑线	BV1/1. 5mm^2	15	m
19		软线	BVR7/0. 75mm^2	20	m
20		紧固件	M4×20 螺杆	若干	只
21			M4×12 螺杆	若干	只
22			ϕ4mm 平垫圈	若干	只
23			ϕ4mm 弹簧垫圈及 ϕ4mm 螺母	若干	只
24		号码管		若干	m
25		号码笔		1	支

2）S7-300 型 PLC 三相交流异步电动机按Y-△减压起动的控制可按图 1-119 布置元器件并安装接线，主电路则按三相交流异步电动机的Y-△减压起动控制电路的主电路接线。

五、任务实施

首先进行输入/输出点的分配，主要通过输入/输出分配表或输入/输出接线图来实现。

1. 输入/输出分配表

三相交流异步电动机按Y-△减压起动的控制电路输入/输出分配见表 1-21。

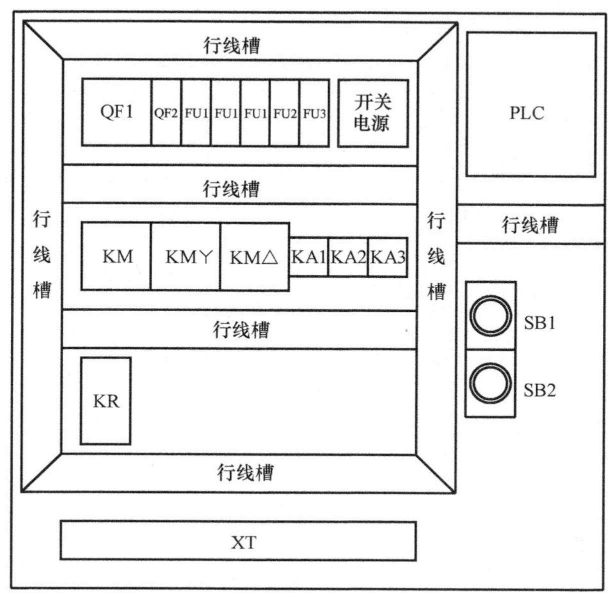

图 1-119 元器件布置图

表 1-21 输入/输出分配

输入			输出		
元件代号	输入继电器	作用	元件代号	输出继电器	作用
SB1	I0.0	起动按钮	KA1	Q0.0	电源控制
SB2	I0.1	停止按钮	KA2	Q0.1	星形联结控制
KR	I0.2	过载保护	KA3	Q0.2	三角形联结控制

2. S7-300 型 PLC 的输入/输出接线

用西门子 S7-300 型 PLC 实现三相交流异步电动机Y-△减压起动控制的输入/输出接线如图 1-120 所示。

3. 编写三相交流异步电动机按Y-△减压起动的控制梯形图程序

三相交流异步电动机按Y-△减压起动的控制，电动机在星形联结起动后经过一定时间自动转换为三角形联结运行，而在使用 PLC 控制中计时是通过定时器指令来完成的。

(1) 基于 STEP 7 V 5.x 软件的 S7-300 型 PLC 控制程序

利用 STEP 7 V5.x 软件编写程序前，首先建立符号表，三相交流异步电动机按Y-△减压起动的控制符号如图 1-121 所示。

三相交流异步电动机的Y-△减压起动控制梯形图程序如图 1-122 所示，按下 SB1 (I0.0)，中间继电器 KA1 (Q0.0) 得电自锁 (程序段 1)；Q0.0 所对应的常开触点闭合后，定时器 T1 开始计时 (程序段 2)，同时中间继电器 KA2 (Q0.1) 得电，三相交流异步电动机星形联结起动 (程序段 3)；计时时间 5s 一到，定时器 T1 所对应的常闭触点断开，KA2 (Q0.1) 失电，三相交流异步电动机星形联结起动停止，同时定时器 T1 所对应的常开触点闭合，中间继电器 KA3 (Q0.2) 得电自锁 (程序段 4)，三相交流异步电动机三角形联结运行；中间继电器 KA2 (Q0.1) 的常闭触点 (程序段 4) 和中间继电器 KA3 (Q0.2) 常闭触点 (程

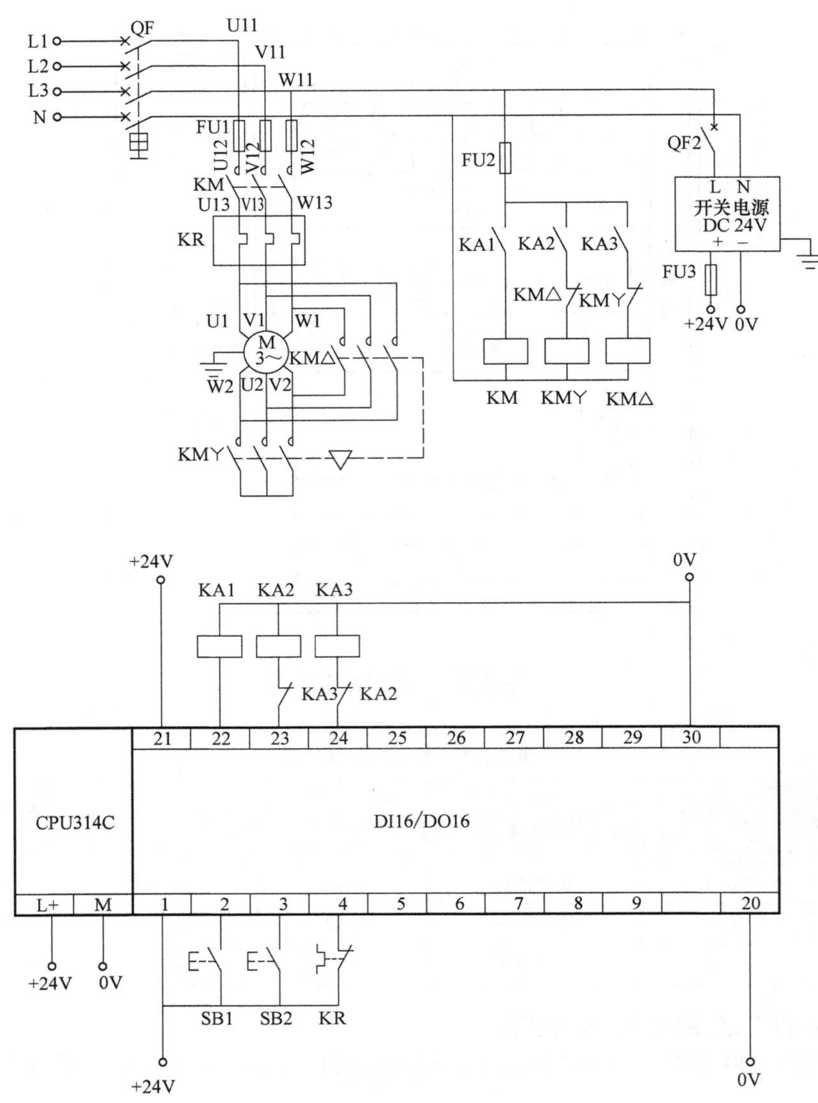

图 1-120 电动机按Y-△减压起动的控制 S7-300 型 PLC 的输入/输出接线

S7 程序(1) (符号) -- 星-角降压启动\SIMATIC 300 站点\CPU314 C-2 DP(1)

	状态	符号	地址		数据类型	注释
1		SB1	I	0.0	BOOL	起动按钮
2		SB2	I	0.1	BOOL	停止按钮
3		KR	I	0.2	BOOL	过载保护
4		KA1	Q	0.0	BOOL	电源控制
5		KA2	Q	0.1	BOOL	星接控制
6		KA3	Q	0.2	BOOL	角接控制
7						

图 1-121 基于 STEP 7 V 5. x 软件的三相交流异步电动机按Y-△减压起动的控制符号

序段 3）形成互锁。如果电动机过载，热继电器（I0. 2）常闭触点动作，电动机因过载保护而停止。按下停止按钮 SB2（I0. 1），电动机停止运行。

程序段 1：按下起动按钮SB1，Q0.0线圈得电自锁

I0.0　I0.1　I0.2　Q0.0

Q0.0

程序段 2：T1定时器接通计时，计时5s，时间到T1对应的触点动作

Q0.0　Q0.2　T1 (SD)

S5T#5S

程序段 3：5s时间到，T1常闭触点断开，线圈Q0.1失电

Q0.0　I0.1　T1　Q0.2　Q0.1

程序段 4：5s时间到，T1常开触点接通，线圈Q0.2得电

T1　I0.1　I0.2　Q0.1　Q0.2

Q0.2

图 1-122　基于 STEP 7 V5. x 软件的电动机按Y-△减压起动的控制梯形图程序

（2）基于 TIA Portal V1x 软件的 S7-300 PLC 控制程序　利用 TIA Portal V1x 软件编写程序前，首先建立符号表，三相交流异步电动机按Y-△减压起动的控制符号如图 1-123 所示。

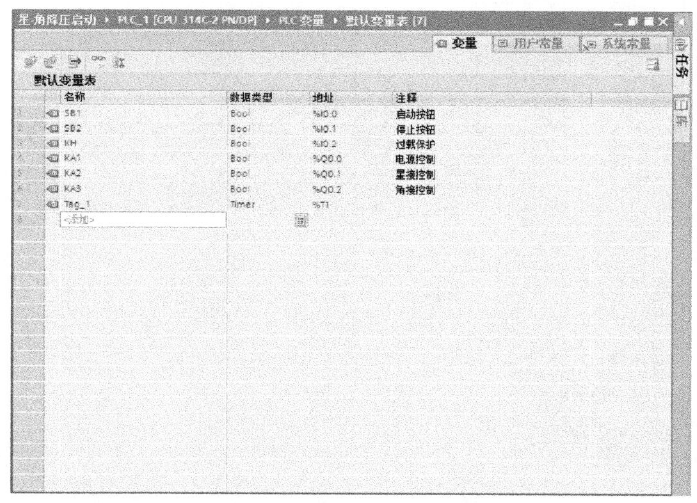
星-角降压启动 ▸ PLC_1 [CPU 314C-2 PN/DP] ▸ PLC变量 ▸ 默认变量表 [7]

变量　用户常量　系统常量

默认变量表

	名称	数据类型	地址	注释
1	SB1	Bool	%I0.0	启动按钮
2	SB2	Bool	%I0.1	停止按钮
3	KH	Bool	%I0.2	过载保护
4	KA1	Bool	%Q0.0	电源控制
5	KA2	Bool	%Q0.1	星接控制
6	KA3	Bool	%Q0.2	角接控制
7	Tag_1	Timer	%T1	
8	<添加>			

图 1-123　基于 TIA Portal V1x 软件的交流异步电动机按Y-△减压起动的控制符号

基于 TIA Portal V1x 软件的 S7-300 型 PLC 控制程序实现三相交流异步电动机按Y-△减压起动控制时，设计思路和设计方法与基于 STEP 7 V5. x 软件基本相同，只是指令格式不同。现将图 1-122 所示程序改写为图 1-124 所示程序。

4. 基于 STEP 7 V5. x 软件的程序输入

（1）定时器块图指令的输入　以接通延时定时器（S_ ODT）为例，将光标停在要输入位置，双击“定时器”下接通延时定时器（S_ ODT）块图指令或将其拖至需要输入的位置，输入参数后即完成了接通延时定时器（S_ ODT）块图指令的输入，如图 1-125 所示。脉冲定时器（S_ PULSE）、扩展脉冲定时器（S_ PEXT）、保持型接通延时定时器（S_ ODTS）和断开延时定时器（S_ OFFDT）块图指令的输入方法与接通延时定时器（S_ ODT）块图指令的输入方法相类似。

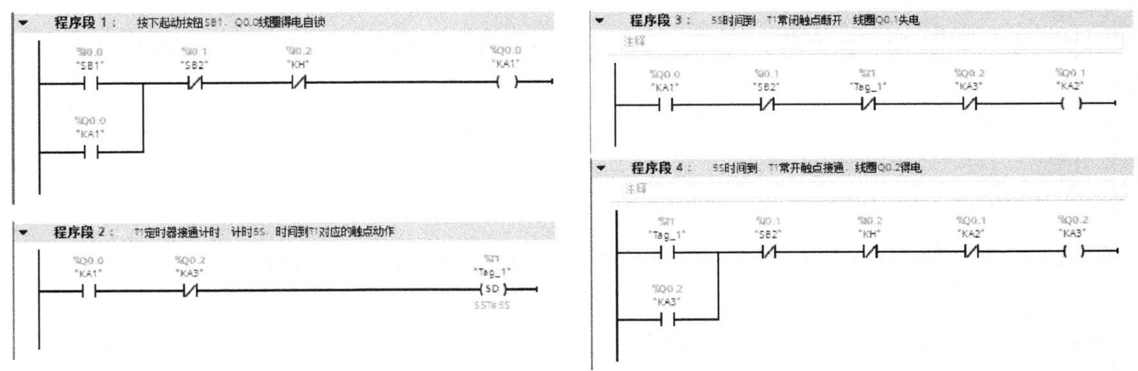

图 1-124 TIA Portal V1x 软件的电动机按Y-△减压起动的控制梯形图程序

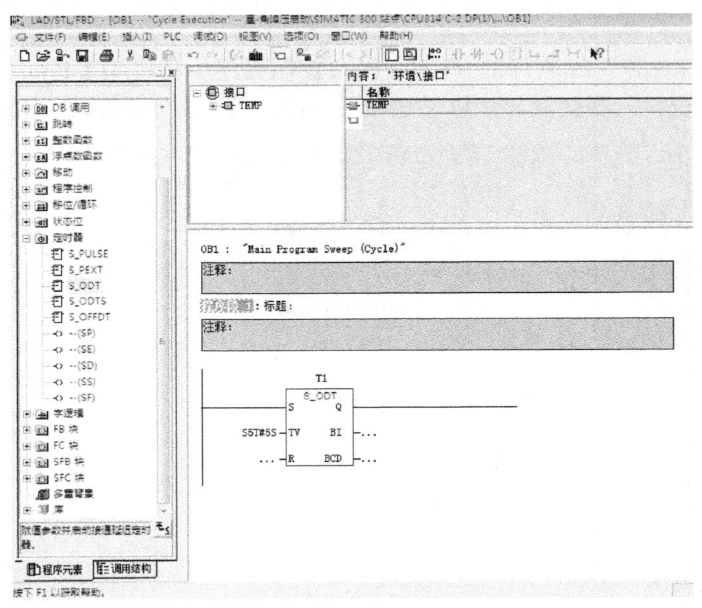

图 1-125 接通延时定时器（S_ ODT）块图指令

（2）定时器线圈指令的输入　以接通延时定时器（SD）为例，将光标停在要输入位置，双击“定时器”下接通延时定时器（SD）线圈指令或将其拖至需要输入的位置，输入参数后即完成了接通延时定时器（SD）线圈指令的输入，如图 1-126 所示。脉冲定时器（SP）、扩展脉冲定时器（SE）、保持型接通延时定时器（SS）和断开延时定时器（SF）线圈指令的输入方法与接通延时定时器（SD）指令的输入方法相类似。

5. 基于 TIA Portal V1x 软件的程序输入

（1）定时器块图指令的输入　以分配接通延时定时器参数并起动（S_ ODT）指令为例，将光标停在要输入位置，双击“定时器操作”下分配接通延时定时器参数并起动（S_ ODT）块图指令或将其拖至需要输入的位置，输入参数后即完成了分配接通延时定时器参数并起动（S_ ODT）块图指令的输入，如图 1-127 所示。S_ PULSE、S_ PEXT 、S_ ODTS 和 S _ OFFDT 块图指令的输入方法与 S_ ODT 块图指令的输入方法相类似。

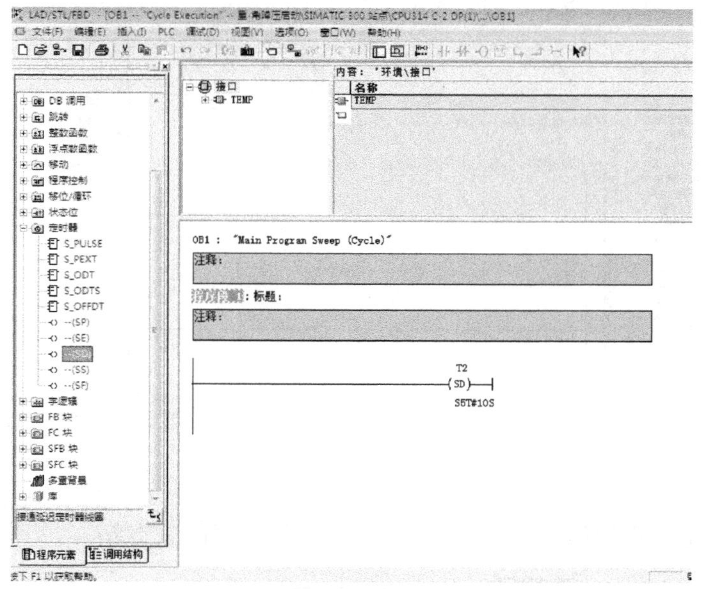

图 1-126　接通延时定时器（SD）线圈指令

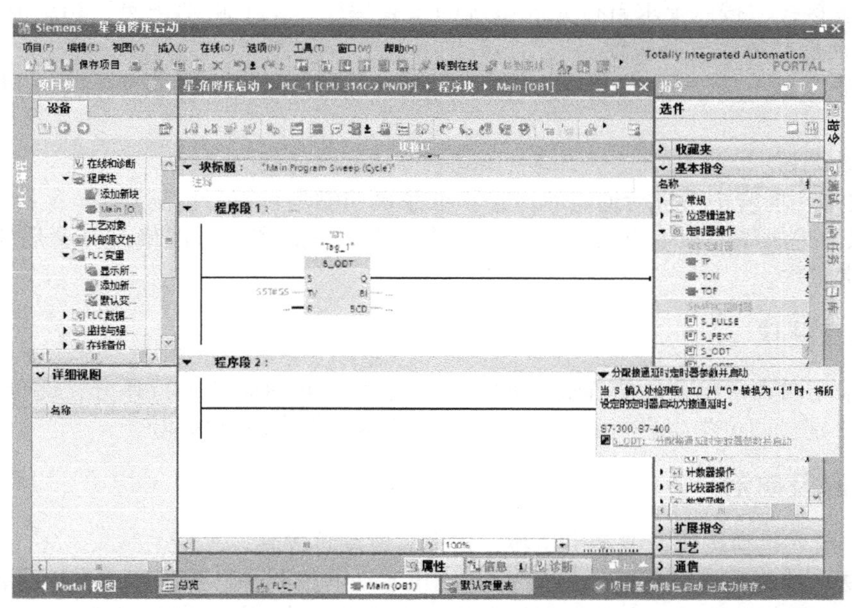

图 1-127　分配接通延时定时器参数并起动块图指令

（2）定时器线圈指令的输入　以起动接通延时定时器（SD）为例，将光标停在要输入位置，双击“定时器操作”下起动接通延时定时器（SD）线圈指令或将其拖至需要输入的位置，输入参数后即完成了起动接通延时定时器（SD）线圈指令的输入，如图1-128所示。SP、SE、SS和SF定时器线圈指令的输入方法与SD定时器线圈指令的输入方法相类似。

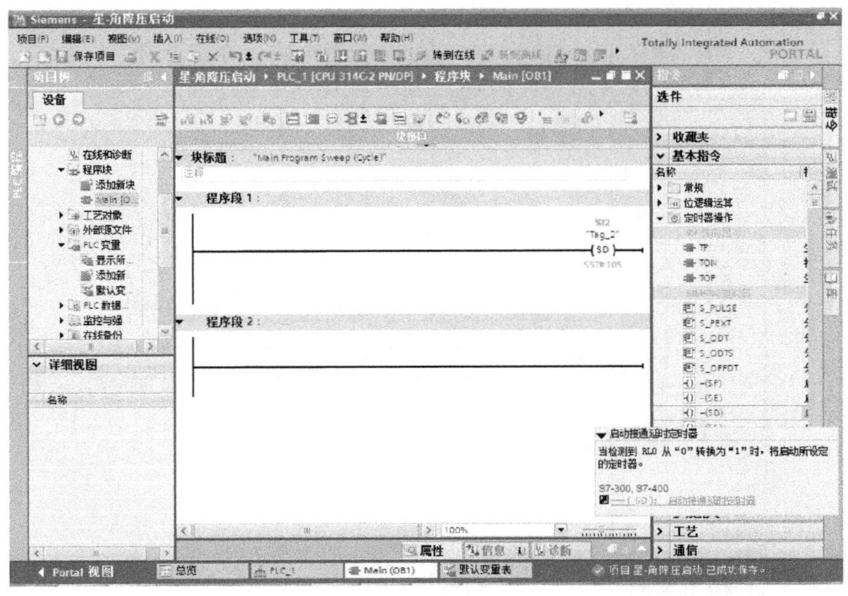

图 1-128 接通延时定时器（SD）线圈指令

6. 系统调试

（1）安装接线　按照要求自行完成系统的安装接线，主电路则按照三相交流异步电动机Y-△减压起动控制的主电路接线。

（2）程序下载　将三相交流异步电动机按Y-△减压起动的控制梯形图程序下载至PLC中。

（3）系统调试

1）在教师现场监护下进行通电调试，验证系统功能是否符合控制要求。

2）如果出现故障，学生应独立检修。线路检修完毕后和梯形图修改完毕后应重新调试，直至系统正常工作。

六、检查评议

考核时采用两人一组共同协作完成的方式，按表 1-6 的标准进行评分，此分数作为成绩的 60%，并分别对两位学生进行提问，学生答复的得分作为成绩的 40%。

七、问题及防治

问题 1：按下起动按钮，电动机运转，松手后电动机停转。

预防方法：检查程序，看电动机按Y-△减压起动的控制梯形图程序中自锁是否已编写。

问题 2：按下起动按钮，电动机按星形联结法正常运转，但到定时时间后，熔断器熔体熔断，发生短路事故，电路失电。

预防方法：KM2 起动前，KM3 未能及时断开，先检查是否已编写互锁程序；再检查定时器延时断开常闭触点是否工作正常。

八、扩展知识

十字路口交通信号灯布置图如图 1-129 所示，具体控制要求如图 1-130 所示，试根据控制要求编写控制程序。

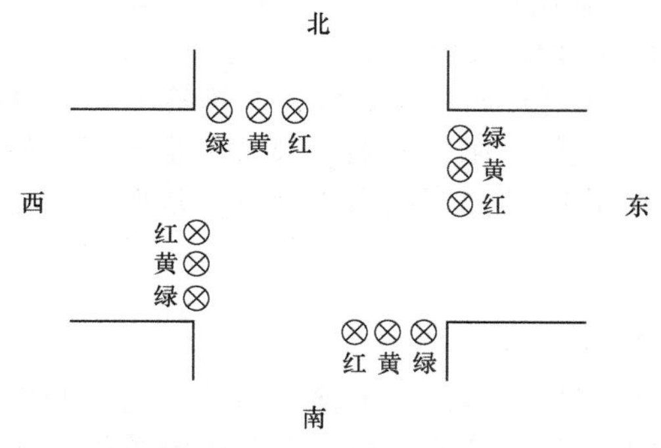

图 1-129 交通信号灯布置图

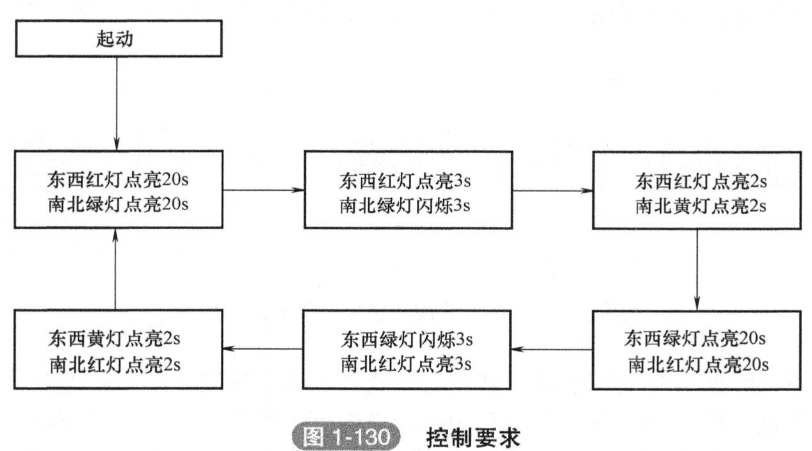

图 1-130 控制要求

任务5 停车场车位自动计数控制

一、任务描述

控制要求如下：

1）停车场可容纳200辆车，不允许进入更多车辆；当达到200辆且显示“车位已满”信号时，不允许车辆再进入。

2）每当进入一辆车时，入口车辆检测器向PLC发送一个信号，入口闸门开启（设开启时间为5s），停车场的“当前车辆”加1，30s后入口闸门关闭（关闭时间为5s）。

3）每当出去一辆车时，出口车辆检测器向PLC发送一个信号，出口闸门开启（设开启时间为5s），停车场的“当前车辆”减1，30s后出口闸门关闭（关闭时间为5s）。

二、任务分析

主要知识点：

1）了解环形线圈车辆检测器的基本工作原理。

2）掌握计数器指令的分类、特点及基本使用方法。

停车场车位自动计数控制是在停车场入口处有一个车辆检测器，当有车辆经过入口时，车辆检测器输出脉冲，经 PLC 输出信号控制电动机的绕组通电，使电动机 1 正转，闸栏开启，当经过一定时间车辆通过后，电动机反转，闸栏关闭，“当前车辆”的数量加 1；停车场出口处也有一个车辆检测器，当有车经过出口的时候，车辆检测器输出脉冲，经 PLC 输出信号控制电动机的绕组，使电动机 2 正转，闸栏开启，经过一定时间车辆通过后，电动机反转，闸栏关闭，“当前车辆”的数量减 1；当车辆停满指示灯亮起时，不允许车辆再进入。

三、相关知识

1. 环形线圈车辆检测器

随着车辆的增多和交通的飞速发展，在道路交通管理与控制中对交通信息的需求越来越多。交通信息的采集是通过车辆检测器实现的，车辆检测器根据采用的技术不同主要分为线圈检测、视频检测、微波检测、雷达检测及激光检测等。其中，环形线圈车辆检测器具有成本低、检测精度高、可靠性高及全天候工作的优点，是目前应用最广泛的车辆检测器。

环形线圈车辆检测器主要由环形线圈、线圈调谐回路和检测电路组成，其工作原理如图 1-131 所示。

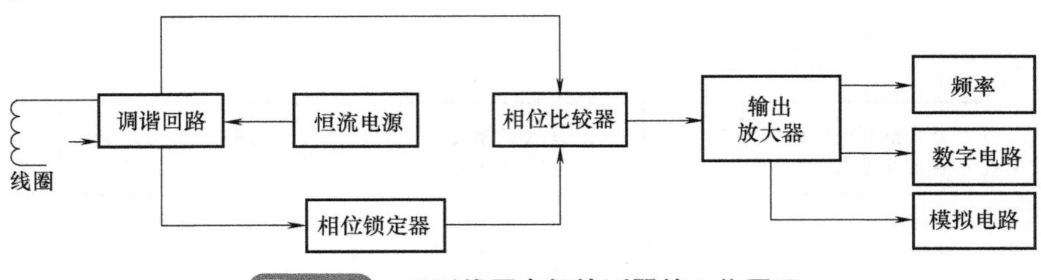

图 1-131 环形线圈车辆检测器的工作原理

埋设在地下的线圈通过变压器连接到具有恒流源的调谐回路中，并在线圈周围的空间产生电磁场。当汽车进入线圈磁场范围时，车辆铁构件内产生自闭合回路的感应电涡流，此涡流又产生与原有磁场方向相反的新磁场，导致线圈的总电感变小，引起调谐频率偏离原有数值；偏离的频率被送到相位比较器，与压控振荡器频率相比较，确认其偏离值，从而发出车辆通过或存在的信号。相位比较器输出信号控制压控振荡器，使振荡器频率跟踪线圈谐振频率的变化，从而输出一个脉冲信号。输出放大器对该脉冲信号进行放大，并以数字、模拟和频率三种形式输出。频率输出可用来测速、数字信号便于车辆计数，模拟量输出可用于计算车长和识别车型。

2. 西门子 S7-300 型 PLC 的计数器指令

（1）计数器的存储器区　S7-300 型 PLC 的每个计数器有一个 16 位的字和一个二进制位，计数器的字用来存放当前计数值，计数器触点的状态由位的状态来决定。用计数器地址（由字母 C 和计数器号组成，例如 C0）来访问当前计数值和计数器位，带位操作数的指令用来访问计数器位，带字操作数的指令用来访问当前计数值。

计数器字的 0~11 位是计数值的 BCD 码，如图 1-132 所示。不同的 CPU 模块，计数器的存储区域也不同，最多允许使用 64~512 个计数器。因此，在使用计数器时，计数器的地址编号（C0~C511）必须在有效范围之内。

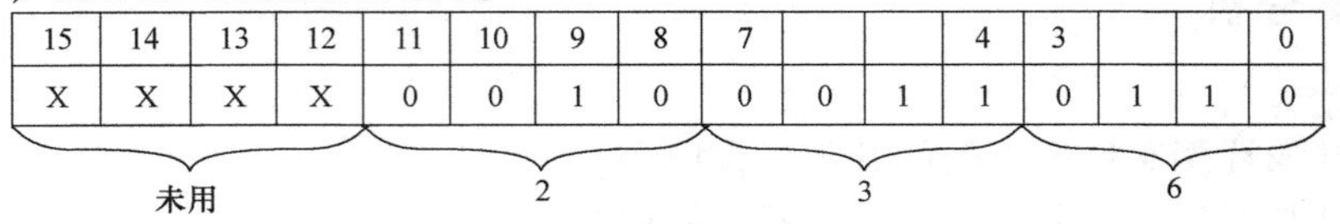

15	14	13	12	11	10	9	8	7			4	3			0
X	X	X	X	0	0	1	0	0	0	1	1	0	1	1	0

图 1-132 计数器字（累加器 1 的内容计数值为 236）

（2）计数器的分类　计数器分为加计数器、减计数器以及加/减计数器（又称为可逆计数器）三种，其形式有梯形图块图指令形式与线圈形式两种。

（3）计数器的块图指令格式　加计数器 S_ CU、减计数器 S_ CD 以及加/减计数器 S_ CUD 的块图指令形式如图 1-133～图 1-135 所示。

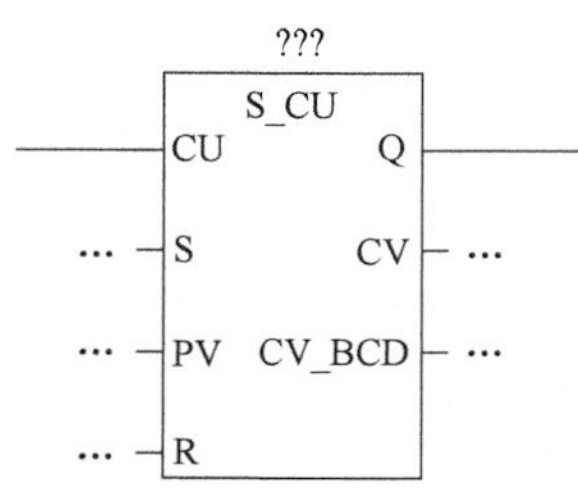

图 1-133　加计数器指令的块图指令形式

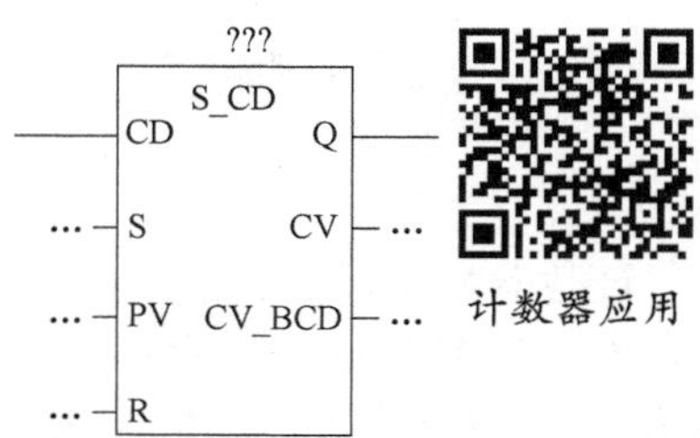

图 1-134　减计数器指令的块图指令形式

计数器块图指令的说明如下：

1）“???”处为计数器的编号，其编号范围与 CPU 的具体型号有关。

2）CU 为加计数器输入端，该端每出现一个上升沿，计数器自动加 1；当计数器的当前值为 999 时，计数值保持为 999，加 1 操作无效。

3）CD 为减计数器输入端，该端每出现一个上升沿，计数器自动减 1；当计数器的当前值为 0 时，此时的减 1 操作无效。

4）S 为预置信号输入端，该端出现上升沿的瞬间，将计数初值作为当前值。

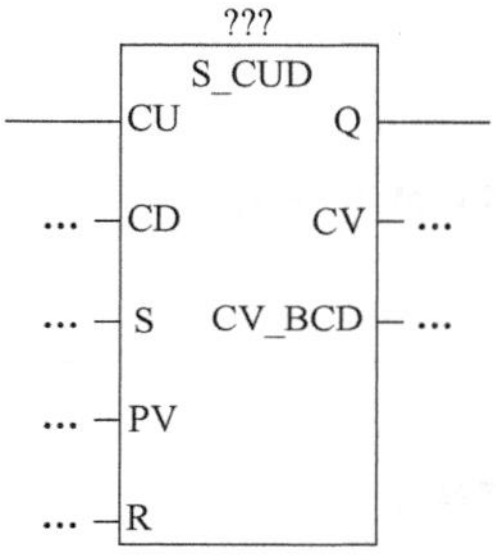

5）PV 为计数初值输入端，初值的范围为 0～999。可以通过字存储器为计数器提供初值，也可以直接输入 BCD 码形式的立即数，此时的立即数格式为：C#xxx，如 C#10、C#99。

图 1-135　加/减计数器指令的块图指令形式

6）R 为计数器复位信号输入端，在任何情况下，只要该端出现上升沿，计数器就会立即复位。复位后计数器的当前值变为 0，输出状态为“0”。

7）CV 为以整数形式显示或输出的计数器当前值，如 16#0036、16#00bc。该端可以接各种字存储器，如 MW6、IW4，也可以悬空。

8）CV_ BCD 为以 BCD 码形式显示或输出的计数器当前值，如 C#369、C#023。该端可以接各种字存储器，如 MW8、IW0，也可以悬空。

9）Q 为计数器状态输出端，只要计数器的当前值不为 0，计数器的状态就为“1”。该端可以连接位存储器，如 Q1.0、M0.5，也可以悬空。

举例：加/减计数器指令的应用，如图 1-136 所示。

当 I0.3 出现上升沿时，计数初值被置为 5，Q0.1 输出为“1”，CV 端显示当前计数值，CV_ BCD 端以 BCD 码形式显示当前计数值。此时，I0.1 每出现一个上升沿，CV 端显示数值加 1；若 I0.2 出现上升沿，则 CV 端显示数值减 1，直至计数值减为 0，Q0.1 输出为 0；I0.4 出现上升沿时，计数器 C1 被复位。

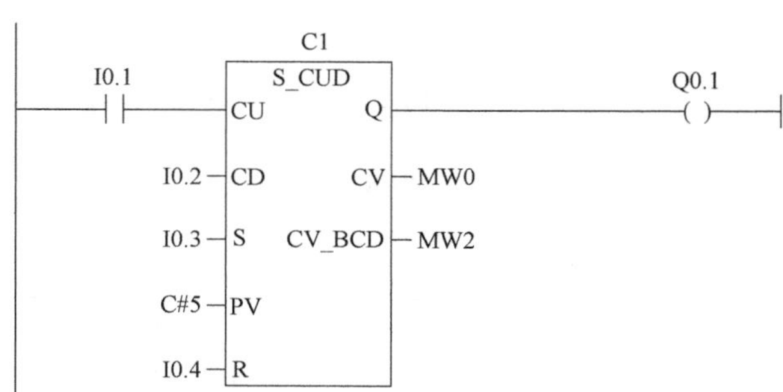

图 1-136　加/减计数器指令的应用

（4）计数器的线圈形式　前面介绍了块图形式的计数器指令，除此以外，S7-300 型 PLC 还为用户准备了 LAD 环境下的线圈形式的计数器。这些指令有计数器初值预置指令 SC（见图 1-137a）、加计数器指令 CU（见图 1-137b）和减计数器指令 CD（见图 1-137c）。

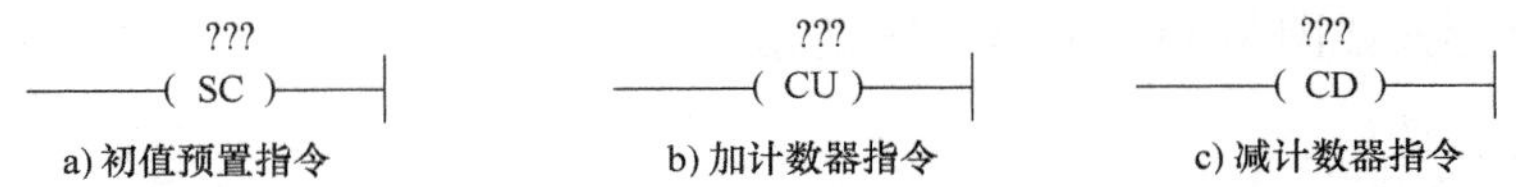

a) 初值预置指令　b) 加计数器指令　c) 减计数器指令

图 1-137　计数器的线圈指令

计数器的线圈形式指令在应用时，初值预置 SC 指令若与 CU 指令配合可实现 S_ CU 指令的功能，如图 1-138a 所示；SC 指令若与 CD 指令配合可实现 S_ CD 指令的功能，如图 1-138b 所示；SC 指令若与 CU 和 CD 指令配合可实现 S_ CUD 指令的功能，如图 1-138c 所示。

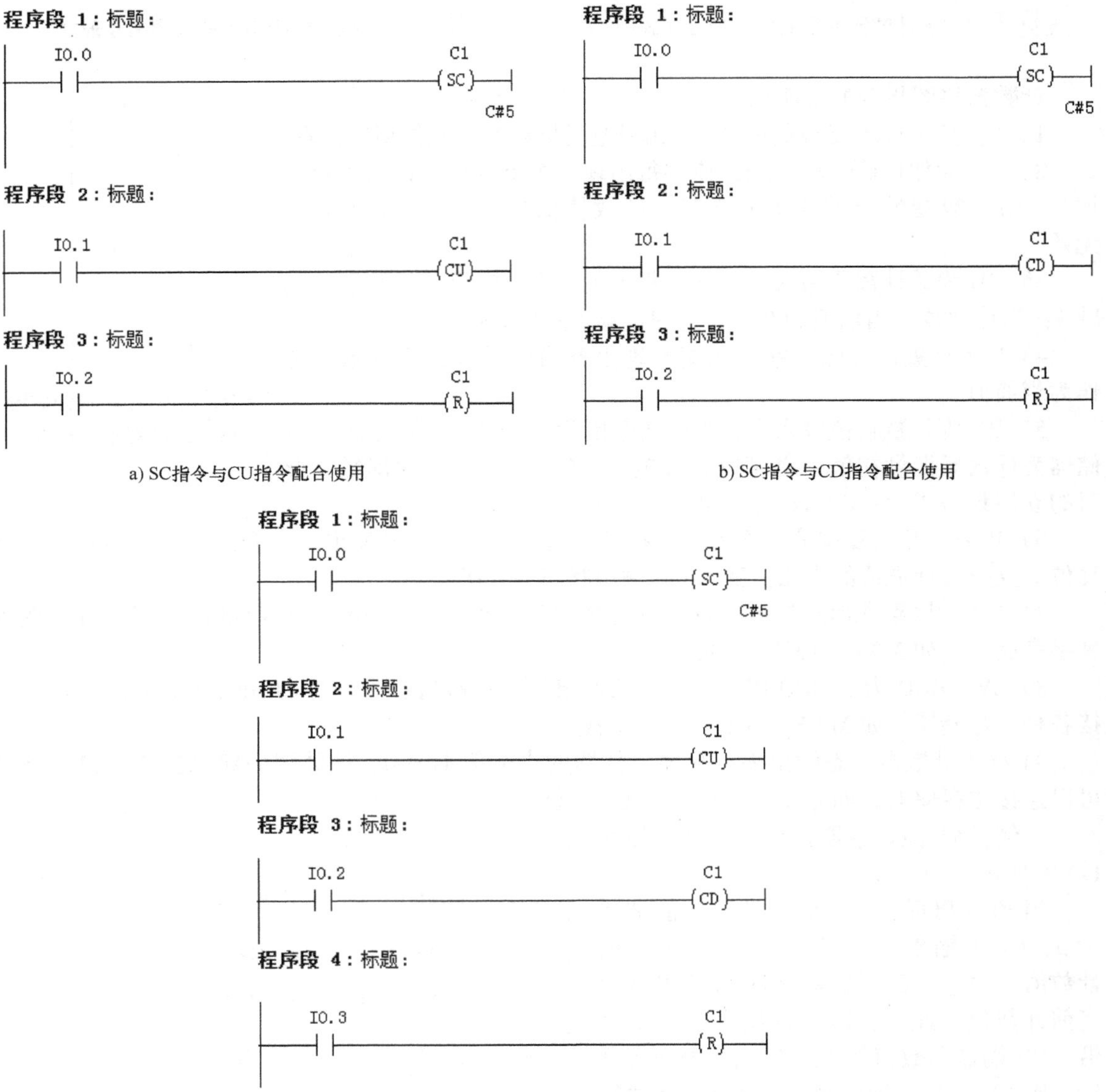

程序段 1：标题：

I0.0　C1　(SC)　C#5

程序段 2：标题：

I0.1　C1　(CU)

程序段 3：标题：

I0.2　C1　(R)

a) SC指令与CU指令配合使用

程序段 1：标题：

I0.0　C1　(SC)　C#5

程序段 2：标题：

I0.1　C1　(CD)

程序段 3：标题：

I0.2　C1　(R)

b) SC指令与CD指令配合使用

程序段 1：标题：

I0.0　C1　(SC)　C#5

程序段 2：标题：

I0.1　C1　(CU)

程序段 3：标题：

I0.2　C1　(CD)

程序段 4：标题：

I0.3　C1　(R)

c) CU指令与CD指令配合使用

图 1-138　计数器线圈指令应用示例

（5）计数器指令应用实例 S7-300 型 PLC 的定时器最大定时时间为 9990s。如果需要更长的定时时间，可以利用计数器扩展定时器的定时范围，其梯形图程序如图 1-139 所示，I0.1 为“0”状态时，计数器 C1 被复位；I0.1 变为“1”状态时，其常开触点接通，使 T10 和 T11 组成的振荡电路开始工作，计数器的预置值 500 被送入计数器 C1；I0.1 的常闭触点断开，C1 被解除复位。

振荡电路的振荡周期为 T10 和 T11 的预置值之和，图中的振荡电路相当于周期为 4h 的时钟脉冲发生器。每隔 4h，当 T11 的定时时间到，T10 的常开触点由接通变为断开，其脉冲的下降沿通过减计数器线圈 CD 使 C1 的计数值减 1。计满 500 个数（即 2000h）后，C1 的当前值减为 0，它的常闭触点闭合，使 Q0.0 的线圈通电。总的定时时间等于振荡电路的振荡周期乘以 C1 的计数预置值。

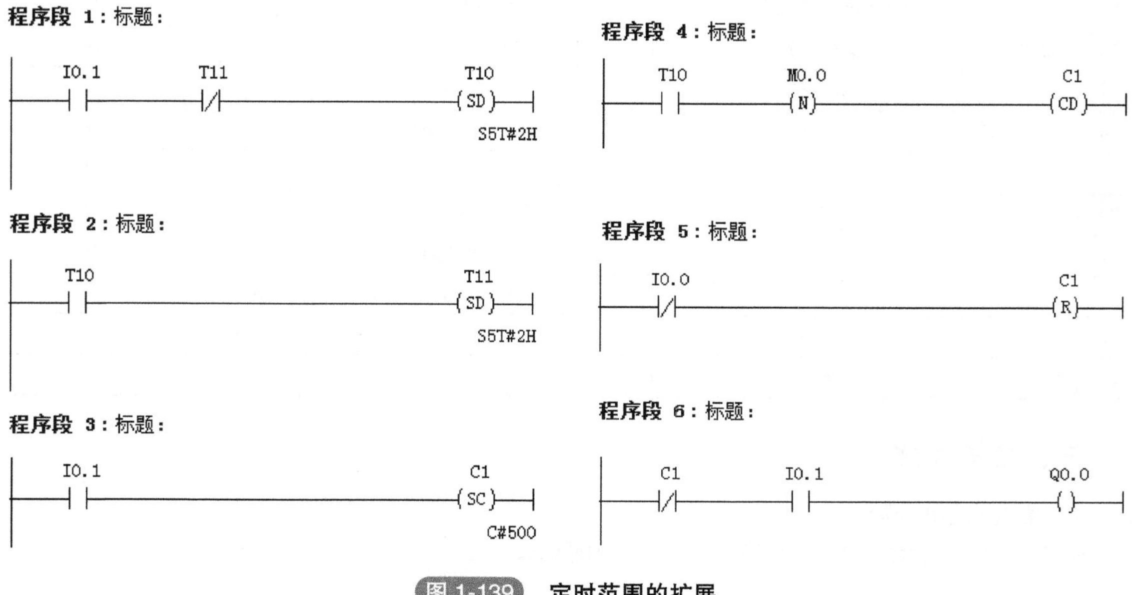

图 1-139 定时范围的扩展

四、任务准备

准备工具和器材，见表 1-22。

表 1-22 所需工具与器材清单

序号	分类	名称	型号规格	数量	单位
1	工具	电工工具		1	套
2	器材	万用表	MF47 型	1	块
3		可编程序控制器	S7-300 CPU314C-2 PN/DP	1	只
4		计算机	装有 STEP 7 V5. x 和 TIA Portal V1x 软件	1	台
5		安装铁板	600mm×900mm	1	块
6		导轨	C45	0.3	m
7		小型剩余电流断路器	DZ47LE-32,4P,C10A	1	只
8		小型断路器	DZ47-60,1P,C2A	1	只

（续）

序号	分类	名称	型号规格	数量	单位
9	器材	熔断器	RT18-32	8	只
10		接触器	CJX2-0910/220V	4	只
11		继电器	JZX-22F(D)/4Z/DC 24V	4	只
		时间继电器	JS7-2A	1	只
12		热继电器	NR4-63,0.8~1.25A	1	只
13		直流开关电源	DC 24V,50W	1	只
14		三相异步电动机	JW6324-380V,250W,0.85A	2	只
15		环形线圈车辆检测器	MTP-764	2	只
16		接线端子	JF5-2.5mm^2,5节一组	4	组
17		铜塑线	BV1/1.5mm^2	15	m
18		软线	BVR7/0.75mm^2	20	m
19		紧固件	M4×20螺杆	若干	只
20			M 4×12螺杆	若干	只
21			ϕ4mm平垫圈	若干	只
22			ϕ4mm弹簧垫圈及ϕ4mm螺母	若干	只
23		号码管		若干	m
24		号码笔		1	支

五、任务实施

1. 输入/输出分配

停车场车位自动计数控制的输入/输出分配见表1-23。

表1-23 输入/输出分配

输入			输出		
元件代号	输入继电器	作用	元件代号	输出继电器	作用
S1	I0.0	来车检测	KA1	Q0.0	入口开关门电动机正转控制
S2	I0.1	去车检测	KA2	Q0.1	入口开关门电动机反转控制
			KA3	Q0.2	出口开关门电动机正转控制
			KA4	Q0.3	出口开关门电动机反转控制
			HL	Q0.4	车辆满否指示

2. S7-300型PLC的输入/输出接线

用西门子S7-300型PLC实现停车场车位自动计数控制的输入/输出接线，如图1-140所示。

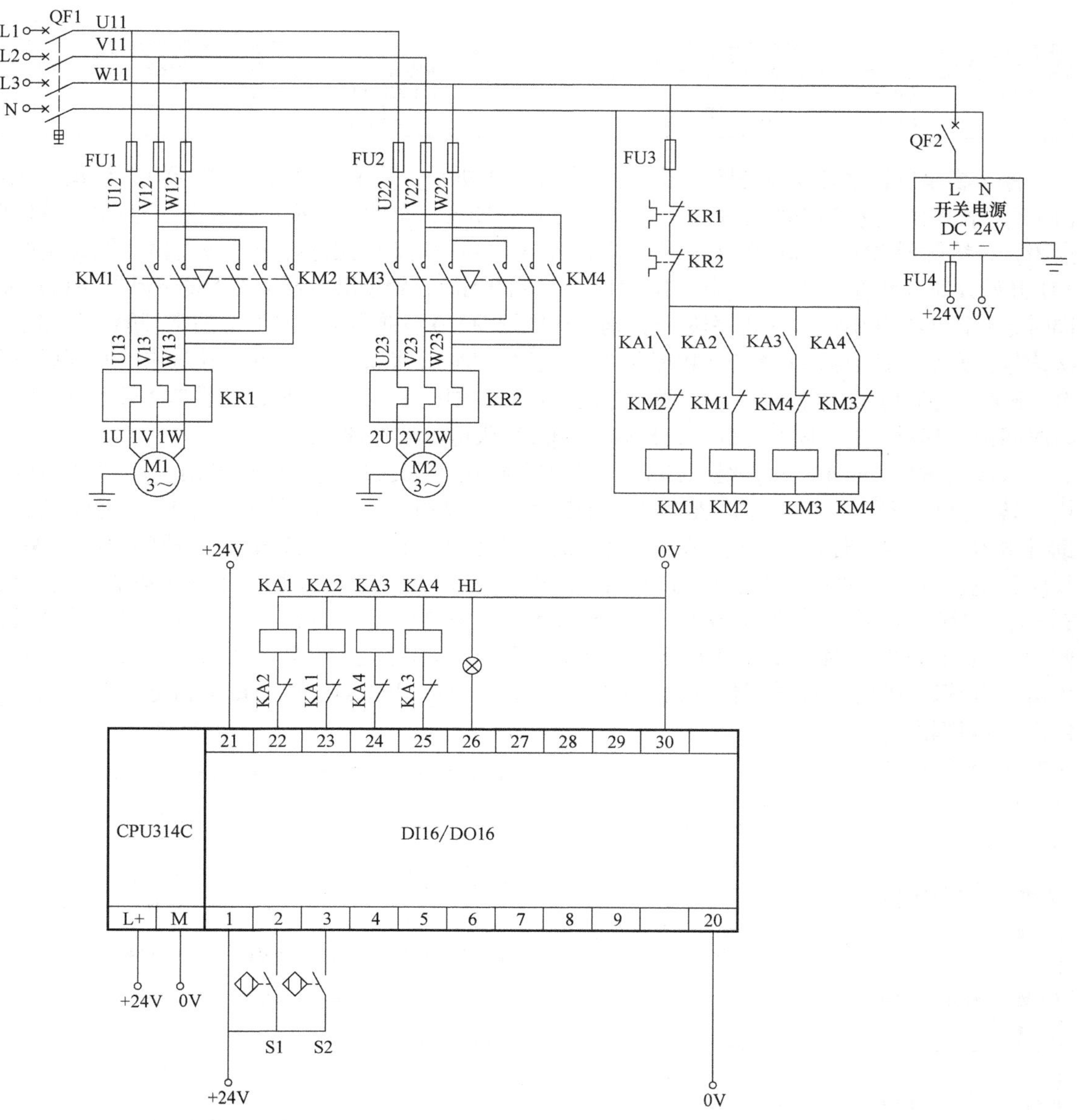

图 1-140　停车场车位自动计数控制 S7-300 型 PLC 的输入/输出接线

3. 编写停车场车位自动计数控制梯形图程序

（1）基于 STEP 7 V5. x 软件的 S7-300 型 PLC 控制程序　利用 STEP 7 V5. x 软件编写程序前，首先建立符号表，停车场车位自动计数控制的符号见表 1-24。

表 1-24　基于 STEP 7 V5. x 软件的停车场车位自动计数控制的符号

符号	地址	数据类型	注　释
S1	I0. 0	BOOL	来车检测
S2	I0. 1	BOOL	去车检测
KA1	Q0. 0	BOOL	入口开关门电动机正转控制
KA2	Q0. 1	BOOL	入口开关门电动机反转控制
KA3	Q0. 2	BOOL	出口开关门电动机正转控制

（续）

符号	地址	数据类型	注　释
KA4	Q0.3	BOOL	出口开关门电动机反转控制
HL	Q0.4	BOOL	车辆满否指示

停车场车位自动计数控制梯形图程序如图 1-141 所示，系统通电后，计数器 C0 被预置入初值 150（程序段 1）；当来车时 S1（I0.0）常开触点闭合，车辆停满指示灯未亮，即 Q0.4 常闭触点闭合，接触器 KM1（Q0.0）线圈得电自锁（入口闸门电动机正转，闸门开启），同时定时器 T41 开始计时（程序段 5）；定时器 T41 计时 5s 时间到后，辅助继电器 M2.0 线圈得电并且自锁，同时定时器 T43 开始计时（程序段 6）；辅助继电器 M2.0 线圈得电，其对应的常开触点每出现一次信号上升沿，计数器 C0 减 1（程序段 3）；定时器 T43 计时时间 30s 到，其对应的常开触点闭合，KM2（Q0.1）得电自锁（入口闸门电动机反转，闸门关闭），同时定时器 T42 开始计时，计时时间到，其对应的常闭触点断开，KM2（Q0.1）失电（程序段 7）。

去车时 S2（I0.1）常开触点闭合，接触器 KM3（Q0.2）线圈得电自锁（出口闸门电动机正转，闸门开启），同时定时器 T44 开始计时（程序段 8）；定时器 T44 计时 5s 时间到，辅助继电器 M2.1 线圈得电并且自锁，同时定时器 T46 开始计时（程序段 9）；辅助继电器 M2.1 线圈得电，其对应的常开触点每出现一次信号上升沿，计数器 C0 加 1（程序段 2）；定时器 T46 计时时间到，其对应的常开触点闭合，KM4（Q0.3）得电自锁（出口闸门电动机反转，闸门关闭），同时定时器 T45 开始计时，计时时间到，其对应的常闭触点断开，KM4（Q0.3）失电（程序段 10）；当计数器 C0 值为 0 时，其对应的常闭触点闭合，Q0.4 得电，停车场车辆停满（程序段 4）。

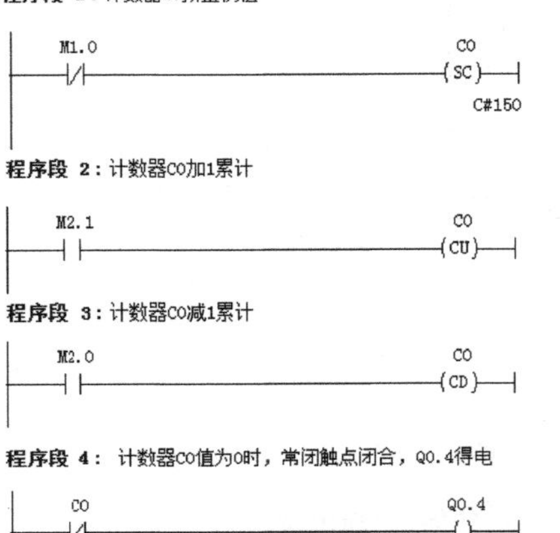

程序段 5：I0.0常开触点闭合，Q0.0线圈得电自锁，同时定时器T41开始计时

I0.0　Q0.4　M2.0　Q0.1　Q0.0
Q0.0
T41
SD
S5T#5S

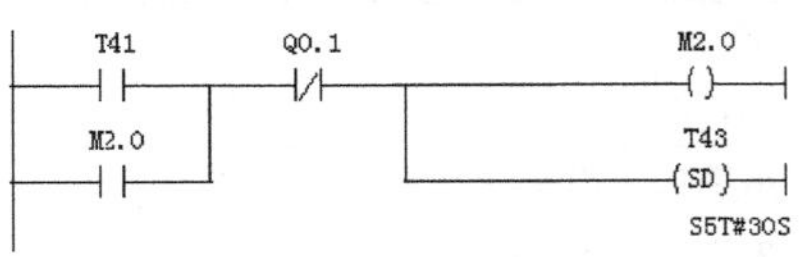

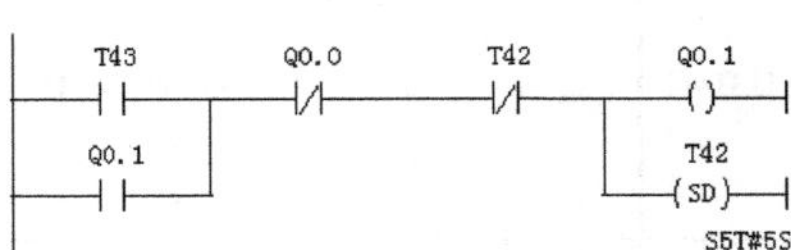

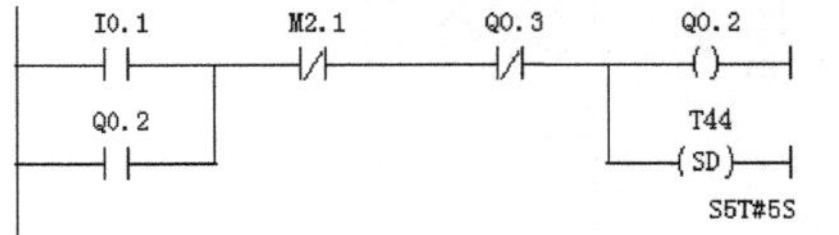

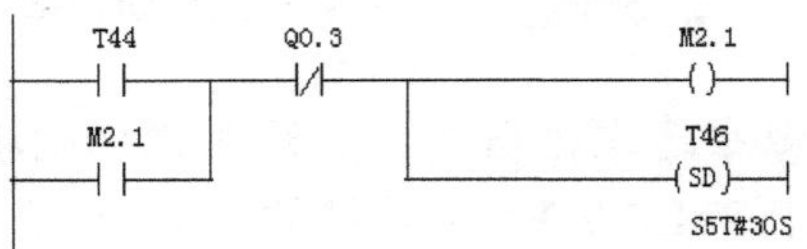

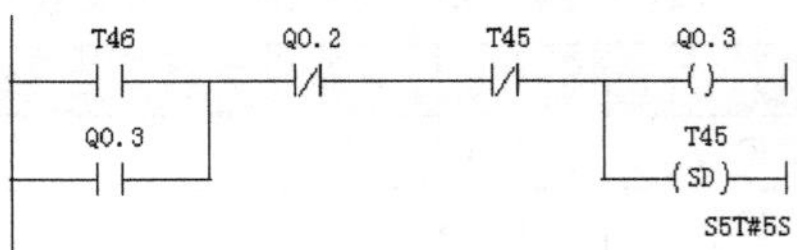

图 1-141　停车场车位自动计数控制梯形图程序

（2）基于 TIA Portal V1x 软件的 S7-300 型 PLC 控制程序　利用 TIA Portal V1x 软件编写程序前，首先建立符号表，停车场车位自动计数控制的符号如图 1-142 所示。

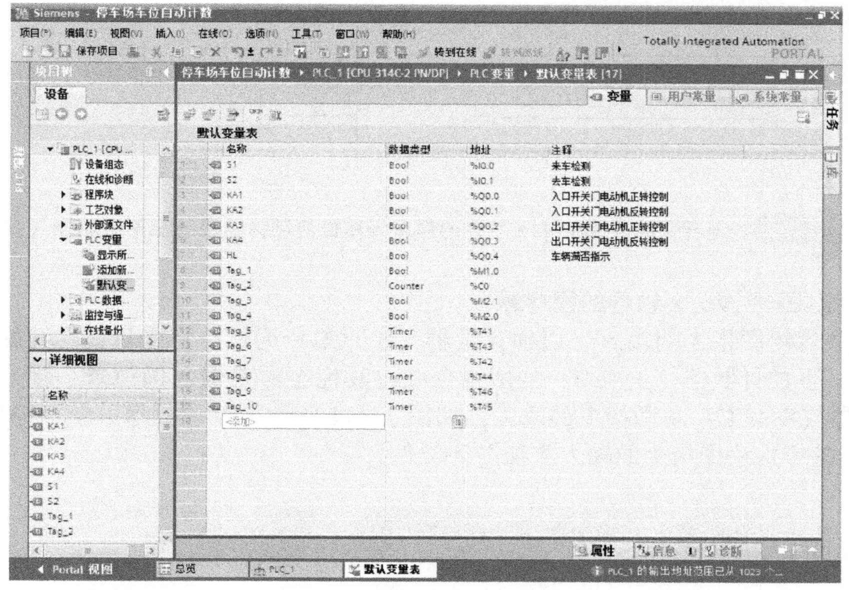

图 1-142　基于 TIA Portal V1x 软件的停车场车位自动计数控制的符号

基于 TIA Portal V1x 软件的 S7-300 型 PLC 控制实现停车场车位自动计数控制时，设计思路和设计方法与基于 STEP 7 V 5.x 软件基本相同，只是指令格式不同。现将图 1-141 所示程序改写为图 1-143 所示程序。

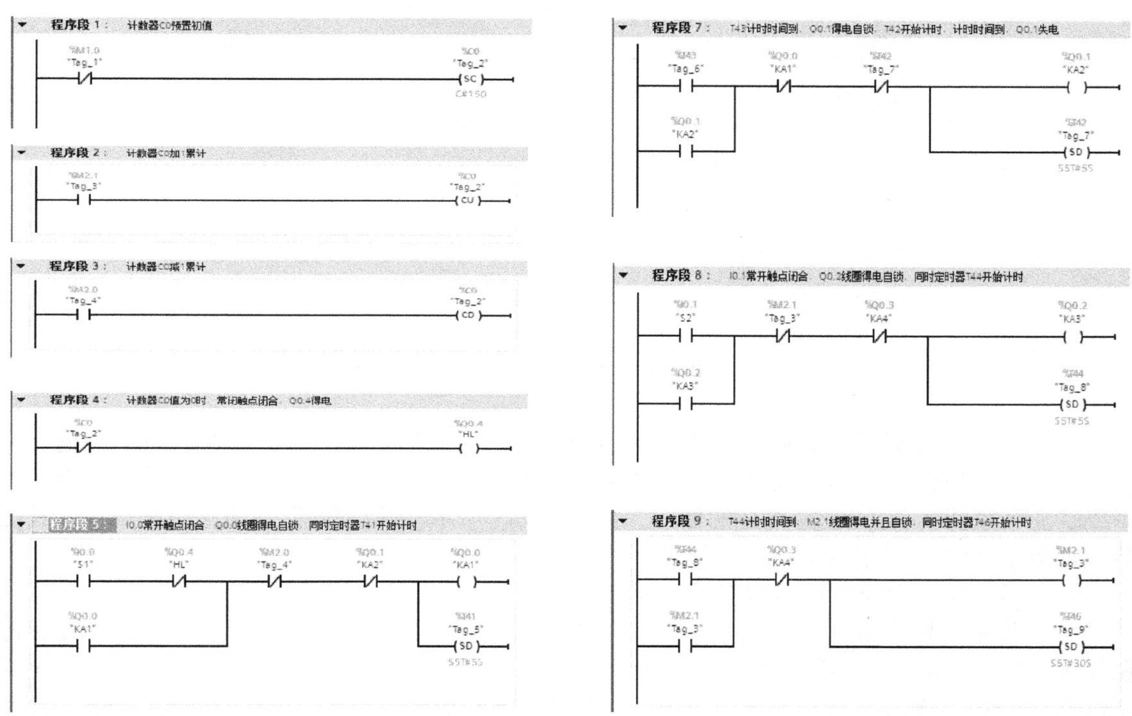

图 1-143　基于 TIA Portal V1x 软件的停车场车位自动计数控制梯形图程序

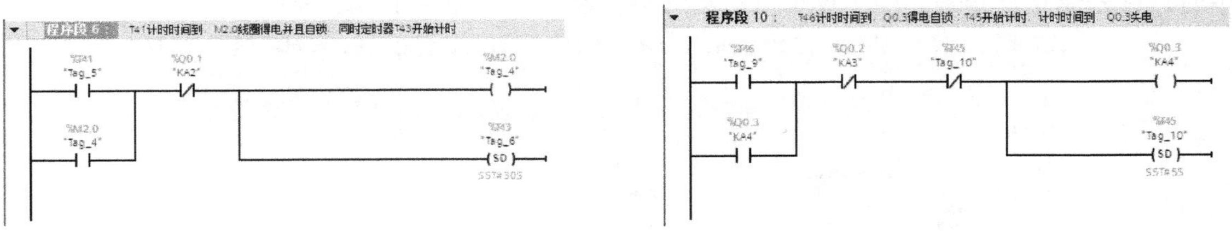

图 1-143　基于 TIA Portal V1x 软件的停车场车位自动计数控制梯形图程序（续）

4. 基于 STEP 7 V5. x 软件的程序输入

（1）计数器块图指令的输入　以加计数器（S_ CU）为例，将光标停在要输入位置，双击“计数器”下加计数器（S_ CU）块图指令或将其拖至需要输入的位置，输入参数后即完成了加计数器（S_ CU）块图指令的输入，如图 1-144 所示。减计数器（S_ CD）以及加/减计数器（S_ CUD）块图指令的输入方法与此类似。

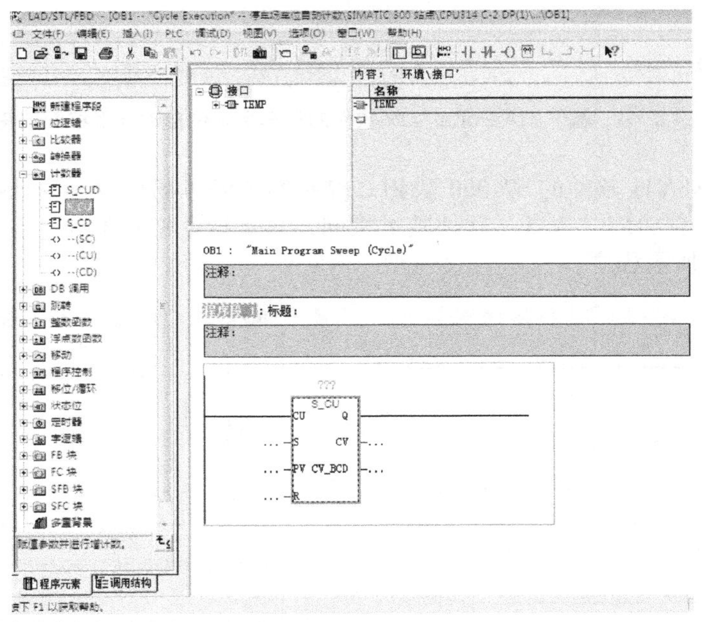

图 1-144　加计数器（S_ CU）块图指令

（2）计数器线圈指令的输入　以加计数器（CU）线圈指令为例，将光标停在要输入位置，双击“计数器”下加计数器（CU）线圈指令或将其拖至需要输入的位置，输入参数后即完成了加计数器（CU）线圈指令的输入，如图 1-145 所示。减计数器（CD）线圈指令以计数器预置指令（SC）的输入方法与此类似。

5. 基于 TIA Portal V1x 软件的程序输入

（1）计数器块图指令的输入　以分配参数并进行加计算（S_ CU）指令为例，将光标停在要输入位置，双击“计数器操作”下分配参数并进行加计算（S_ CU）指令或将其拖至需要输入的位置，输入参数后即完成了 S_ CU 块图指令的输入，如图 1-146 所示。S_ CD 和 S_ CUD其块图指令的输入方法与此类似。

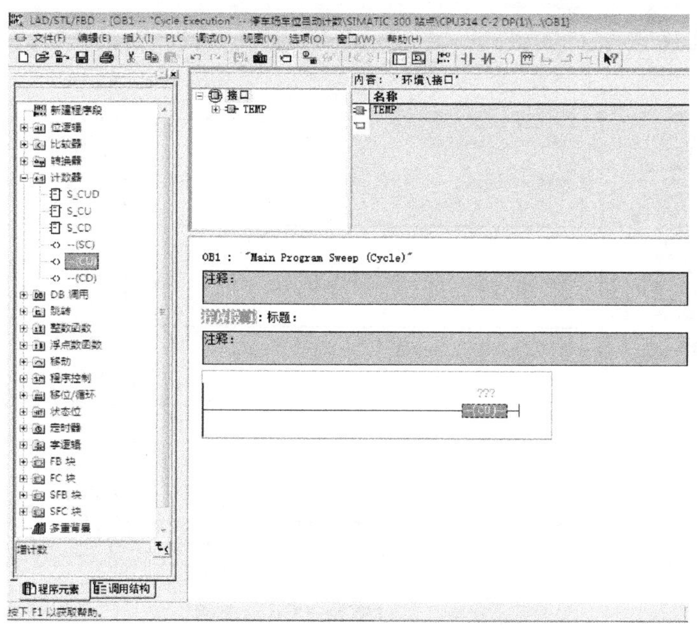

图 1-145 加计数器（CU）线圈指令

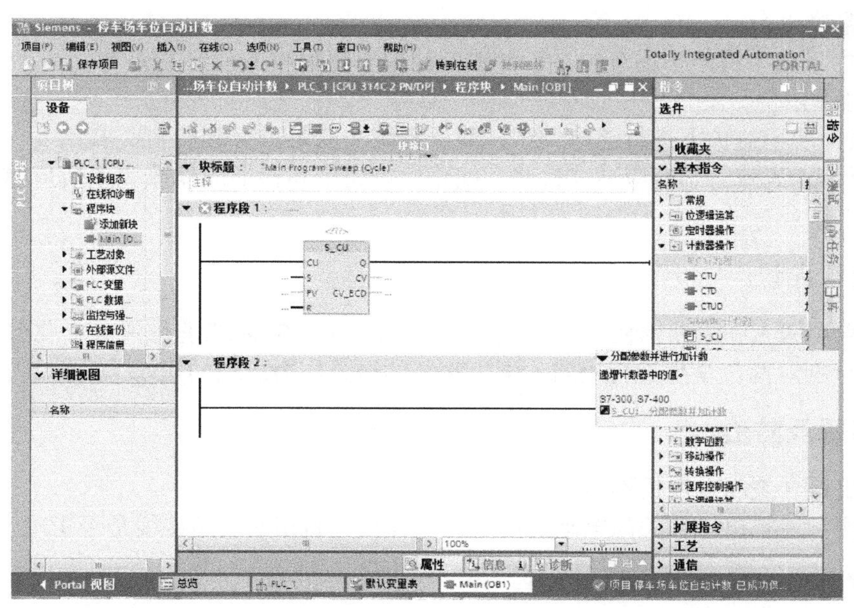

图 1-146 分配参数并进行加计算（S_ CU）指令

（2）计数器线圈指令的输入 以加计数器（CU）线圈指令为例，将光标停在要输入位置，双击“计数器操作”下加计数器（CU）线圈指令或将其拖至需要输入的位置，输入参数后即完成了加计数器（CU）线圈指令的输入，如图 1-147 所示。减计数器（CD）线圈指令以计数器预置指令（SC）的输入方法与此类似。

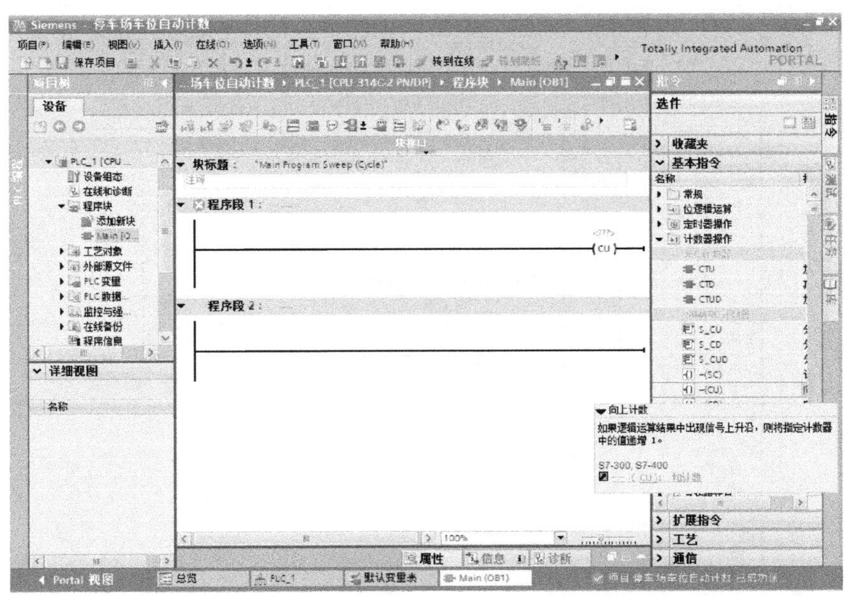

图 1-147 加计数器（CU）线圈指令

6. 系统调试

（1）安装接线　按照要求自行完成系统的安装接线，主电路则按照停车场车位自动计数控制的主电路接线。

（2）程序下载　将停车场车位自动计数控制梯形图程序下载到 PLC 中。

（3）系统调试

1）在教师现场监护下进行通电调试，验证系统功能是否符合控制要求。

2）如果出现故障，学生应独立检修。线路检修完毕和梯形图修改完毕后应重新调试，直至系统正常工作。

六、检查评议

考核时采用两人一组共同协作完成的方式，按表 1-6 的标准进行评分，此分数作为成绩的 60%，并分别对两位学生进行提问，学生答复的得分作为成绩的 40%。

七、问题及防治

问题：出口开关门电动机不转。

预防方法：检查出口开关门电动机接入的电源是否断相或线路接线是否正确。

八、扩展知识

药片自动装瓶示意图如图 1-148 所示，按下选择按钮 SB1，指示灯 HL1 亮表示当前的选择是每瓶装入 3 片；按下选择按钮 SB2，指示灯 HL2 亮表示当前的选择是每瓶装入 5 片；按下选择按钮 SB3，指示灯 HL3 亮表示当前的选择是每瓶装入 7 片；当选定要装入瓶中的药片数量后，按下系统起动按钮 SB4，电动机 M 驱动传送带运转，通过光电传感器 PS2 检测到传送带上的药瓶到达装瓶的位置，传送带停止运转。

当电磁阀 YV 打开装有药片的装置后，通过光电传感器 PS1，对进入到药瓶的药片进行计数，当药瓶中的药片达到预先选定的数量后，电磁阀 YV 关闭，传送带重新自动起动，药片装瓶过程自动连续地运行。

如果当前的装药过程正在进行时，需要改变药片装入数量，则只有在当前药瓶装满后，从下一个药瓶开始装入改变后的数量。

如果在装药过程中按下“停止”按钮 SB5，则在当前药瓶装满后，系统停止运行。

如果在装药过程中按下“紧急停止”按钮 SB6，系统停止运行。

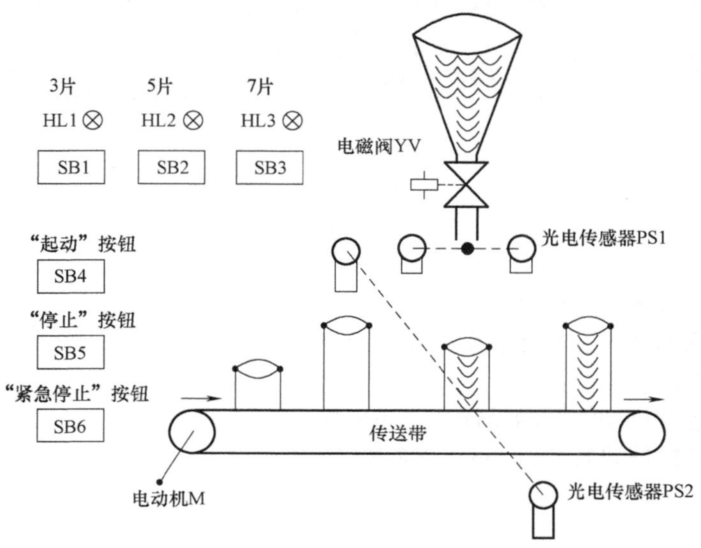

图 1-148 药片自动装瓶示意图

具体要求如下：

1）完成输入/输出信号元器件的分析。

2）完成硬件组态及 I/O 地址分配。

3）画出接线图。

4）建立符号表。

5）编写控制程序。

6）调试控制程序。

复习思考题

1. 从组成结构上看，PLC 可以分为哪两类？
2. PLC 主要由哪几部分构成？
3. PLC 的编程语言主要有哪几种？
4. S7-300 PLC CPU 的三个基本存储区域都是什么？
5. 西门子 STEP7 指令中五类不同定时器是什么？

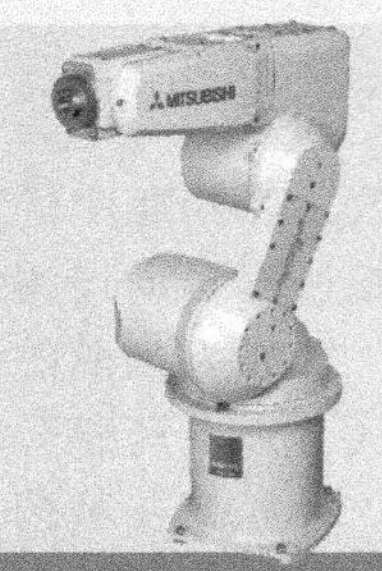

项目2

可编程序控制器在顺序控制中的应用

知识目标

1）理解顺序控制的基本概念。
2）理解功能图的特点及其在顺序控制中的应用。
3）熟悉功能图的各个要素。
4）掌握单流程顺序功能图的设计方法和步骤。
5）了解顺序功能图语言 S7 Graph 的应用。

技能目标

1）掌握 STEP 7 V5. x 和 TIA Portal V1x 编程软件的基本使用方法。
2）能根据控制要求绘制顺序功能图。
3）能使用 S7 Graph 编写程序。
4）能够绘制 I/O 接线图，并能安装、调试 PLC 控制的小车行程控制系统。
5）能够绘制 I/O 接线图，并能安装、调试 PLC 控制的工件分拣控制系统。
6）能够绘制 I/O 接线图，并能安装、调试 PLC 控制的十字路口交通灯控制系统。

任务1　小车行程控制

一、任务描述

图 2-1 所示为一运料小车自动化生产线，货物通过运料小车 M 从 A 地运到 B 地，在 B 地卸料后小车 M 再从 B 地返回 A 地待命。本任务我们学习采用单流程顺序功能图设计实现 PLC 控制运料小车的工作。其控制要求如下：

1）假设小车初始位置在左侧限位开关处，按下起动按钮 SB1，开始装料，10s 后装料结束，KM1 接通，小车开始右行，撞压行程开关 SQ1 后停下，开始卸料，8s 后卸料结束，KM2 接通，小车开始左行，撞压行程开关 SQ2 后，停止运行，返回初始状态。

2）具有短路保护和过载保护等必要的保护措施。

二、任务分析

主要知识点：

1）理解顺序控制的基本概念。

2）理解顺序功能图的特点及其在顺序控制中的应用。

3）熟悉顺序功能图的各个要素。

4）掌握 S7 Graph 编程在单流程顺序控制中的应用。

分析控制要求，可知运料小车的一个工作周期分为装料、右行、卸料和左行 4 个工序，加上等待装料的初始状态，共有 5 个工序，工作流程如图 2-2 所示。各限位开关、按钮和定时器提供的信号是各工序之间的转换条件，其主要元器件的功能见表 2-1。

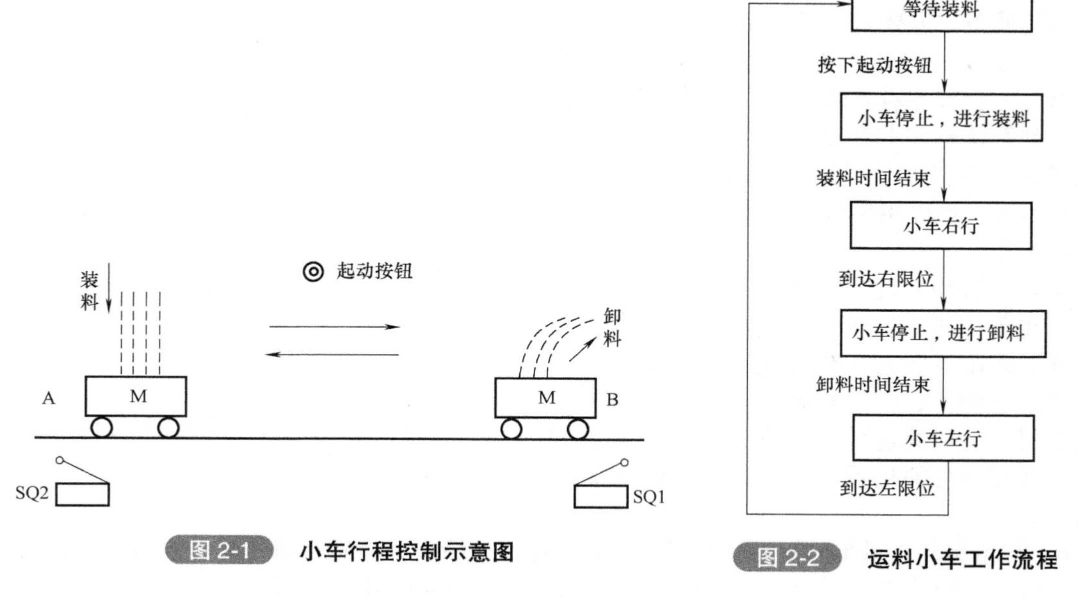

图 2-1　小车行程控制示意图

图 2-2　运料小车工作流程

表 2-1　主要元器件的功能

元件代号	元件名称	用　途
QF1	断路器	控制总电路
FU1	熔断器	主电路短路保护
FU2	熔断器	控制电路短路保护
SB1	起动按钮	起动控制
SQ1	行程开关	右限位控制
SQ2	行程开关	左限位控制
KR	热继电器	过载保护
KM1	交流接触器	正转控制
KM2	交流接触器	反转控制

三、相关知识

1. 顺序控制

本任务的工作过程是按一定的顺序进行。此类按流程作业的控制系统，一般都包含若干个工作状态，当条件满足时，系统能够从一种状态转移到另一种状态，这种控制称为顺序控制，对应的控制系统称为顺序控制系统。所谓顺序控制系统，就是按照生产工艺预先规定的顺序，在各个输入信号的作用下，根据内部状态和时间的顺序，使生产过程中各个执行机构自动而有序地进行工作。由图 2-2 可以看出，该工作过程可以分解成 5 个状态，各状态的任务具体、明确，状态间的联系清楚。对于这种符合一定顺序的工作任务，可采用顺序控制设计方法。

使用顺序控制设计法时，首先要根据系统的工艺流程画出顺序功能图，然后根据顺序功能图编写顺序控制程序。

2. 顺序功能图

顺序功能图是描述控制系统的控制过程、功能和特性的框图，它由步、动作、有向连线、转换和转换条件五要素组成，如图 2-3 所示。

(1) 步及其划分　顺序控制设计法最基本的思路是分析被控对象的工作过程及控制要求，根据控制系统输出状态的变化将系统的一个工作周期划分为若干个顺序相连的阶段，这些阶段就称为步，可以用位地址（例如存储器位 M）来控制各步。

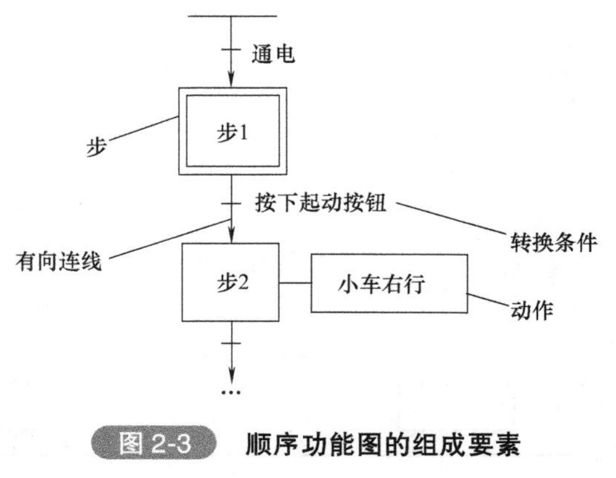

图 2-3　**顺序功能图的组成要素**

步是根据 PLC 输出量的 I/O 状态变化来划分的，在每一步内，各输出量的状态不变，只要系统的输出量状态发生变化，系统就从原来的步进入新的步，所以相邻两步输出量总的状态是不同的。步的这种划分方法使代表各步的位地址状态与各输出量状态之间的逻辑关系极为简单。

1) 初始步。与系统的初始状态相对应的步称为初始步，初始状态一般是系统等待起动命令的相对静止的状态。初始步用双线框表示，每一个顺序功能图至少应该有一个初始步。

2) 活动步。当系统正处于某一步所在的阶段时，该步处于活动状态，称该步为活动步。步处于活动状态时，相应的动作被执行；处于不活动状态时，相应的非存储型动作被停止。

(2) 与步对应的动作或命令　在某一步中要完成某些动作，动作是指某步活动时，PLC 向被控系统发出的命令，或被控系统应执行的动作。动作用矩形框中的文字或符号表示，该矩形框应与相应的步的矩形框相连。

应清楚地表明动作是存储型还是非存储型的。非存储型的动作只有在它所在的步为活动步时完成。存储型动作（置位、复位指令）在连续的若干步中状态不变，需要在应为“1”状态的第一步置位，在应为“1”状态的最后一步的下一步复位为“0”。

(3) 有向连线　步与步之间用有向连线连接，并且用转换将步分隔开。步的活动状态进展按有向连线规定的路线进行，默认的进展方向是从上到下和从左至右，在这两个方向可以省略有向连线上的箭头，否则应在有向连线上用箭头注明进展方向。

(4) 转换和转换条件　在顺序功能图中，步的活动状态的进展由转换实现。实现转换必须同时满足两个条件：

1) 该转换所有的前级步都是活动步。

2) 相应的转换条件得到满足。

使系统由当前步进入下一步的信号称为转换条件。转换条件可以是外部的输入信号，例如按钮、指令开关、限位开关的接通或断开；也可以是 PLC 内部产生的信号，如定时器、计数器触点的通断等；还可以是若干个信号的与、或、非逻辑组合。

一旦实现了转换，应完成两个操作：一是使所有由有向连线与相应转换条件相连的后续步都变为活动步；二是使所有由有向连线与相应转换条件相连的前级步都变为不活动步。

3. 应用置位复位指令设计单流程顺序功能图的编程方法

根据顺序功能图使用置位复位指令来设计顺序控制梯形图是通用的编程方法，可以用于任意型号的 PLC，主要包括步的控制程序设计和输出电路的设计两方面。

（1）步的控制程序设计　根据顺序功能图设计梯形图时，用存储器位来代表步，某一步为活动步时，对应的存储器位为 1。

图 2-4 所示为顺序功能图与梯形图的对应关系，步 M_{i-1}、M_i 是顺序功能图中连接的两步，I_i 是步 M_i 之前的转换条件。步 M_{i-1} 转换到步 M_i 的条件是步 M_{i-1} 为活动步（M_{i-1} 的常开触点闭合），且转换条件 $I_i=1$。在梯形图中，M_{i-1}、I_i 的常开触点组成的串联电路接通时，表示上述条件同时满足，此时应执行转换操作，即用置位指令将该转换的后续步 M_i 的存储器位变为“1”状态，用复位指令将该转换前级步 M_{i-1} 的存储器位变为“0”状态。

根据上述的编程方法，代表步的存储器位的控制电路都可以用这个统一的规则来设计，每个转换对应一个如图 2-4 所示的“标准”程序段，在顺序功能图中有多少个转换就有多少个这样的程序段。

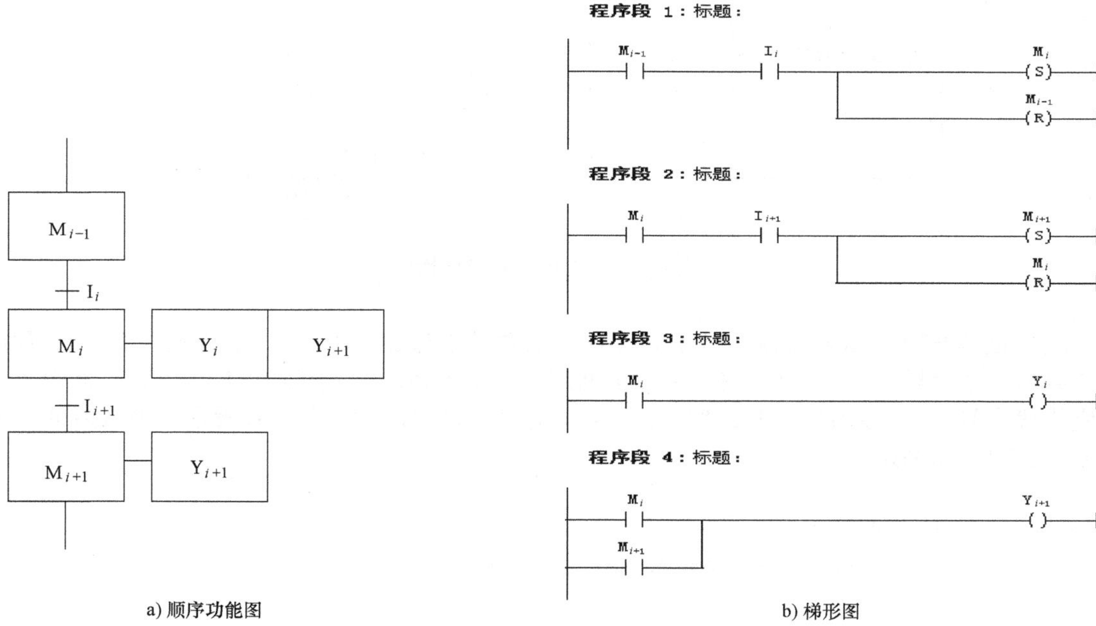

a) 顺序功能图　　b) 梯形图

图 2-4　使用置位复位指令的编程方法

（2）输出电路的程序设计　由于步是根据输出位的状态变化划分的，因此，元件之间的关系变得极为简单，可以分为两种情况处理：

1）如果某一输出位仅在某一步中为“1”状态，可以用它们所在的步对应的存储器位的常开触点来控制它们的线圈。

2）如果某一输出位在几步中都为“1”状态，应将代表各步的存储器位的常开触点并联后，驱动该输出位的线圈，如图 2-4 所示。

4. 应用顺序功能图语言 S7 Graph

S7 Graph 语言是 S7-300/400 型 PLC 用于顺序控制程序编写的顺序功能图语言，可以清楚快速地组织和编写 S7 型 PLC 的顺序控制程序。在这种语言中，根据功能将控制任务划分为若干个顺序出现的步，在每一步中执行相应的动作并且根据条件决定是否转换为下一步。它们的定义、互锁或监视功能由 STEP 7 的编程语言 LAD 或 FBD 实现。

（1）顺序控制程序的构成　用 S7 Graph 编写的顺序控制程序以功能块（FB）的形式被主程序“OB1”调用。因此，如图 2-5 所示，一个顺序控制项目至少需要三个块：

1）一个调用 S7 Graph 功能块的块，可以是组织块（OB）、功能（FC）或功能块（FB）。

2）一个用来描述顺序控制系统各步和转换关系的 S7 Graph 功能块，由一个或多个顺序控制器和可选的永久性指令组成。S7 Graph 功能块被调用时，顺序控制器从第 1 步或从初始步开始起动。

3）一个默认分配给 S7 Graph 功能块的背景数据块（DB），包含顺序控制系统的参数。

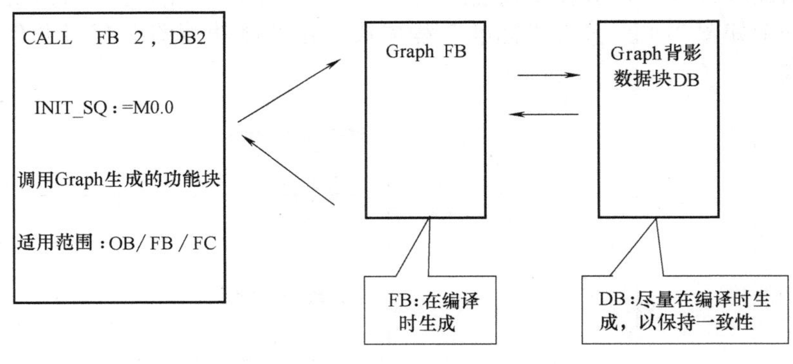

图 2-5　顺序控制程序构成

（2）创建 S7 Graph 功能块　选中 SIMATIC 管理器左边窗口的“块”，执行 SIMATIC 管理器的菜单命令“插入”→“S7 块”→“功能块”，在出现的“属性-功能块”对话框中，功能块的默认名称为“FB1”，设置“创建语言”为“GRAPH”，如图 2-6 所示，确认后即生成 S7 Graph 功能块 FB1。

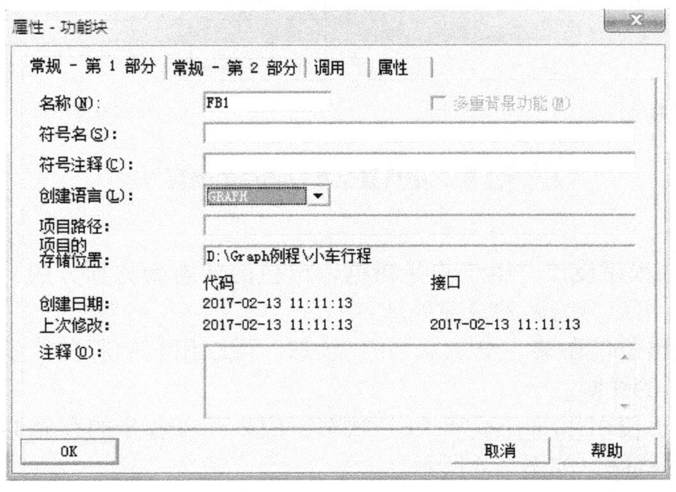

图 2-6　创建 S7 Graph 功能块

（3）S7 Graph 编辑器　双击打开生成的“FB1”，打开 S7 Graph 编辑器窗口。

如图 2-7 所示，S7 Graph 编辑器由生成和编辑程序的工作区、视图工具栏、浮动工具栏、详细信息窗口和浮动的浏览窗口等组成。工作区有自动生成的步 S1 和转换条件 T1。浮动工具栏可以拖到程序区的任意位置水平放置。浮动的浏览窗口和详细信息窗口可关闭。

1）视图工具栏。视图工具栏各按钮的作用如图 2-8 所示。

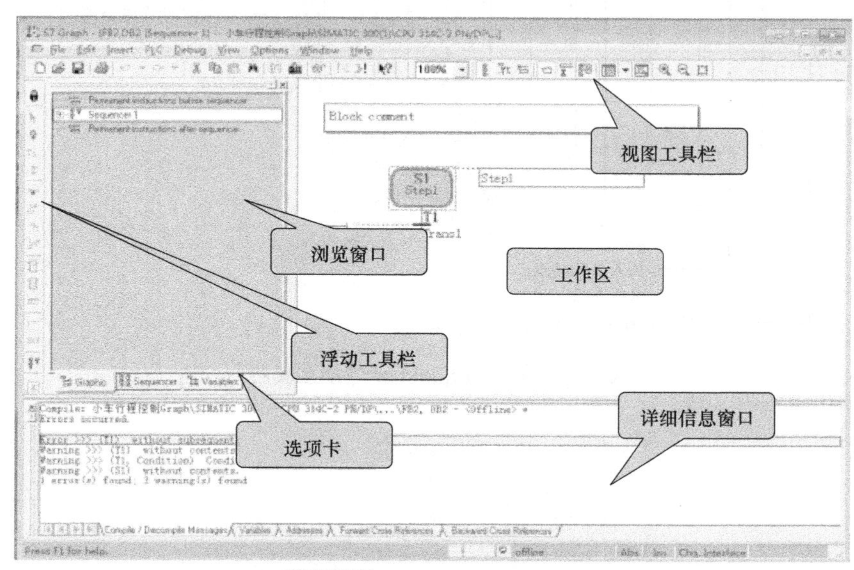

图 2-7　S7 Graph 编辑器

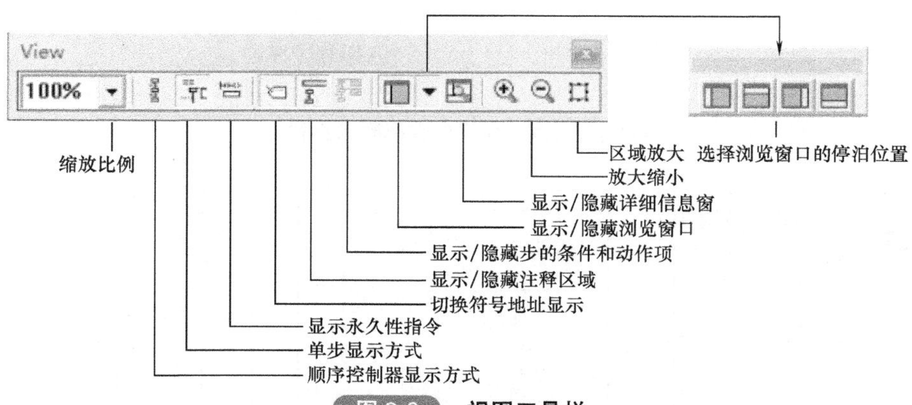

图 2-8　视图工具栏

2）浮动工具栏。浮动工具栏（如：Sequencer）各按钮的作用如图 2-9 所示。

3）转换条件编辑工具栏。转换条件编辑工具栏上各按钮的作用如图 2-10 所示。

4）浏览窗口。浏览窗口有三个选项卡：图形选项卡（Graphic），在该选项卡内可浏览正在编辑的顺序控制器的结构，中间是顺序控制器，上面和下面是永久性指令；顺序控制器选项卡（Sequencer），用来浏览多个顺序控制器的总体结构，以及选择在工作区显示哪一个顺序控制器；变量选项卡（Variables），可用来浏览编程时可能用到的各种元素，可以在此选项卡下定义、编辑和修改变量，但不能编辑系统变量，如图 2-11 所示。

5）步与步的动作命令。顺序控制器的步由步序、步名、转换编号、转换名、转换条件和步的动作等组成，如图 2-12 所示。步的动作行由命令和地址组成，右边的方框为操作数地址，

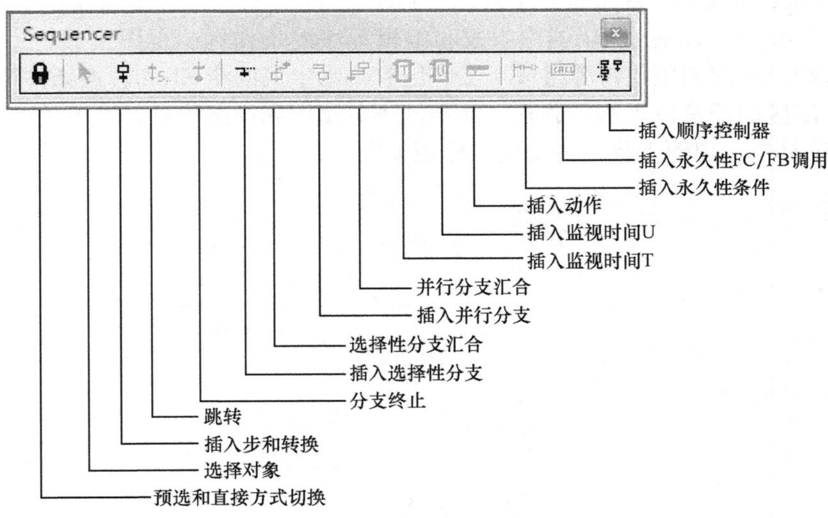

图 2-9 Sequencer 浮动工具栏

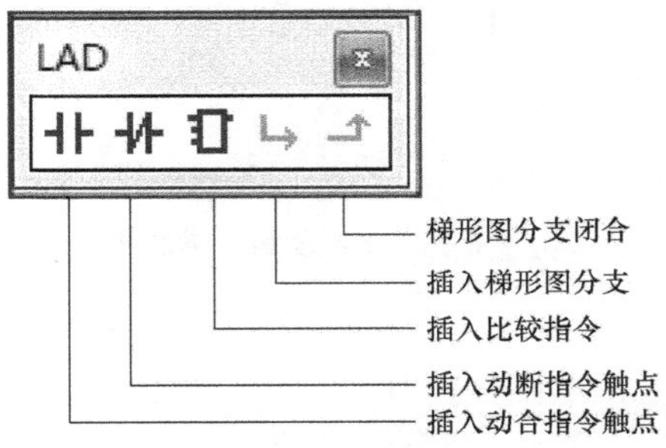

图 2-10 转换条件编辑工具栏

a) 图形选项卡

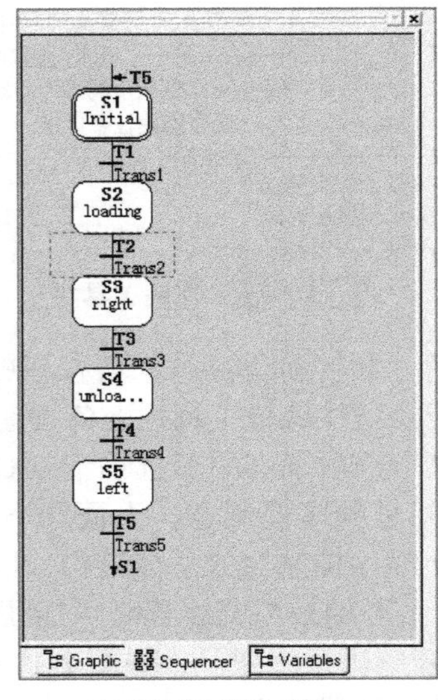

b) 顺序控制器选项卡

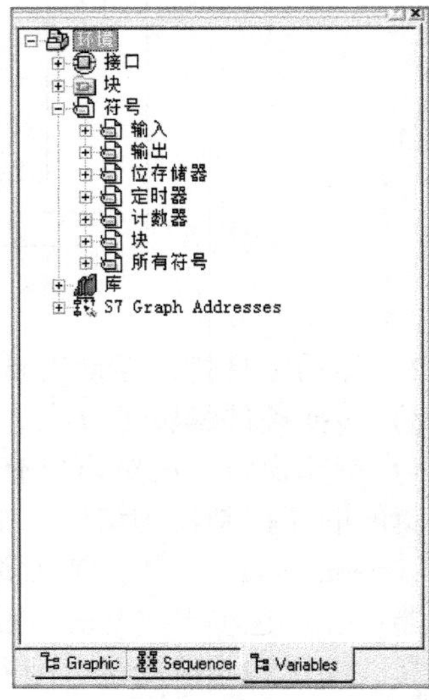

c) 变量选项卡

图 2-11 浏览窗口

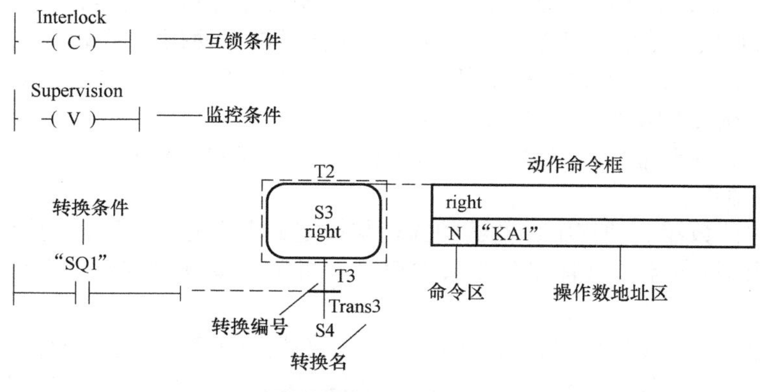

图 2-12 步的组成

左边的方框用来写入命令，动作中可以有定时器、计算器和算术运算。

① 标准动作。标准动作在步处于活动状态时就会被执行，还可以对标准动作设置互锁（在命令的后面加 C），仅在步处于活动状态和互锁条件满足时，有互锁的动作才被执行。标准动作中的命令见表 2-2，表中的 Q、I、M、D 均为位地址，括号中的内容用于互锁的动作。

表 2-2 S7 Graph 标准动作中的命令

命 令	地址类型	说 明
N(或 NC)	Q、I、M、D	只要步为活动步(且互锁条件满足)，动作对应的地址为"1"状态，无锁存功能
S(或 SC)	Q、I、M、D	置位：只要步为活动步(且互锁条件满足)，该地址就被置为"1"并保持"1"状态
R(或 RC)	Q、I、M、D	复位：只要步为活动步(且互锁条件满足)，该地址就被置为"0"并保持"0"状态
D(或 DC)	Q、I、M、D	延迟：(如果互锁条件满足)，步变为活动步 n 秒后，如果步仍然是活动的，该地址被置为"1"状态，无锁存功能
	T#(常数)	有延迟的动作的下一行为时间常数
L(或 LC)	Q、I、M、D	脉冲限制：步为活动步(且互锁条件满足)，该地址在 n 秒内为"1"状态，无锁存功能
	T#(常数)	有脉冲限制的动作的下一行为时间常数
CALL(或 CALLC)	FC、FB、SFC、SFB	块调用：只要步为活动步(且互锁条件满足)，指定的块被调用

② 与事件有关的动作。动作可以与事件结合，事件是指步、监控信号、互锁信号的状态变化，信息的确认或记录信号被置位，事件的意义见表 2-3。命令只能在事件发生的那个循环周期执行。

表 2-3 S7 Graph 控制动作中事件的意义

事件	事件的意义	事件	事件的意义
S1	步变为活动步	S0	步变为非活动步
V1	发生监控错误(有干扰)	V0	监控错误消失(无干扰)
L1	互锁条件解除	L0	互锁条件变为"1"
A1	信息被确认	R0	在输入信号(REG_EF/REG_S)的上升沿，记录信号被置位

除了命令 D（延迟）和 L（脉冲限制）外，其他命令都可以与事件进行逻辑组合。在检测到事件发生，并且互锁条件被激活时，在下一个循环内，使用 N（NC）命令的动作为“1”状态，使用 R（RC）命令的动作被复位 1 次，使用 S（SC）命令的动作被置位 1 次，使用 CALL（CALLC）命令的动作的块被调用 1 次。

③ ON 命令与 OFF 命令。用 ON 命令或 OFF 命令分别可以使命令所在步之外的其他步变为活动步或非活动步。

④ 动作中的计数器。动作中计数器的执行与指定的事件有关。互锁功能可以用于计数器，对于有互锁功能的计数器，只有在互锁条件满足和指定的事件出现时，动作中的计数器才会计数。

在事件发生时，计数器 CS 指令将初值装入计数器。CS 指令下面一行是要装入计数器的初值，它可以由 IW、QW、MW、LW、DBW、BIW 来提供，或用常数 C#0 ~ C#999 的形式给出。

在事件发生时，CU、CD、CR 指令使计数值分别加 1、减 1 和将计数值复位为 0。当计数器命令与互锁命令组合时，命令后面要加上“C”。

⑤ 动作中的定时器。动作中定时器与计数器的使用方法类似，事件发生时定时器被执行。互锁功能也可以用于定时器。

TL 命令为扩展的脉冲定时器命令，该命令的下面一行是定时器的定时时间“time”，定时器位没有闭锁功能。定时器的定时时间可以由字元件来提供，也可用 S5 时间格式，如 S5T #10S。

TD 命令用来实现定时器位有闭锁功能的延迟。一旦事件发生，定时器即被起动。互锁条件 C 仅在定时器被起动的那一时刻起作用。定时器被起动后将继续定时，而与互锁条件和步的活动性无关。在“time”指定的时间内，定时器位为 0。定时时间到，定时器置位为 1。

TR 是复位定时器命令，一旦事件发生，定时器立即停止定时，定时器位与定时值被复位为 0。

在图 2-13 中，步 S2 变为活动步时，事件 Sl 使计数器 C4 的值加 1。C4 可以用来计数步 S2 变为活动步的次数。只要步 S2 变为活动步，事件 Sl 使 MW0 的值加 1。S2 变为活动步后 T3 开始定时，T3 的位为“0”状态，5s 后 T3 的定时器位变为“1”状态。

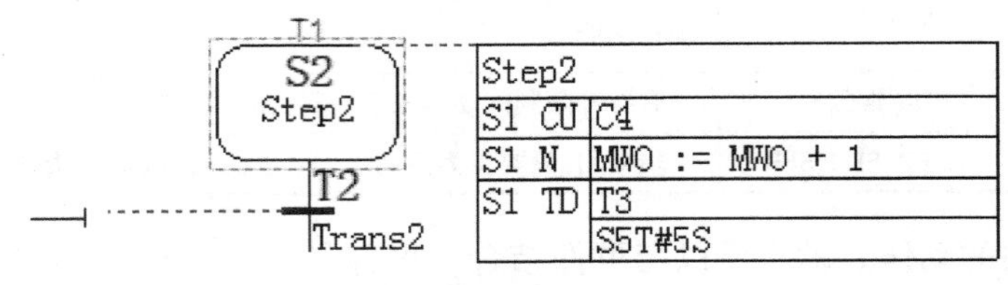

图 2-13 步的动作

⑥ 顺序控制器中的条件。

转换条件：转换中的条件使顺序控制器从一步转换到下一步。

互锁条件：如果互锁条件的逻辑得到满足，受互锁控制的动作被执行。

监控条件：如果监控条件的逻辑得到满足，表示有干扰事件 Vl 发生。顺序控制器不会转换到下一步，保持当前步为活动步。如果不满足监控条件的逻辑，表示没有干扰，如果满足转换条件，转换到下一步。只有活动步被监控。

6）设置 S7 Graph 功能块的参数集：在 S7 Graph 编辑器中执行菜单“Option”→“Block Setting”，打开 S7 Graph 功能块参数设置对话框。常用参数的含义见表 2-4。

表 2-4　S7 Graph 的 FB 常用参数

FB 参数 （上升沿有效）	内部变量 （静态数据区名称）	顺序控制器 （S7 Graph 名称）	含义
ACK_EF	MOP. ACK	Acknowledge	故障信息得到确认
INIT_SQ	MOP. INIT	Initialize	激活初始步（顺序控制器复位）
OFF_SQ	MOP. OFF	Disable	停止顺序控制器，例如使所有步失效
SW_AUTO	MOP. AUTO	Automatic（Auto）	模式选择：自动模式
SW_MAN	MOP. MAN	Manual mode（MAN）	模式选择：手动模式
SW_TAP	MOP. TAP	Inching mode（TAP）	模式选择：单步调节
SW_TOP	MOP. TOP	Automatic or switch to next（TOP）	模式选择：自动或切换到下一个
S_SEL	—	Step number	选择，激活/去使能在手动模式 S_ON/S_OFF 在 S_NO 步数
S_ON	—	Activate	手动模式：激活步显示
S_OFF	—	Deactivate	手动模式：去使能步显示
T_PUSH	MOP. T_PUSH	Continue	单步调节模式：如果满足传送条件，上升沿可以触发连续程序的传送
SQ_FLAGS. ERROR	—	Error display：Interlock	错误显示："互锁"
SQ_FLAGS. FAULT	—	Error display：Supervision	错误显示："监视"
EN_SSKIP	MOP. SSKIP	Skip steps	激活步的跳转
EN_ACKREQ	MOP. ACKREQ	Acknowledge errors	使能确认需求
HALT_SQ	MOP. HALT	Stop Sequencer	停止程序顺序执行并且重新激活
HALT_TIME	MOP. TMS_HALT	Stop timers	停止所有步的激活运行时间和块行和重新激活临界时间
—	MOP. IL_PERM	Always process interlocks	执行互锁
—	MOP. T_PERM	Alwaysprocess transitions	执行程序传送
ZERO_OP	MOP. OPS_ZERO	Actions active	复位所有在激活步 N、D、L 操作到 0，在激活或不激活操作数中补执行 call 操作
EN_IL	MOP. SUP	Supervision active	复位/重新使能步互锁
EN_SV	MOP. LOCK	Interlocks active	复位/重新使能步监视

S7 Graph 的具体编写程序操作将在本任务实施中讲解。

四、任务准备

1）准备工具和器材，见表 2-5。

2）S7-300 型 PLC 正反转控制系统可按图 2-14 布置元器件并安装接线，行程开关在板外安装，主电路则按三相交流异步电动机正反转电路的主电路接线。

表 2-5　所需工具与器材清单

序号	分类	名　称	型号规格	数量	单位
1	工具	电工工具		1	套
2	器材	万用表	MF47 型	1	块
3		可编程序控制器	S7-300 CPU314C-2PN/DP	1	只
4		计算机	装有 STEP 7 V5. x 和 TIA Portal V1x 软件	1	台
5		安装铁板	600mm×900mm	1	块
6		导轨	C45	0. 3	m
7		小型剩余电流断路器	DZ47LE-32，4P，C3A	1	只
8		小型断路器	DZ47-60，1P，C2A	1	只
9		熔断器	RT28-2	3	只
10		熔断器	RT28-3	2	只
11		接触器	CJX2-0910/220V	2	只
12		继电器	JZX-22F(D)/4Z/DC 24V	2	只
13		热继电器	NR4-63，0. 8～1. 25A	1	只
14		直流开关电源	DC 24V，50W	1	只
15		三相异步电动机	JW6324-380V，250W，0. 85A	1	只
16		按钮	LAY5	1	只
17		行程开关	JLXK1-111	2	只
18		接线端子	JF5-2. 5mm^2，5 节一组	20	只
19		铜塑线	BV1/1. 5mm^2	15	m
20		软线	BVR7/0. 75mm^2	20	m
21		紧固件	M4×20 螺杆	若干	只
22			M4×12 螺杆	若干	只
23			ϕ4mm 平垫圈	若干	只
24			ϕ4mm 弹簧垫圈及 ϕ4mm 螺母	若干	只
25		号码管		若干	m
26		号码笔		1	支

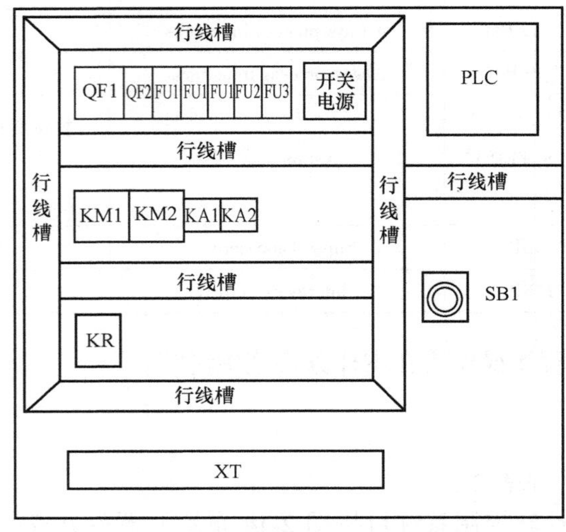

图 2-14　元器件布置图

五、任务实施

1. 输入/输出分配

小车行程控制电路的输入/输出分配见表 2-6。

表 2-6 输入/输出分配

输入			输出		
元件代号	输入继电器	作用	元件代号	输出继电器	作用
SB1	I0.0	起动	KA1	Q0.0	右行控制
SQ1	I0.1	右限位控制	KA2	Q0.1	左行控制
SQ2	I0.2	左限位控制			
KR	I0.3	过载保护			

2. S7-300 型 PLC 的输入/输出接线

用西门子 S7-300 型 PLC 实现小车行程控制的输入/输出接线如图 2-15 所示。

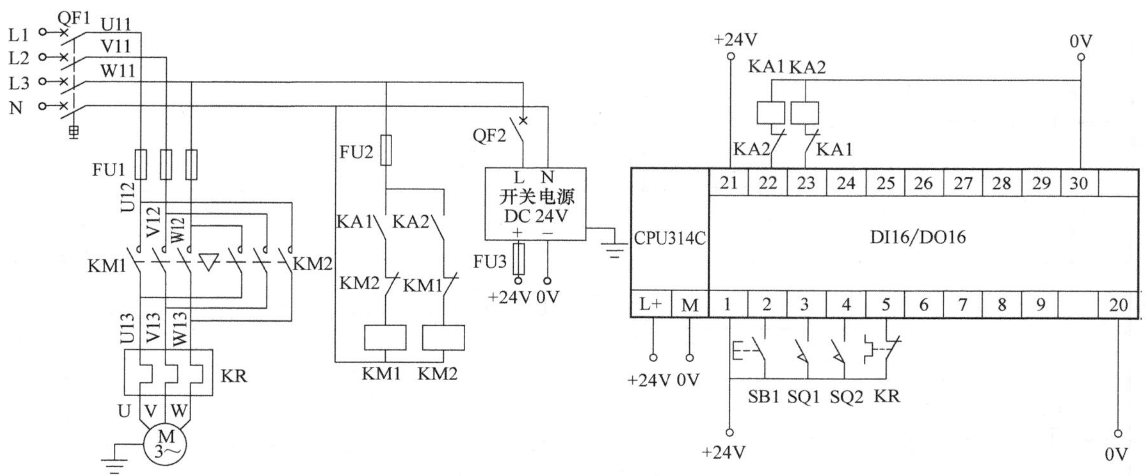

图 2-15 小车行程控制 S7-300 型 PLC 输入/输出接线

图 2-15 中由于 S7-300 型 PLC 的输入/输出模块的负载电压为 24V 直流电，而控制交流电动机正反转的接触器为交流 220V，所以 PLC 通过控制 24V 直流继电器进而控制交流接触器以实现对交流电动机的正反转控制。

3. 设计小车行程控制程序

根据小车行程控制过程输出量状态的变化，分为装料、右行、卸料、左行 4 步，分别用 M0.1～M0.4 来代表这 4 步，M0.0 代表起始步，T0、T1 分别为装料、卸料控制时间。在 PLC 通电或由 STOP 模式切换到 RUN 模式时，CPU 会调用初始化组织块 OB100 中的程序。在系统中添加初始化组织块 OB100 程序，程序中 MOVE 指令将 M0.0～M0.4 复位，然后用 S 指令将 M0.0 置位为“1”，实现初始步变为活动步。该系统的顺序功能图和对应转换的“OB1”块中的梯形图程序如图 2-16 所示。

4. 编程技巧提示

在使用置位复位指令的编程方法时，不能将输出继电器 Q 的线圈直接与置位和复位指令并联，这是因为前级步和转换条件对应的串联电路接通的时间只有一个扫描周期，而输出继电器 Q 的线圈至少应该在某一步对应的全部时间内被接通。所以应根据顺序功能图，用代表步的存储器位的常开触点或它们的并联电路来驱动输出继电器的线圈。

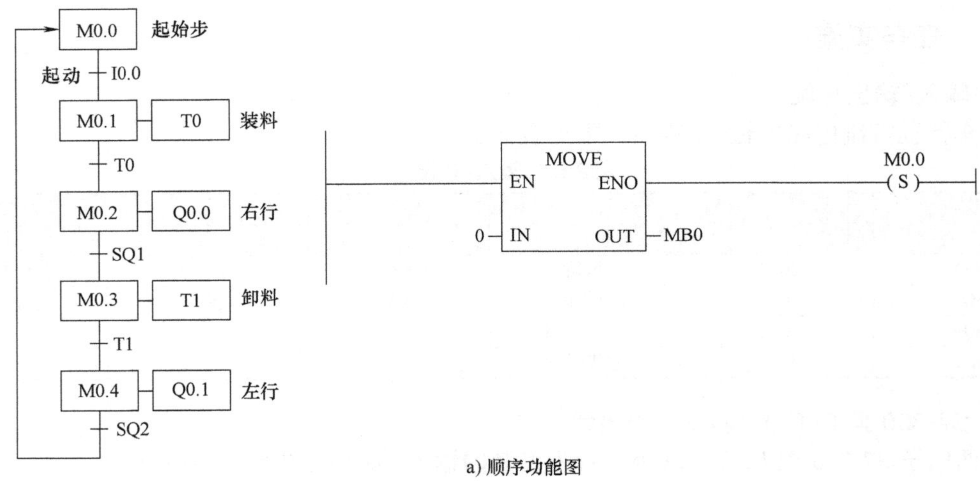

a) 顺序功能图

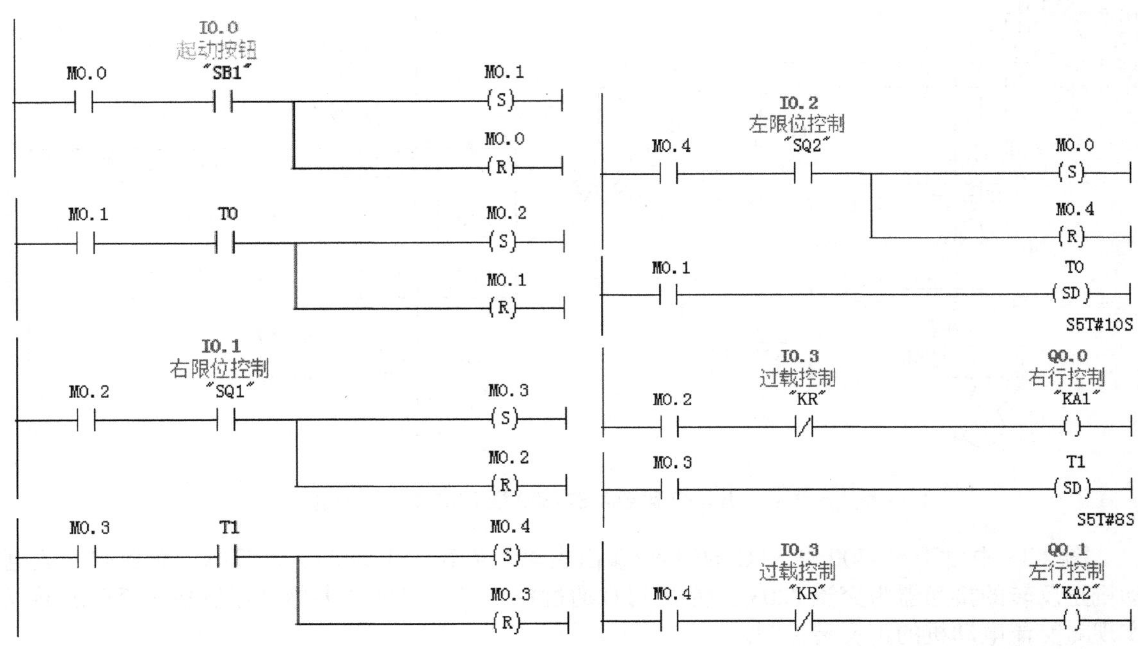

b) OB100中的梯形图程序

图 2-16 小车行程控制的顺序功能图与梯形图

S7—300 型 PLC GRAPH 应用

5. 基于 STEP7 V5. x 软件的程序输入

对图 2-16 所示小车行程控制梯形图程序的输入与前述任务操作相同，直接输入“OB1”块中即可完成。本任务限于篇幅，不再重复。以下重点演示应用 S7 Graph 语言编写小车行程顺序控制程序。

（1）创建 S7 项目　打开 SIMATIC Manager，然后执行菜单命令“文件”→“新建项目向导”创建一个项目，并命名为“小车行程控制 Graph”，如图 2-17 所示。

（2）组态硬件　选择“小车行程控制 Graph”项目下的“SIMATIC 300 站点”文件夹，双击右侧窗口中的“硬件”，进入硬件组态窗口，参照项目 1 的任务 1 完成硬件配置，如图 2-18所示，最后编译保存并下载到 CPU 中。

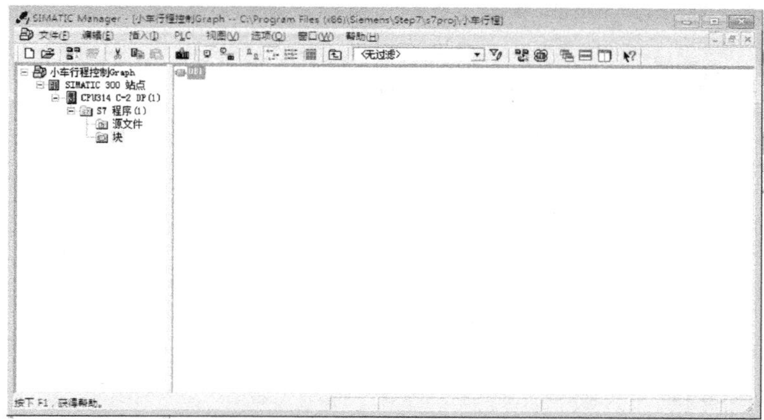

图 2-17 创建“小车行程控制 Graph”

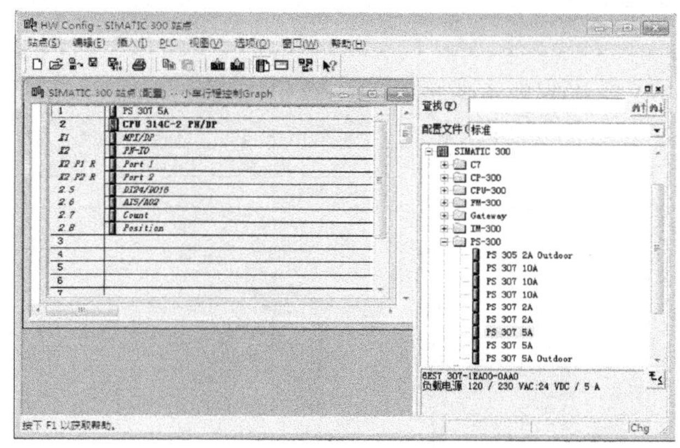

图 2-18 硬件配置

（3）编辑符号表　选择“小车行程控制 Graph”项目下的“S7 程序（1）”文件夹，双击右侧窗口中的“符号”，根据表 2-6 编辑符号表，如图 2-19 所示。

符号编辑器 - S7 程序(3) (符号)

S7 程序(3) (符号) -- 小车行程Graph\SIMATIC 300(1)\CPU 314C-2 PN...

	状态	符号	地址		数据类型	注释
1		SB1	I	0.0	BOOL	起动控制
2		SQ1	I	0.1	BOOL	右限位控制
3		SQ2	I	0.2	BOOL	左限位控制
4		KR	I	0.3	BOOL	过载控制
5		KA1	Q	0.0	BOOL	右行控制
6		KA2	Q	0.1	BOOL	左行控制
7						

图 2-19 编辑符号表

（4）插入 S7 Graph 功能块　右键单击“小车行程控制 Graph”项目下的“块”文件夹，执行“插入新对象”→“功能块”，弹出“属性-功能块”对话框。输入“名称”为“FB1”，“符号名”为“小车行程”，“符号注释”为“小车行程的控制”，创建语言为“GRAPH”，如图 2-20 所示。

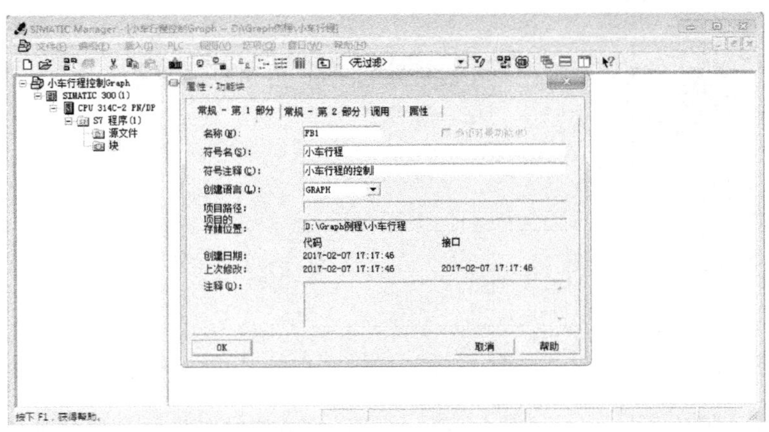

图 2-20 插入 S7 功能块

（5）编辑 S7 Graph 功能块　在“块”文件夹中打开功能块“FB1”，打开 S7 Graph 编辑器，如图 2-21 所示。

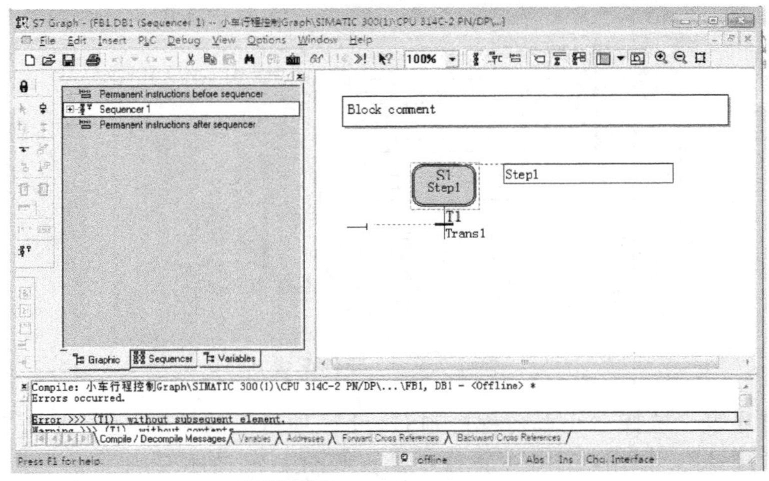

图 2-21 S7 Graph 编辑器

1）规划顺序功能图：

① 插入“步及步的转换”。在 S7 Graph 编辑器内，单击 S1 的转换（S1 下面的“十”字），然后连续单击 4 次“步和转换”的插入工具图标，则在 S1 的下面插入 4 个步及转换。插入过程中系统自动为新插入的步及转换分配连续序号（S2～S5、T2～T5），其中 T1～T5 是转换 Transl～Trans5 的缩写。

② 插入“跳转”。用鼠标单击 S5 的转换（S5 下面的“十”字），然后单击步的“跳转”工具图标，此时 T5 的下面出现一个向下的箭头，并显示“S 编号输入栏”，如图 2-22 所示。

图 2-22 插入跳转

在“S 编号输入栏”内直接输入要跳转的目标步的编号“1”。设置完成后自动在目标步 S1 的上面加一个左向箭头，箭头的尾部标有起始跳转位置的转换条件，如 T5。这样就形成了单流程循环，如图 2-23 所示。

2）编辑步的名称：表示步的矩形框内有步的编号（如 S1）和步的名称（如 Step1），单击相应项可以进行修改，不能用汉字作为步和转换的名称。将步 S1～S5 的名称依次改为“Initial（初始化）”“loading（装料）”“right（右行）”“unloading（卸料）”“left（左行）”，如图 2-23 所示。

3）编辑动作：执行菜单命令“View”→“Display with”→“Conditions Actions”，可以显示或隐藏各步的动作和转换条件，用鼠标右键单击步右边的动作框线，在弹出的菜单中执行命令“Insert New Object”→“Action”，可插入一个空的动作行，也可以单击动作行的工具按钮插入动作。

① 用鼠标单击 S2 的动作框线，然后单击动作行工具，插入 1 个动作行，输入命令“D”后回车，会自动变成两行，在其中的第一行输入位地址 M0. 0，回车；第二行输入时间常数“T#10S”（表示延时 10s），回车，如图 2-24 所示。

M0. 0 是步 S2 和步 S3 之间的转换条件，相当于定时器时间到时，M0. 0 的动合触点闭合，程序从步 S2 转换到步 S3。

② 按以上操作方法，完成如图 2-24 中 S3～S5 的动作命令输入。由于前面在符号表中已经对所用到的地址定义了符号名，所以当输入完绝对地址后，系统默认用符号地址显示，也可以切换到绝对地址显示。

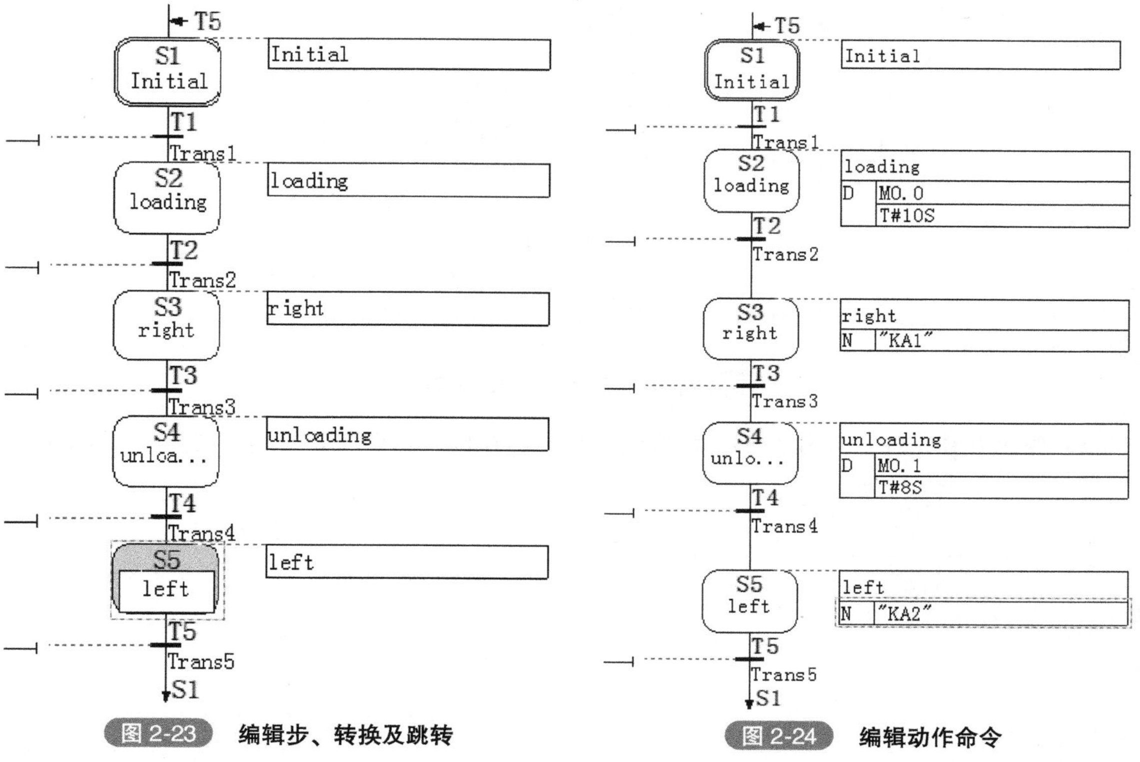

图 2-23　编辑步、转换及跳转　　　图 2-24　编辑动作命令

4）编辑转换条件：转换条件可以用梯形图或功能块图来编辑，用菜单 View→LAD 或 View→FBD 命令可切换转换条件的编程语言，下面介绍用梯形图来编辑转换条件。

单击转换名右边与虚线相连的转换条件，在窗口最左边的工具条中双击相应的动合触点、动断触点或矩框形的比较器（相当于一个触点），如图 2-25 所示，可对转换条件编写程序，编写程序的方法与梯形图语言相同。按图 2-26 所示完成所有转换条件程序的编写。

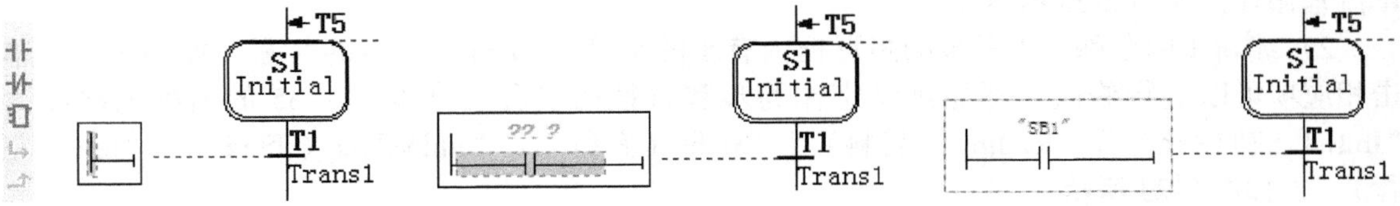

a)　　b)　　c)　　d)

图 2-25　编辑转换条件

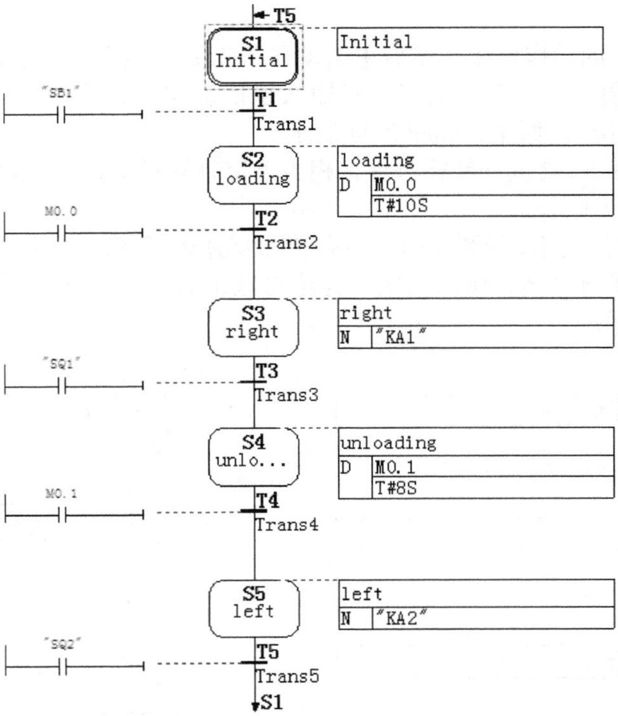

图 2-26　小车行程控制顺序功能图

5）编辑互锁条件：双击步 S3，切换到单步显示视图，如图 2-27 所示，选中“Interlock”

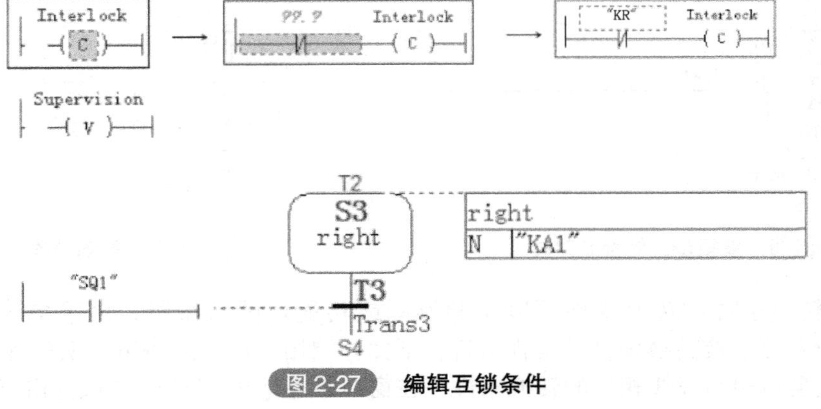

图 2-27　编辑互锁条件

线圈，在窗口最左边的工具条中双击动断触点（因热继电器采用的是常闭触点），输入过载控制条件。

按以上操作编辑 S5 互锁条件，完成顺序功能图的编辑，最后保存并编译所做的编辑。编译通过后，系统将自动在当前项目的“块”文件夹下创建与该功能块“FB1”对应的背景数据块（如“DB1”）。

（6）在“OB1”块中调用 S7 Graph 功能块

1）设置 S7 Graph 功能块的参数集。在 S7 Graph 编辑器中执行菜单命令“Option”→“Block Seting”，打开 S Graph 功能块参数设置对话框，如图 2-28 所示。

在“FB Parameters”区域有 4 个参数集选项：“Minimum”（最小参数集）、“Standard”（标准参数集）、“Maximum”（最大参数集）、“User-defined”（用户自定义参数集）。不同的参数集所对应的功能块图符不同。本任务选择最小参数集，设置完毕保存“FB1”。

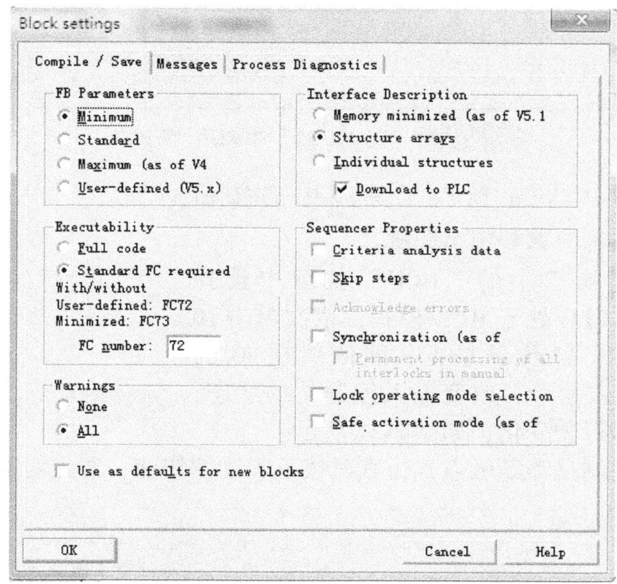

图 2-28 设置 FB 参数集

2）调用 S7 Graph 功能块。

双击打开“OB1”块，设置编程语言为梯形图。打开编辑器左侧浏览窗口的“FB 块”文件夹，将其中的“FB1”拖放到程序段 1 的“电源线”上。在模块的上方输入“FB1”的背景数据块“DB1”的名称，如图 2-29 所示。

如图 2-30 所示，在“INIT_ SQ”端口上输入“I0.0”，也就是起动按钮激活顺序控制器的初始步 S1。最后单击菜单命令“文件”→“保存”，保存“OB1”。

（7）用 S7 PLCSIM 仿真软件调试 S7 Graph 程序　使用 S7 PLCSIM 仿真软件调试 S7 Graph 程序的步骤如下：

1）单击 SIMATIC 管理器工具条中的“Simulation on/off”按钮或执行菜单命令“Options”→“Simulate Modules”，打开 S7-PLCSIM 窗口。

2）在“S7-PLCSIM”窗口中单击“CPU”视窗中的“STOP”框，使仿真 PLC 处于 STOP 模式。

3）在 SIMATIC 管理器中，选择“SIMATIC 300 站点”，单击“下载”按钮，则将整个工作站的用户程序和模块信息下载到仿真器中。

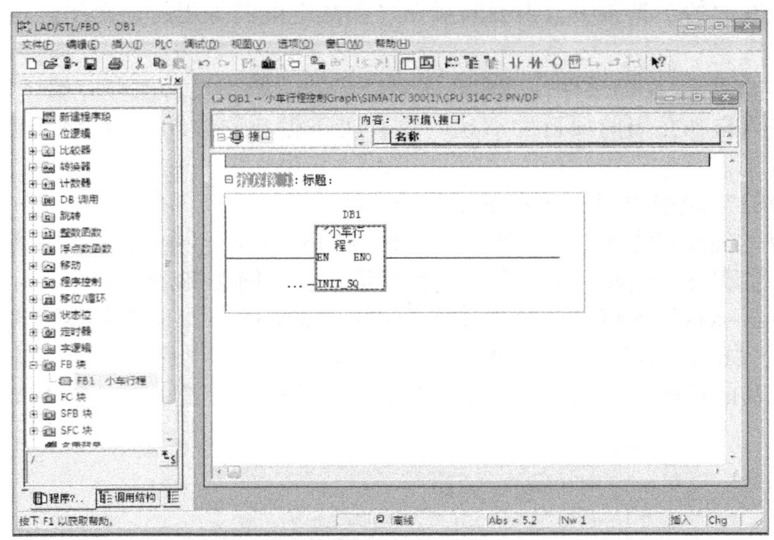

图 2-29 在“OB1”中调用“FB1”

4）分别单击 S7-PLCSIM 窗口工具条中的按钮，插入字节型输入变量和输出变量。

5）在 S7-PLCSIM 窗口中的“CPU”视窗中选择“RUN”选项，将仿真 PLC 处于 RUN 模式，依次单击 IB 视窗中的“1”“2”“3”“4”位复选框，即依次在 I0.0，I0.2，I0.3，I0.4 中输入信号，改变输入控制位的状态，可以看到输出位的小车行驶变化，如图 2-31 所示。

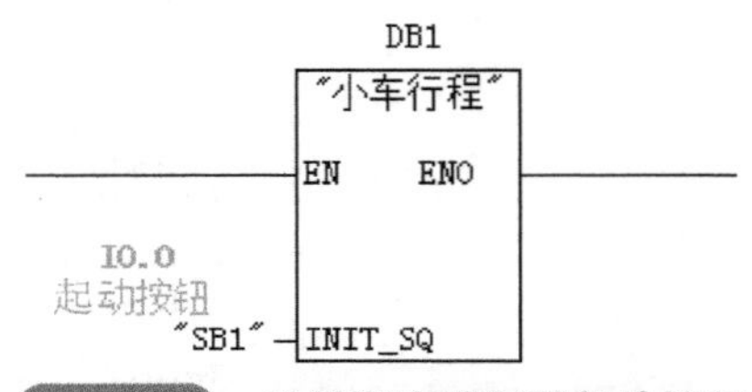

图 2-30 设置顺序控制器起动控制

注意程序中过载控制是动断触点，仿真时按下起动按钮前，要先对 I0.3 置位。

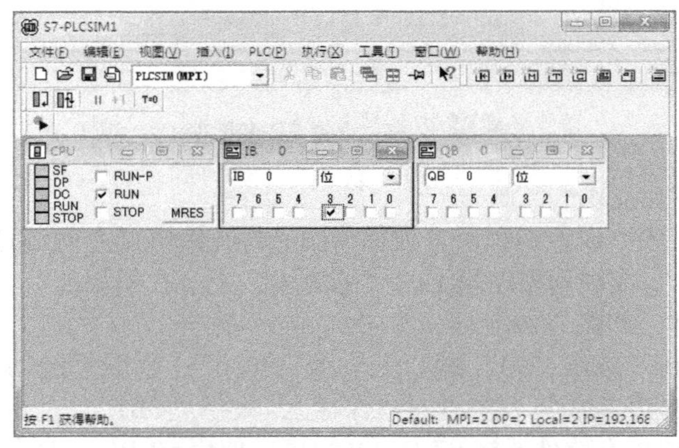

图 2-31 小车行程控制程序仿真调试

6. 基于 TIA Portal V1x 软件的程序输入

1）双击 TIA Portal 图标，打开编程软件，单击“启动”→“创建新项目”，在画面右侧区域出现“创建新项目”对话框，在此对话框中设置“项目名称”和“路径”等信息后，单击“创建”按钮，即可完成新项目的创建，如图 2-32 所示。

2）在新创建的“小车行程控制”项目中，单击“启动”→“新手上路”→“组态设备”，即可进入设备组态画面，如图 2-33 所示。

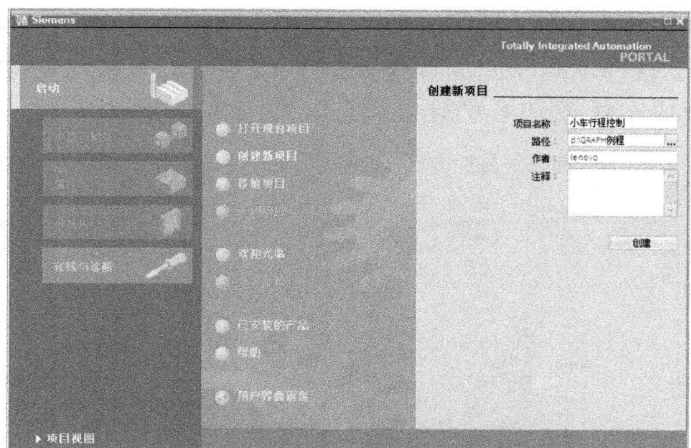

图 2-32　创建新项目

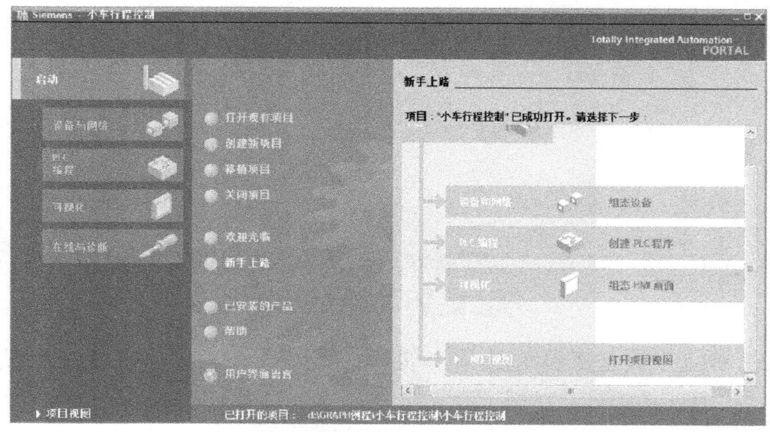

图 2-33　进入组态设备

3）如图 2-34 所示，单击“设备与网络”→“添加新设备”，在“添加新设备”对话框中单击

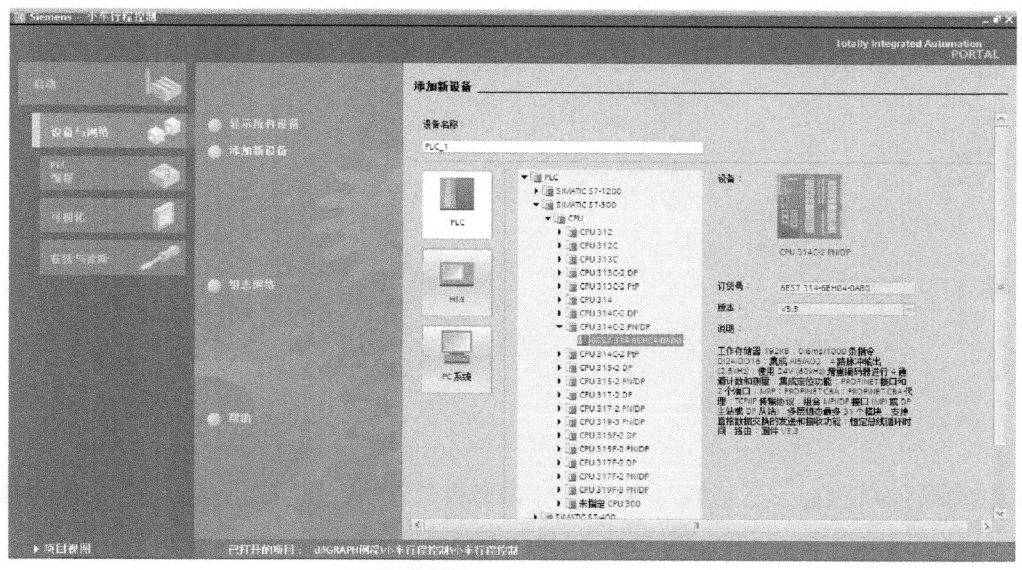

图 2-34　PLC 类型的选择

“PLC”，即可选择 PLC 的型号。在设备树状列表中双击选中的 PLC 型号，即可完成 PLC 的添加。

4）与 STEP7 V5. x 软件不同，因为首先添加了 CPU，机架将自动添加到设备中，之后在 1 号槽添加电源，即完成本任务 PLC 的硬件组态，如图 2-35 所示。

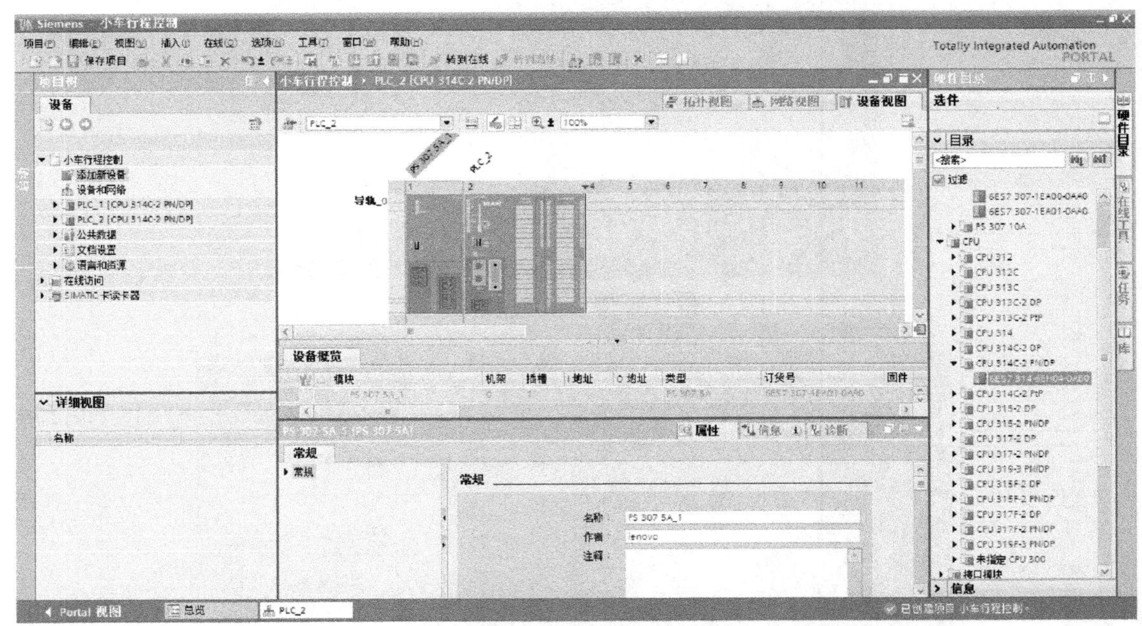

图 2-35　硬件组态画面

5）将图 2-35 中的“设备概览”选项卡展开，可以直接完成输入/输出地址的修改，如图 2-36 所示。

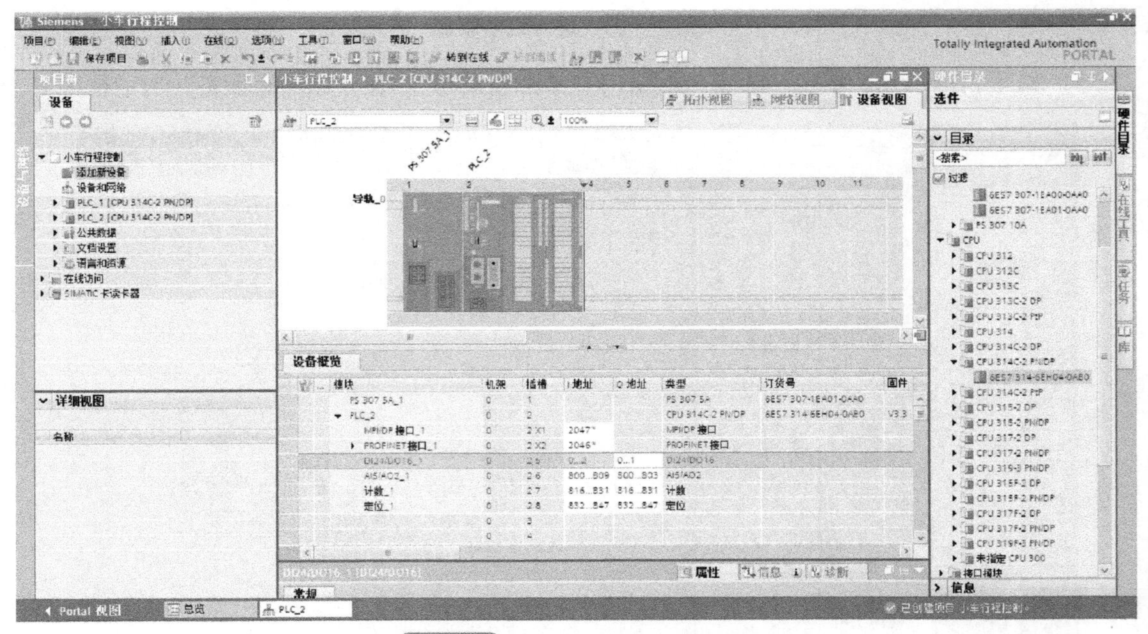

图 2-36　输入/输出地址的修改

6）如图 2-37 所示，选中 PLC 项目，单击“保存项目”按钮，再单击“编译”按钮，即可完成项目硬件组态的编译。

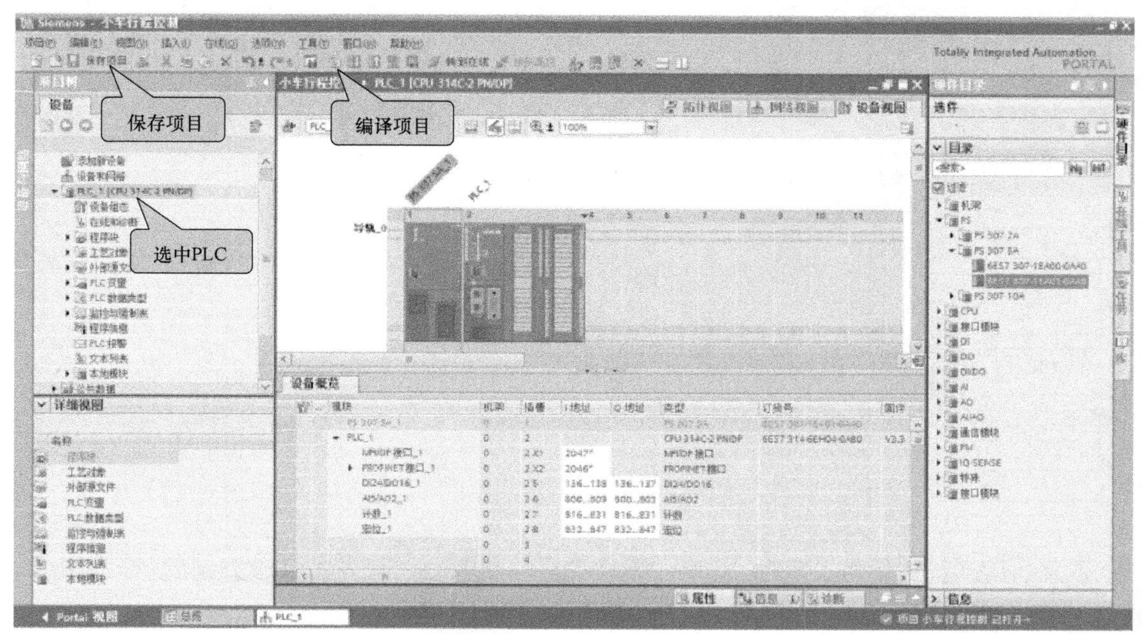

图 2-37 硬件组态的编译

7）如图 2-38 所示，进入下载界面。下载前应根据 PLC 的传输线类型，在下拉列表框中选择合适的“PG/PC 接口的类型”，通过网络的自动搜索，找到正确的对象，才能单击“下载”按钮进行下载。若组态的硬件设备网络地址与实际设备的地址不同，则需要在首次搜索完成后，选择“显示所有可访问设备”，再次搜索设备，直至选中正确的设备后才能下载。

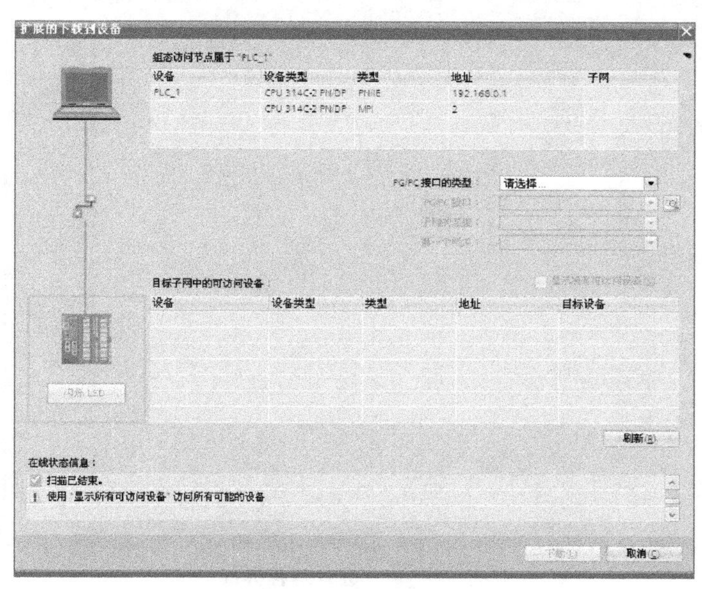

图 2-38 硬件组态的下载

8）打开“PLC 变量”，双击“显示所有变量”，弹出变量编辑对话框，根据表 2-6 编辑输入输出变量表，如图 2-39 所示。

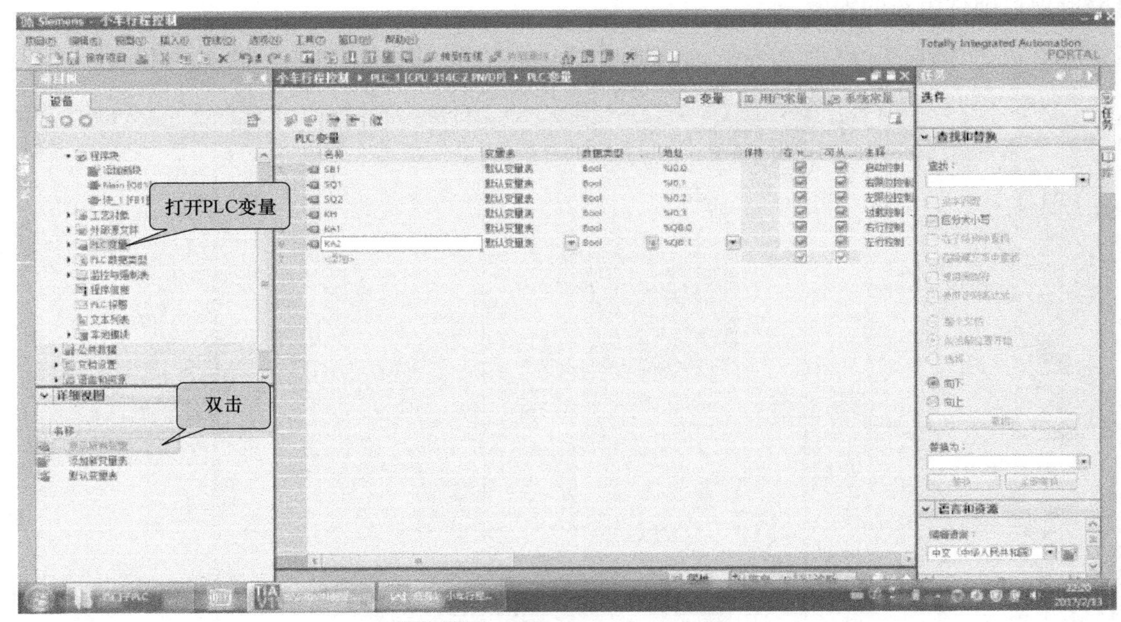

图 2-39 编辑输入/输出变量表

9）插入 GRAPH 功能块。如图 2-40 所示，选择“设备”视窗中的“程序块”，双击“添加新块”，弹出“添加新块”对话框，输入“名称”为“FB1”，选中“函数块（FB）”选项卡，选择语言为“GRAPH”。单击“确定”按钮后，即进入 GRAPH 程序编程界面。

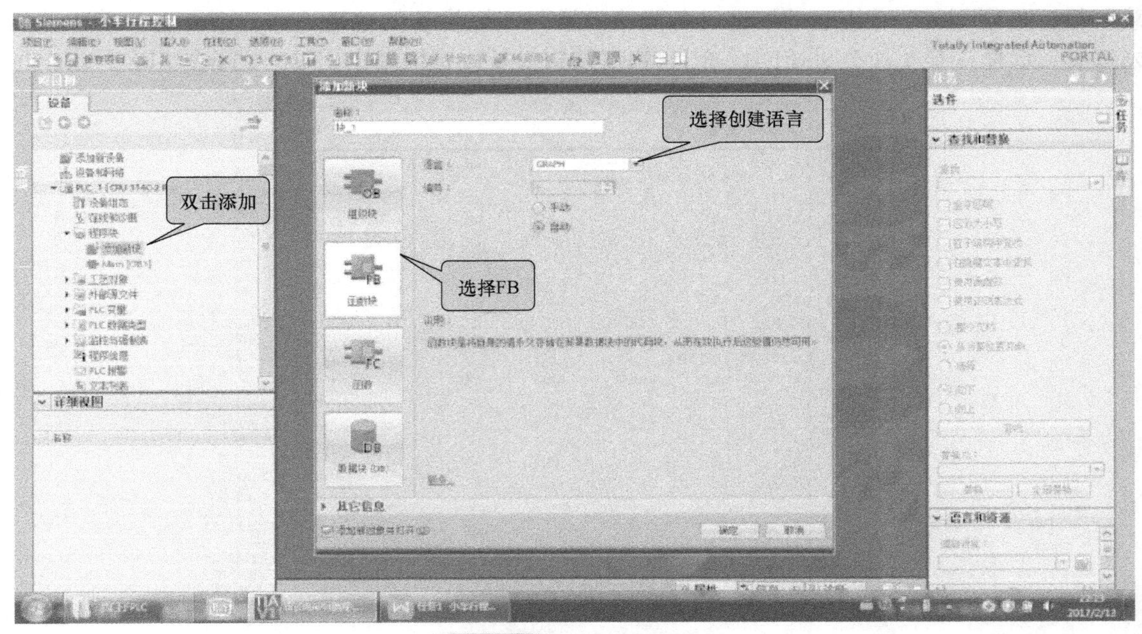

图 2-40 进入编程界面

10）编辑 GRAPH 功能块。程序编写的操作方法与 STEP 7 V5. x 软件类似。

① 规划顺序功能图，如图 2-41 所示。

② 双击“导航”视窗中的 S1 步，进入单步编辑对话框，之后单击各步名称，分别编辑

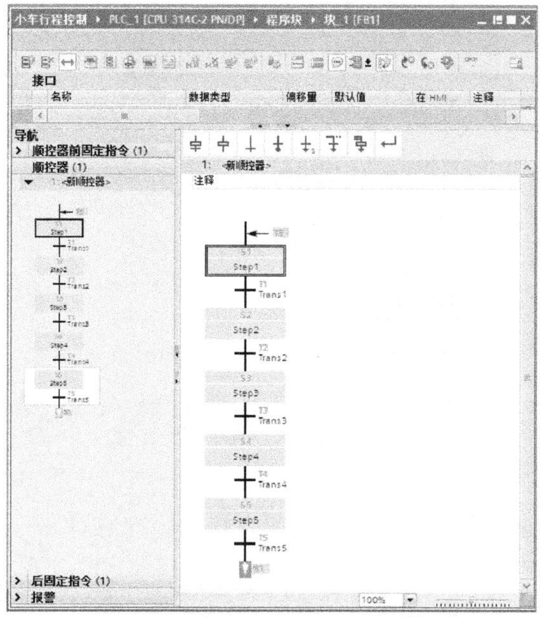

图 2-41　**规划顺序功能图**

各步名称、转换条件、互锁条件及步的动作。图 2-42 所示是对步 S3 的编辑。与 STEP7 V5. x 软件不同，输入的绝对地址前面增加“%”，如“%M0. 0”。

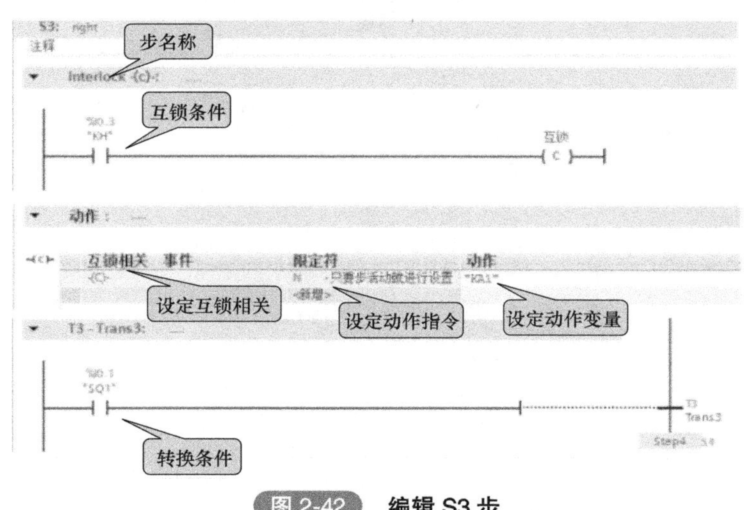

图 2-42　**编辑 S3 步**

11）在“OB1”块中调用 S7 Graph 功能块。在“设备”→“程序块”中双击打开“Main（OB1）”，添加“空白功能块”，将块名称改为“FB1”，并自动生成背景数据块“DB1”，如图 2-43 所示。

12）如图 2-44 所示，在“INIT_ SQ”端口上输入“%I0. 0”，也就是起动按钮激活顺序控制器的初始步 S1。单击“保存项目”→“编译”。

13）用 S7-PLCSIM 仿真软件调试 S7 Graph 程序。右键单击 PLC 工作站，执行快捷菜单的“开始仿真”命令。按照提示，确认并下载程序。仿真操作方法与 STEP 7 V5. x 软件相同，如图 2-45 所示。

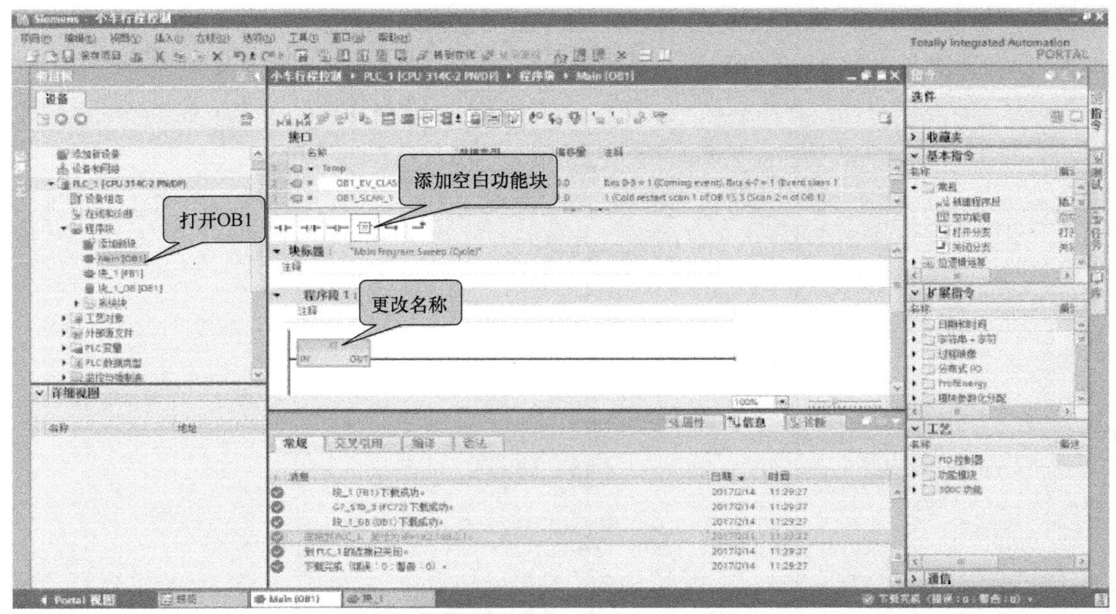

图 2-43　在“OB1”块中调用“FB1”

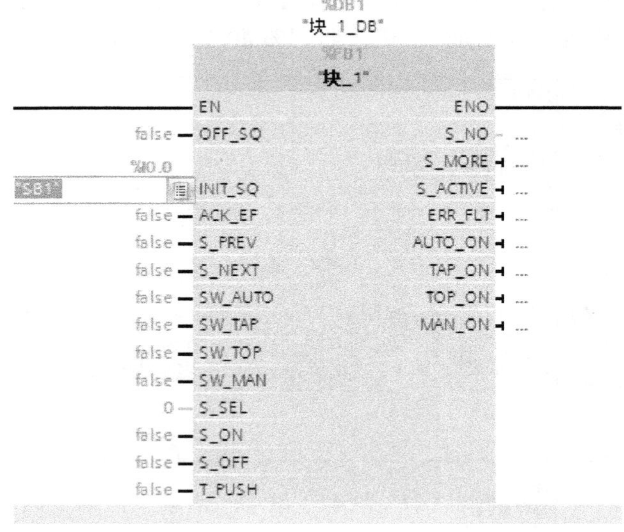

图 2-44　设置顺序控制器起动控制

7. 系统调试

（1）通信设置　参照项目 1 中，任务 1 进行相应通信设置，完成本任务程序下载。

（2）系统调试

1）在教师现场监护下，检查各元器件接线正确无误后进行通电调试，验证系统功能是否符合控制要求。

2）如果出现故障，学生应独立检修。线路检修完毕和控制程序修改完毕应重新调试，直至系统正常工作。

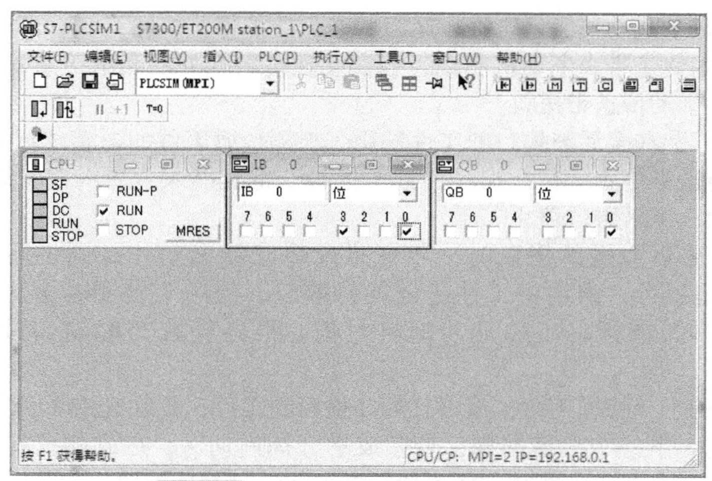

图 2-45　小车行程控制程序仿真调试

六、检查评议

考核时采用两人一组共同协作完成的方式，按表 1-6 的标准进行评分，此分数作为成绩的 60%，并分别对两位学生进行提问，学生答复的得分作为成绩的 40%。

七、问题及防治

问题：仿真调试成功，硬件接线错误导致系统调试不成功。

预防方法：布线完成后，对照接线图认真检查是否掉线、错线，是否漏接、错接，接线是否牢固，同时使用万用表依次检测主电路、PLC 输入电路、输出电路是否有错线、掉线、错位、短路现象等。确认电路正确和无安全隐患后，在教师监护下，通电观察 PLC 的指示 LED 是否正常。

八、扩展知识

图 2-46 所示为简易的汽车自动清洗机工作场景。汽车停在清洗机的输送轨道上，输送轨道带动汽车边前进边清洗，洗车时汽车可以不断进入清洗机。用 PLC 实现清洗机的控制过程，具体控制要求如下：按下起动按钮，喷淋阀门打开，同时清洗机开始移动；当接近开关检测到汽车到达刷洗位置时，起动旋转刷，刷洗汽车；当检测到汽车离开清洗机时，旋转刷停止刷洗，同时清洗机停止移动，喷淋阀门关闭；在任何时候按下停止按钮，汽车清洗机都可以停止所有的动作。系统应具有必要的短路保护等措施。

图 2-46　汽车自动清洗机工作场景

任务 2　工件分拣控制

一、任务描述

有一工件分拣设备如图 2-47 所示，其控制要求如下：

1）通电后，按下起动按钮系统进入运行状态，按下停止按钮系统立即停止。

2）运送工件的传送带由电动机驱动，当安装在落料孔处的光电传感器检测到有工件时，电动机立刻起动并带动传送带送料。

3）当被送至安装在金属料槽口的工件被用于检测金属工件的电感式传感器检测到时，若为金属工件，则传送带停止运行，推料气缸 1 推料，将其推入金属料槽。推料气缸 1 的推杆推至前限位后缩回，到后限位停止。

4）当工件被送至金属料槽口时，若电感式传感器未动作，则说明该工件为塑料工件，传送带不停止运行，继续将工件送至塑料槽口，使用于检测非金属的电容式传感器动作，推料气缸 2 的推杆将工件推入塑料料槽。推料气缸 2 的动作过程和推料气缸 1 相同。

5）在未完成一个分拣周期时，放料孔处又检测到工件，则在完成本分拣周期后，传送带继续运行，直接进入下一个分拣周期；若完成本分拣周期后，在放料孔处还未检测到工件，则传送带自动停止，直到有工件时重新起动，进入下一个分拣周期。

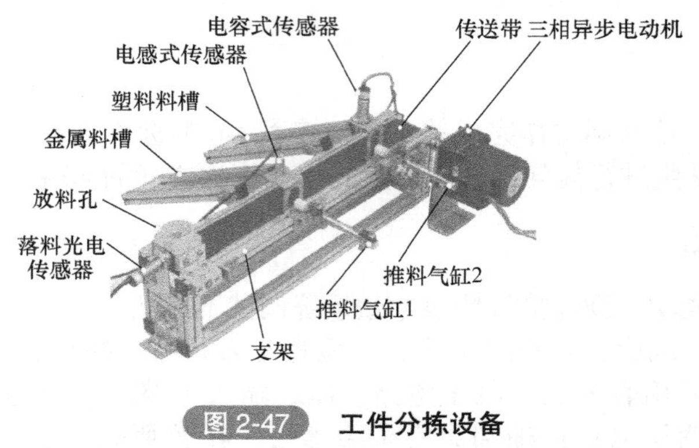

图 2-47　工件分拣设备

二、任务分析

主要知识点：

1）了解工件分拣控制系统的结构和控制要求。

2）掌握选择性分支顺序控制程序的结构和基本设计方法。

3）掌握用 S7 Graph 设计选择性分支顺序控制程序的方法。

4）能运用 PLC 顺序控制指令设计工件分拣控制程序。

5）能绘制 I/O 接线图，并能安装、调试 PLC 控制的工件分拣控制系统。

由系统控制要求可知，本控制任务包括送料、两个气缸的推料和缩回、多个传感器的动作以及传送带是否要连续运行的判别等多个动作，相互间的关系复杂，采用基本指令编写程序比较烦琐且很困难，因此仍采用顺序控制的方法进行编程。

工件在传送过程中，由于需要经过两个传感器来分辨工件，并将之推入相应料槽，因此，必须经过条件选择才能决定程序执行的方向。根据控制要求可画出控制任务的顺序控制流程，如图 2-48 所示。

由控制顺序流程可以看出，当电动机起动后，传送带运行，程序的流程是由检测工件的传感器决定的，工件为金属时执行左边分支，工件为塑料时则执行右边分支；两分支在完成各自的动作后汇合，并判断有无工件，若有工件则直接进入下一个分拣周期，再次分拣；若无工件则跳转到初始状态停止。在整个工作过程中，只要按下停止按钮，系统就立刻停止工

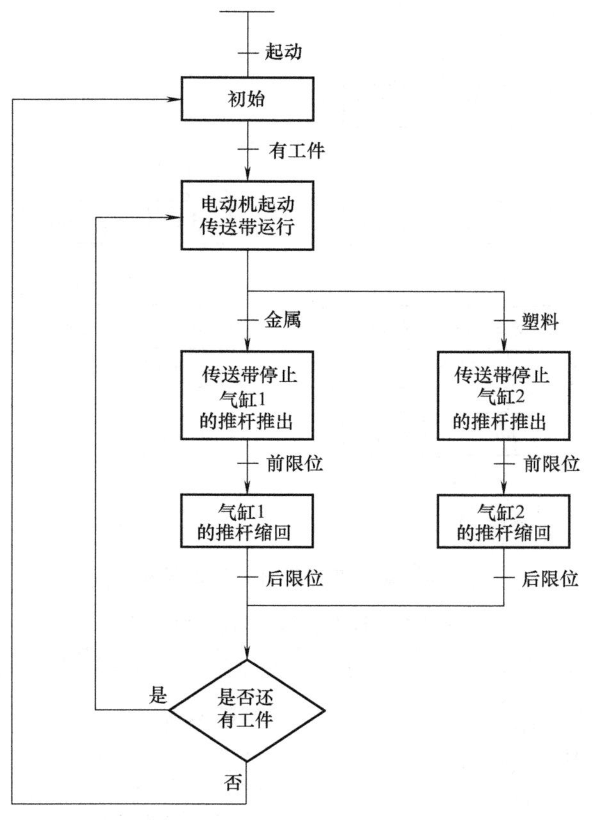

图 2-48　工件分拣设备控制顺序流程

作，直到再次按下起动按钮系统才重新开始运行。

三、相关知识

在两个或两个以上的多分支流程中，根据满足的条件选择其中的某一个分支流程执行的顺序功能流程，称为选择性分支流程。在这种流程结构中，分支开始时需要对多个控制流程进行流程选择或者分支选择，即一个控制流可能转入多个可能的控制流中的一个，但不允许多路分支同时执行，进入哪一个分支取决于哪个转移条件首先得到满足，但应注意在同一时刻，只允许一个转移条件得到满足。

绘制选择性分支的顺序功能图时，分支控制处转移条件应在分支线下方，且在同一时间只能有一个条件得到满足，即流程执行具有唯一性；而在汇合控制处，转移条件应在汇合线的上方。分支和汇合处用单水平线表示。其基本结构和画法如图 2-49 所示。

图 2-49 中，程序执行到“步 1”时，继续执行哪一分支取决于是满足“条件 2”还是满足“条件 4”，当满足“条件 2”时执行左边的分支；当满足“条件 4”时则执行右边的分支。而“条件 2”和“条件 4”应不会同时被满足。

四、任务准备

1）准备工具和器材，见表 2-7。

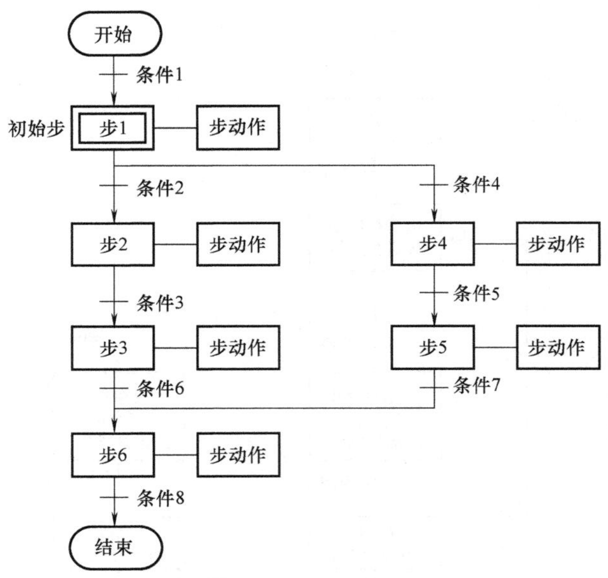

图 2-49　选择性分支基本结构

表 2-7　所需工具和器材清单

序号	分类	名　称	型号规格	数量	单位
1	工具	电工工具		1	套
2	器材	万用表	MF47 型	1	块
3		可编程序控制器	S7-300 CPU314C-2PN/DP	1	只
4		计算机	装有 STEP 7 V5. x 和 TIA Portal V1x 软件	1	台
5		安装铁板	600mm×900mm	1	块
6		导轨	C45	0. 3	m
7		小型剩余电流断路器	DZ47LE-32,4P,C3A	1	只
8		小型断路器	DZ47-60,1P,C2A	1	只
9		熔断器	RT28-2	3	只
10		熔断器	RT28-3	2	只
11		接触器	CJX2-0910/220V	2	只
12		继电器	JZX-22F(D)/4Z/DC 24V	2	只
13		热继电器	NR4-63,0. 8~1. 25A	1	只
14		电感式传感器	M18×1×40	1	只
15		电容式传感器	E2KX8ME1	1	只
16		光电传感器	E3Z-L61	1	只
17		磁性开关	JLXK1-111	4	只
18		直流开关电源	DC 24V,50W	1	只
19		三相异步电动机	JW6324-380V,250W,0. 85A	1	只
20		按钮	LAY5	1	只
21		接线端子	JF5-2. 5mm^2,5 节一组	20	只
22		铜塑线	BV1/1. 5mm^2	15	m
23		软线	BVR7/0. 75mm^2	20	m
24		紧固件	M4×20 螺杆	若干	只
25			M4×12 螺杆	若干	只
26			ϕ4mm 平垫圈	若干	只
27			ϕ4mm 弹簧垫圈及 ϕ4mm 螺母	若干	只
28		号码管		若干	m
29		号码笔		1	支

2）S7-300 型 PLC 分拣控制系统可按图 2-50 布置元器件并安装接线，主电路则按三相交流异步电动机分拣电路的主电路接线。

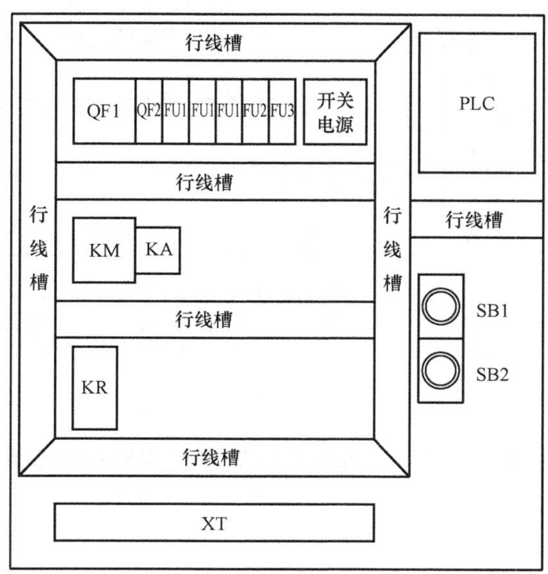

图 2-50 元器件布置图

五、任务实施

首先要进行输入/输出点的分配，主要通过输入/输出分配表和输入/输出接线图来实现。

1. 输入/输出分配

工件分拣控制系统电路的输入/输出分配见表 2-8。

表 2-8 PLC 输入/输出分配

输入			输出		
元件代号	输入继电器	作用	元件代号	输出继电器	作用
SB1	I0.0	起动按钮	YV1	Q0.0	推料气缸 1 推出
SB2	I0.1	系统停止	YV2	Q0.1	推料气缸 1 缩回
SQ1	I0.2	推料气缸 1 前限位	YV3	Q0.2	推料气缸 2 推出
SQ2	I0.3	推料气缸 1 后限位	YV4	Q0.3	推料气缸 2 缩回
SQ3	I0.4	推料气缸 2 前限位	KA	Q1.0	传送带起停控制
SQ4	I0.5	推料气缸 2 后限位			
S5	I0.6	金属工件检测			
S6	I0.7	塑料工件检测			
S7	I1.0	下料检测			

2. S7-300 型 PLC 的输入/输出接线

用西门子 S7−300 型 PLC 实现工件分拣控制的输入/输出接线如图 2-51 所示。

图 2-51 中由于 S7-300 型 PLC 的输入/输出模块的负载电压为 24V 直流电，而控制交流电动机运转的接触器为交流 220V，所以 PLC 通过控制 24V 直流继电器进而控制交流接触器以实

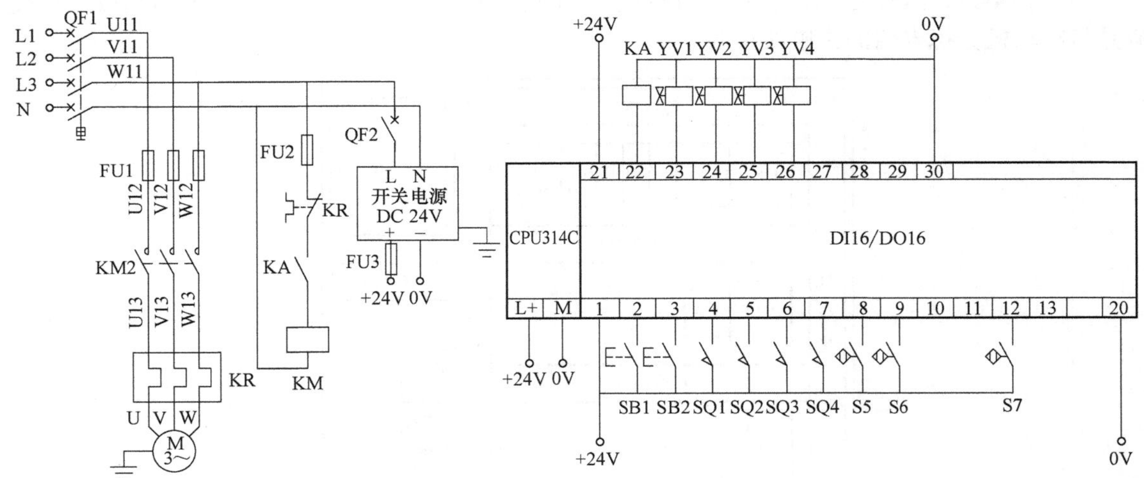

图 2-51　工件分拣控制 S7-300 型 PLC 输入/输出接线

现对交流电动机的起停控制。

3. 工件分拣程序设计

（1）基于 STEP 7 V5. x 软件的 S7-300 型 PLC 控制程序

1）生成符号表，如图 2-52 所示。

S7 程序(2) (符号) -- 工件分拣控制\SIMATIC 300 \CPU 315...

	状态	符号	地址		数据类型	注释
1		S1	I	0.0	BOOL	起动按钮
2		S2	I	0.1	BOOL	系统停止
3		SQ1	I	0.2	BOOL	推料气缸 1 前限位
4		SQ2	I	0.3	BOOL	推料气缸 1 后限位
5		SQ3	I	0.4	BOOL	推料气缸 2 前限位
6		SQ4	I	0.5	BOOL	推料气缸 2 后限位
7		S5	I	0.6	BOOL	金属工件检测
8		S6	I	0.7	BOOL	塑料工件检测
9		S7	I	1.0	BOOL	下料检测
10		YV1	Q	0.0	BOOL	推料气缸 1 推料
11		YV2	Q	0.1	BOOL	推料气缸 1 缩回
12		YV3	Q	0.2	BOOL	推料气缸 2 推料
13		YV4	Q	0.3	BOOL	推料气缸 2 缩回
14		KA	Q	1.0	BOOL	传送带起停控制
15		TIME_TCK	SFC	64	SFC 64	Read the System ...
16		G7_STD_3	FC	72	FC 72	
17		小车行程控制	FB	1	FB 1	
18						

图 2-52　STEP 7 符号表

2）创建功能块“FB1”。

进入 S7 Graph 编程界面，根据控制要求创建如图 2-53 所示的“FB1”顺序控制程序。其中选择性分支的分支条件为 T2（I0.6 常开）和 T5（I0.7 常开），即检测工件是金属还是塑料；选择性分支的汇合条件为 T4（I0.3 常开）和 T8（I0.5 常开），分别是气缸 1、2 缩回的后限位。系统一通电，程序直接进入 S1（Step1）等待，有料时开始往下执行，执行至 S7（Step7）时，根据是否下料的标志位的状态决定程序跳转的方向，有料时跳转到 Step2（S2）继续执行；无料时跳转至 S1（Step1）等待。

3）编写“OB1”控制主程序，如图 2-54 所示。

“OB1”中由起动按钮 I0.0 作为进入“FB1”的触发信号，停止信号 I0.1 作为退出“FB1”的信号。当按下起动按钮时，进入“FB1”的 GRAPH 程序，并在 S1（Step1）处等待；当按下停止按钮时，程序跳出“FB1”，等待下一次按下起动按钮进入。程序段 2 和程序段 3 是用来检测是否有料的标志位的置位和复位程序，用以控制 GRAPH 程序中一个分拣周期最后

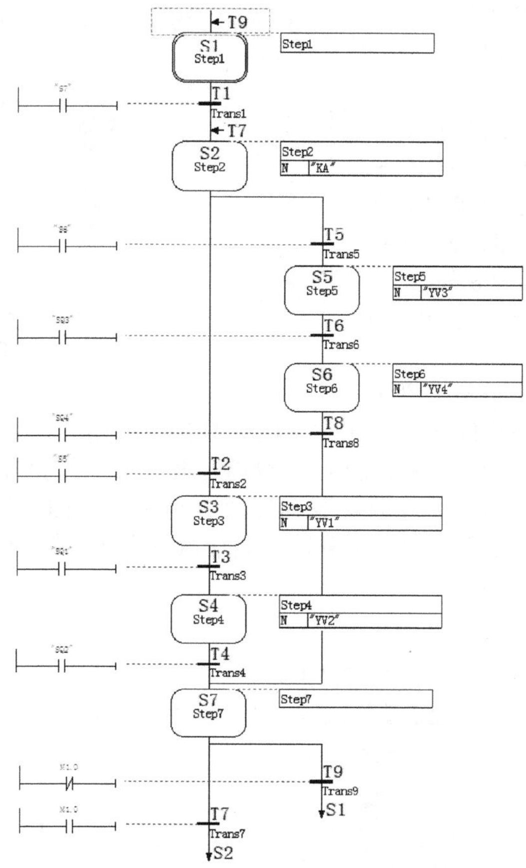

图 2-53　S7-300 型 PLC 中 "FB1" 顺序控制程序

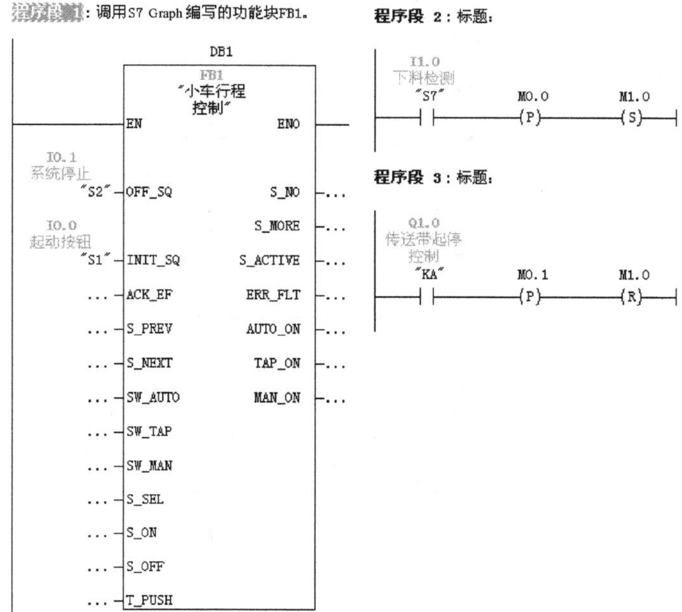

图 2-54　S7-300 型 PLC 的 "OB1" 控制主程序

一个状态执行后的程序跳转方向。

（2）基于 TIA Portal V1x 软件的 S7-300 型 PLC 控制程序

1）生成符号表，如图 2-55 所示。

2）创建功能块“FB1”。进入 S7 Graph 编程界面，根据控制要求创建如图 2-56 所示的“FB1”顺序控制程序。程序执行过程同 STEP 7 编程软件。

3）编写“OB1”控制主程序，如图 2-57 所示。

工件分拣控制 ▸ PLC_1 [CPU 314C-2 PN/DP] ▸ PLC 变量

变量 | 用户常量 | 系统常量

PLC 变量

	名称	变量表	数据类型	地址	保持	在 H...	可从 ...
1	S1	默认变量表	Bool	%I0.0		☑	☑
2	S2	默认变量表	Bool	%I0.1		☑	☑
3	SQ1	默认变量表	Bool	%I0.2		☑	☑
4	SQ2	默认变量表	Bool	%I0.3		☑	☑
5	SQ3	默认变量表	Bool	%I0.4		☑	☑
6	SQ4	默认变量表	Bool	%I0.5		☑	☑
7	S5	默认变量表	Bool	%I0.6		☑	☑
8	S6	默认变量表	Bool	%I0.7		☑	☑
9	S7	默认变量表	Bool	%I1.0		☑	☑
10	YV1	默认变量表	Bool	%Q0.0		☑	☑
11	YV2	默认变量表	Bool	%Q0.1		☑	☑
12	YV3	默认变量表	Bool	%Q0.2		☑	☑
13	YV4	默认变量表	Bool	%Q0.3		☑	☑
14	KA	默认变量表	Bool	%Q1.0		☑	☑

图 2-55　TIA Portal 符号表

“OB1”中由起动按钮 I0.0 作为进入“FB1”的触发信号，停止信号 I0.1 作为退出“FB1”的信号。当按下起动按钮时，进入“FB1”的 GRAPH 程序，并在 S1（Step1）处等待；当按下停止按钮时，程序跳出“FB1”，等待下一次按下起动按钮进入。程序段 2 和程序段 3 是用来检测是否有料的标志位的置位和复位程序，用以控制 GRAPH 程序中一个分拣周期最后一个状态执行后的程序跳转方向。

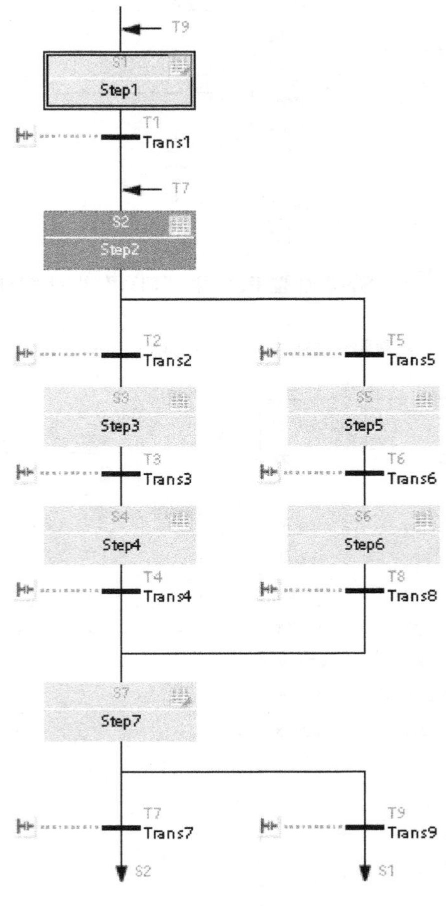

图 2-56　TIA Portal 中“FB1”的顺序控制程序

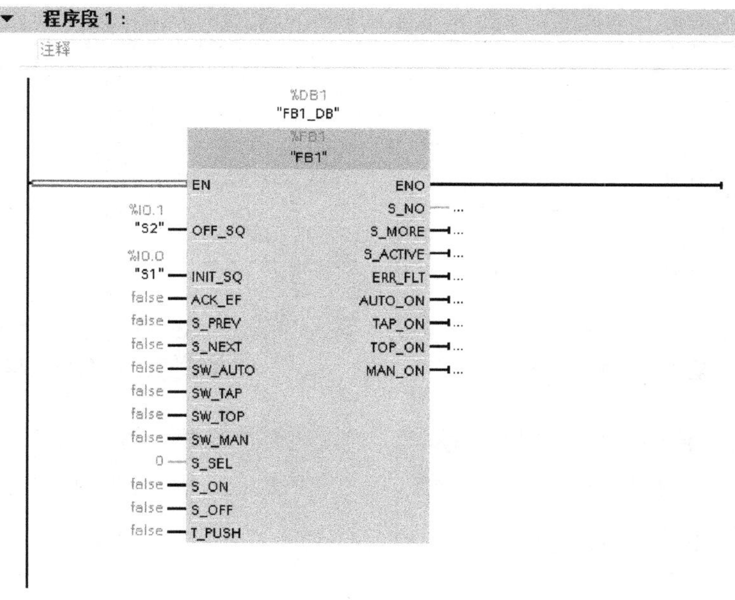

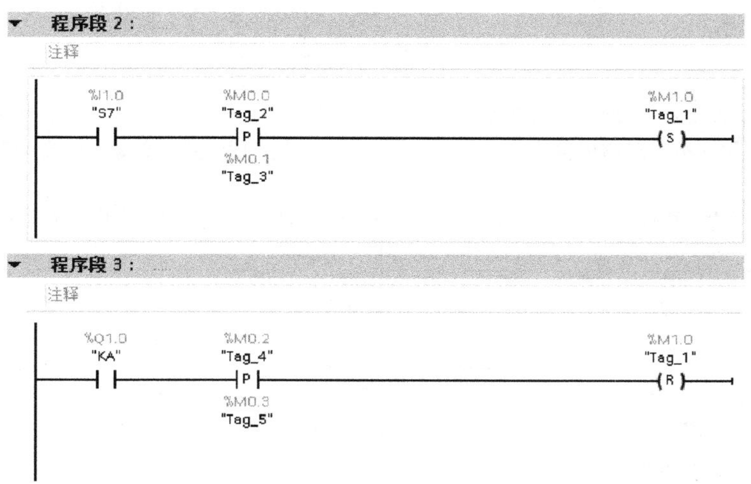

图 2-57 TIA Portal 的“OB1”控制主程序

4. 基于 STEP 7 V5. x 软件的程序输入

（1）GRAPH 程序输入 S7-300 型 PLC 主程序“OB1”的输入方法前面已经介绍，不再赘述。基于 STEP 7 V5. x 软件的程序输入主要介绍“FB1”中 GRAPH 程序是如何进行编写的。

1）按前面的方法新建“FB1”，并进入 GRAPH 界面，输入程序的第一分支，如图 2-58 所示。

2）用光标选中“S2”，并选中分支按钮，准备输入程序的分支，如图 2-59 所示。

3）单击分支按钮，输入分支如图 2-60 所示。

4）输入程序分支汇合，用光标选中“T8”，单击分支汇合按钮，如图 2-61 所示。

5）将光标移至“T4”下方，单击左键完成分支的汇合，如图 2-62 所示。

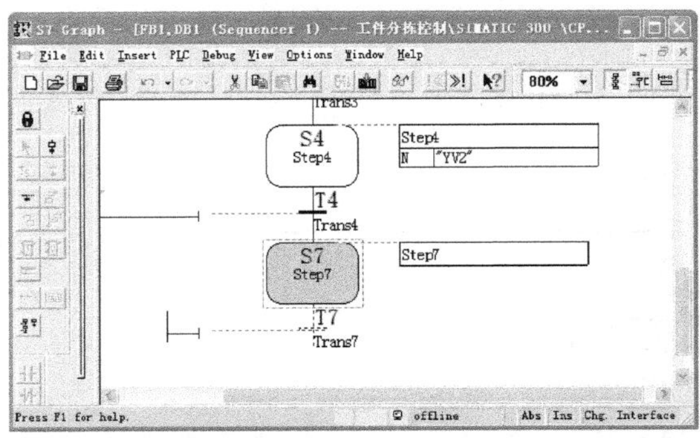

图 2-58　输入程序的第一分支

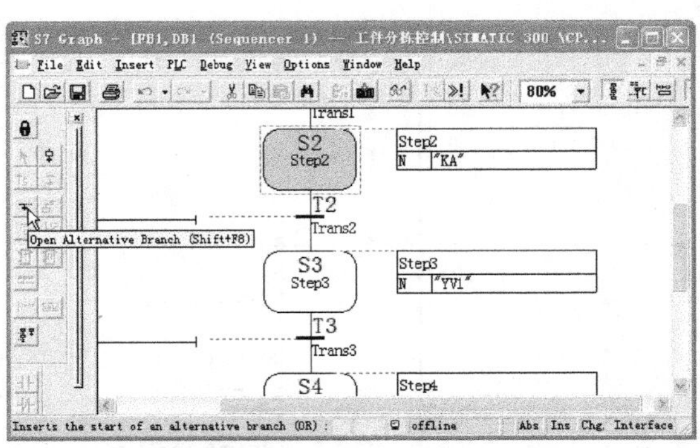

图 2-59　准备输入程序的分支

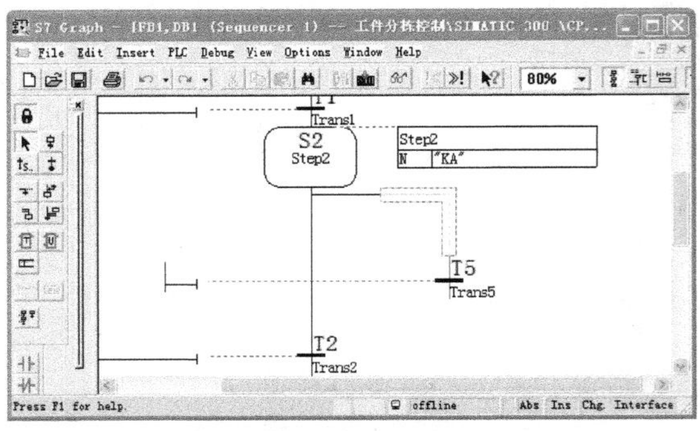

图 2-60　输入程序的分支

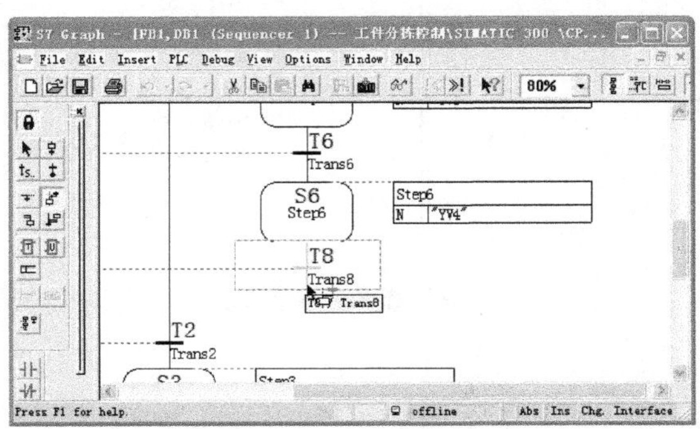

图 2-61　选择性分支的汇合步骤一

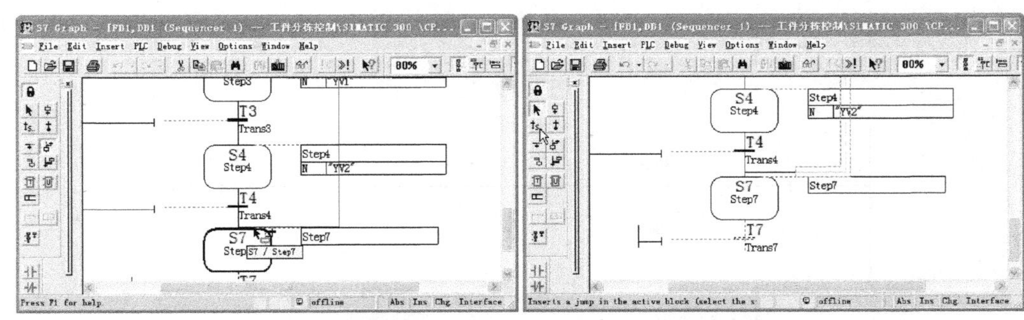

图 2-62　选择性分支的汇合步骤二

6）按前面的方法完成 GRAPH 程序的输入，如图 2-63 所示。

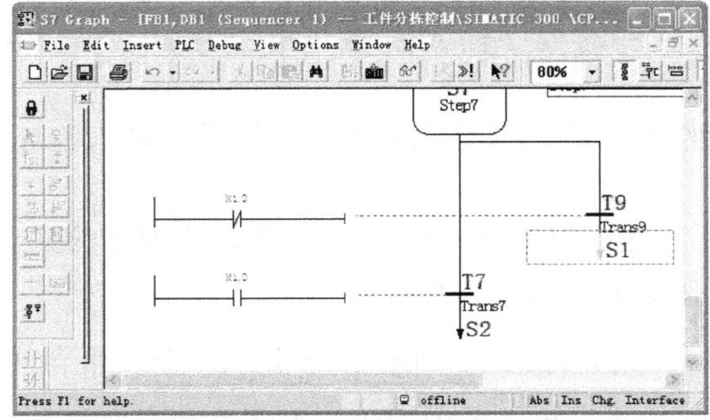

图 2-63　完成 GRAPH 程序的输入

（2）仿真测试 用 S7-PLCSIM 模拟调试软件对 S7-300 型 PLC 的 GRAPH 程序进行仿真测试。

（3）系统安装和调试（略）。

5. 基于 TIA Portal V1x 软件的程序输入

1）双击 TIA Portal 图标，打开编程软件，单击“启动”→“创建新项目”命令，在画面右侧区域出现“创建新项目”对话框，在此对话框中设置“项目名称”、“路径”等信息后，单击“创建”按钮，即可完成新项目的创建，如图 2-64 所示。

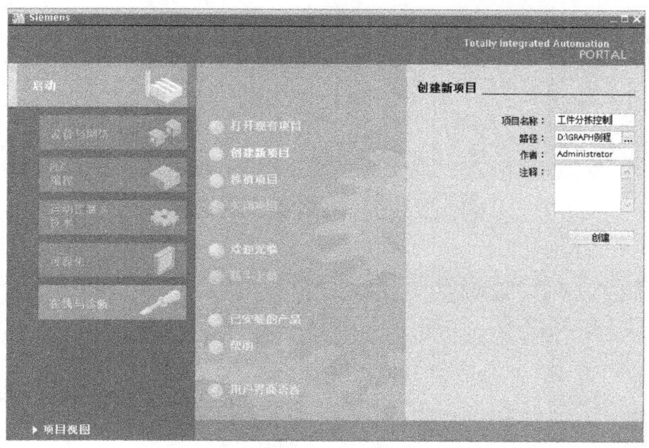

图 2-64 创建新项目

2）在新建的“工件分拣控制”项目中，单击“启动”→“新手上路”→“组态设备”，即可进入设备组态画面，如图 2-65 所示。

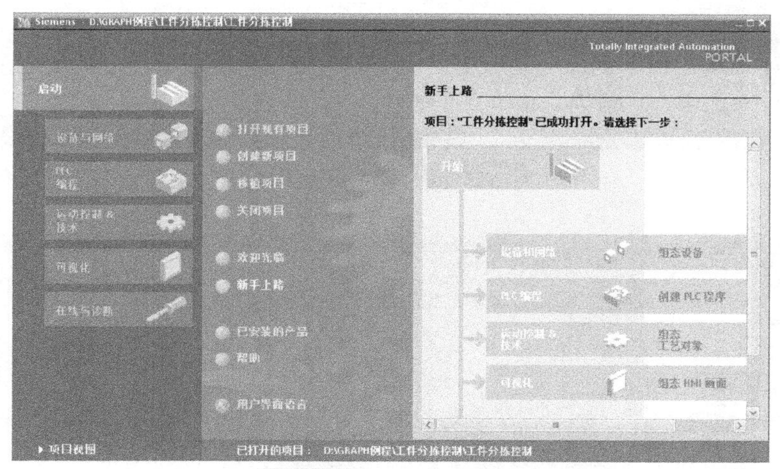

图 2-65 进入组态设备

3）如图 2-66 所示，单击“设备与网络”→“添加新设备”，再在“添加新设备”对话框中单击“控制器”，即可选择 PLC 的型号。在设备树状列表中双击选中的 PLC 型号，即可完成 PLC 的添加。

4）与 STEP7 V5. x 软件不同，因首先添加了 CPU，因此机架将自动添加到设备中，之后在 1 号槽添加电源，即完成本任务 PLC 的硬件组态，如图 2-67 所示。

5）将图 2-67 中画面右侧的“设备概览”选项卡展开，可以直接完成输入输出地址的修改，如图 2-68 所示。

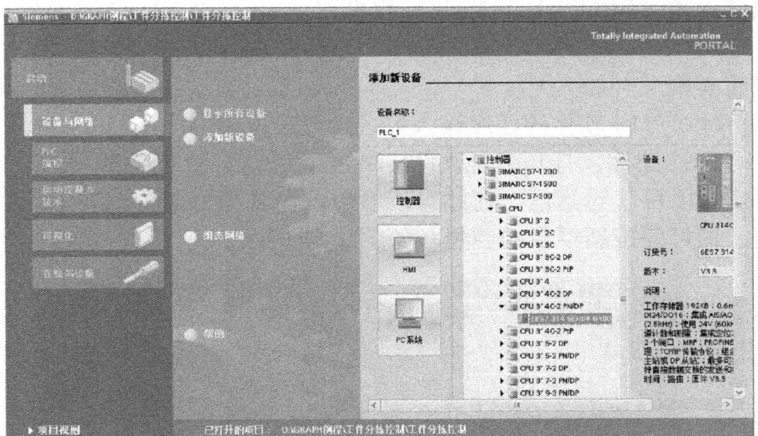

图 2-66 PLC 类型的选择

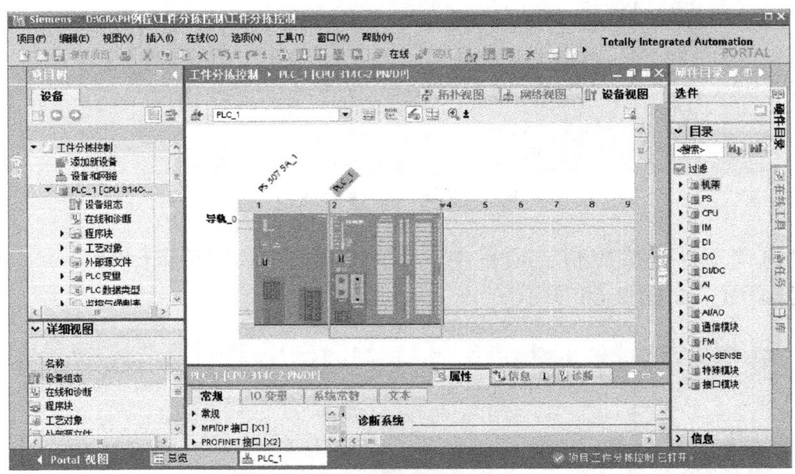

图 2-67 硬件组态画面

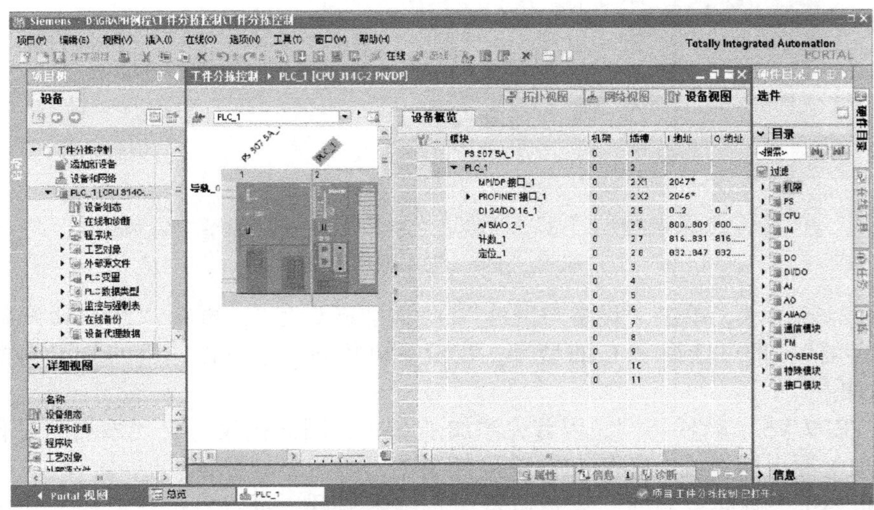

图 2-68 输入输出地址的修改

6）如图 2-69 所示，选中 PLC 项目，单击“保存项目”按钮，再单击“编译项目”按钮，即可完成项目硬件组态的编译。

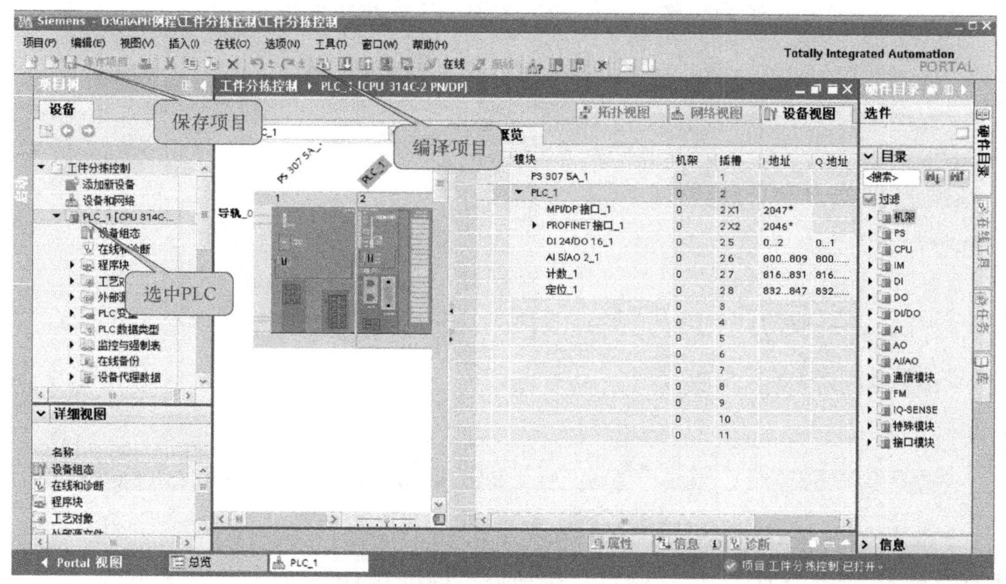

图 2-69　硬件组态的编译

7）如图 2-70 所示，进入下载界面。下载前应根据 PLC 的传输线类型，在下拉列表框中选择合适的“PG/PC 接口的类型”，通过网络的自动搜索，找到正确的对象，才能单击“下载”按钮进行下载。若组态的硬件设备网络地址与实际设备的地址不同，则需在首次搜索后，选择“显示所有可访问设备”，再次搜索设备，直至选中正确的设备后才能下载。

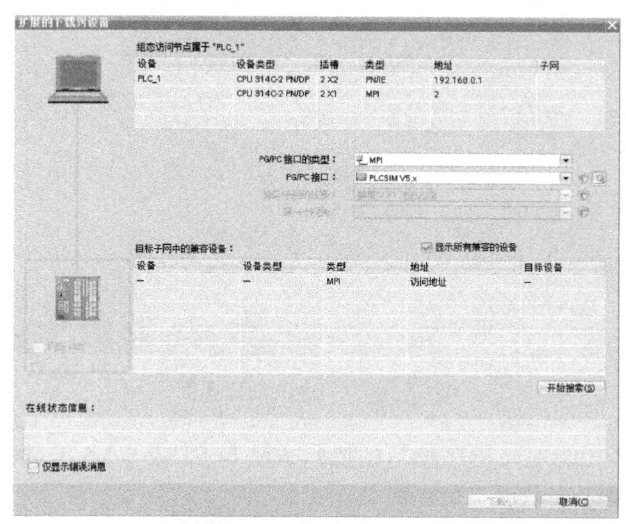

图 2-70　硬件组态的下载

8）打开“PLC 变量”，双击“显示所有变量”，弹出变量编辑对话框，根据表 2-8 编辑输入输出变量表，如图 2-71 所示。

9）插入 GRAPH 功能块。如图 2-72 所示，选择“设备”视窗中的“程序块”，双击“添加新块”，弹出“添加新块”对话框，输入“名称”为“FB1”，选中“函数块（FB）”选项

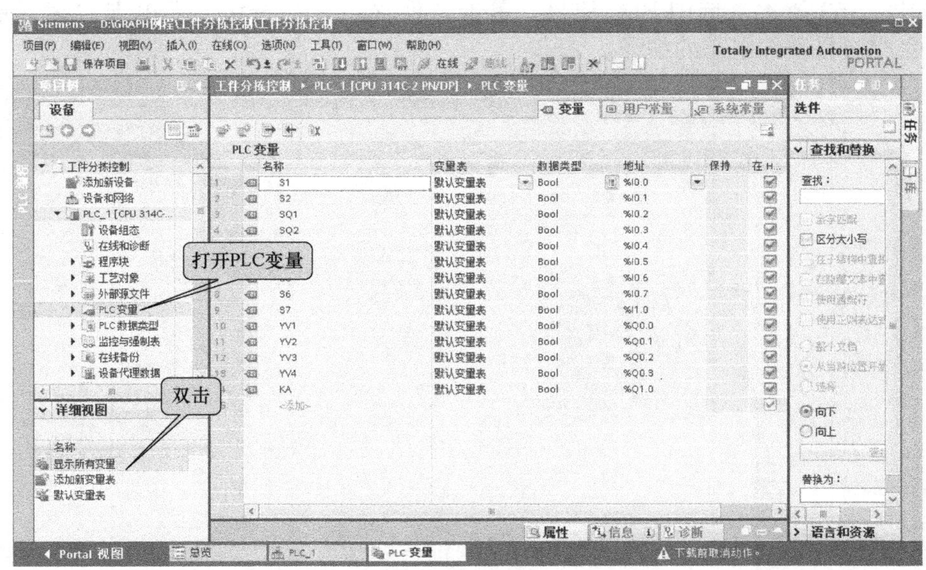

图 2-71 编辑输入输出变量表

卡，选择语言为“GRAPH”。按“确定”按钮后，即进入 GRAPH 程序编程界面。

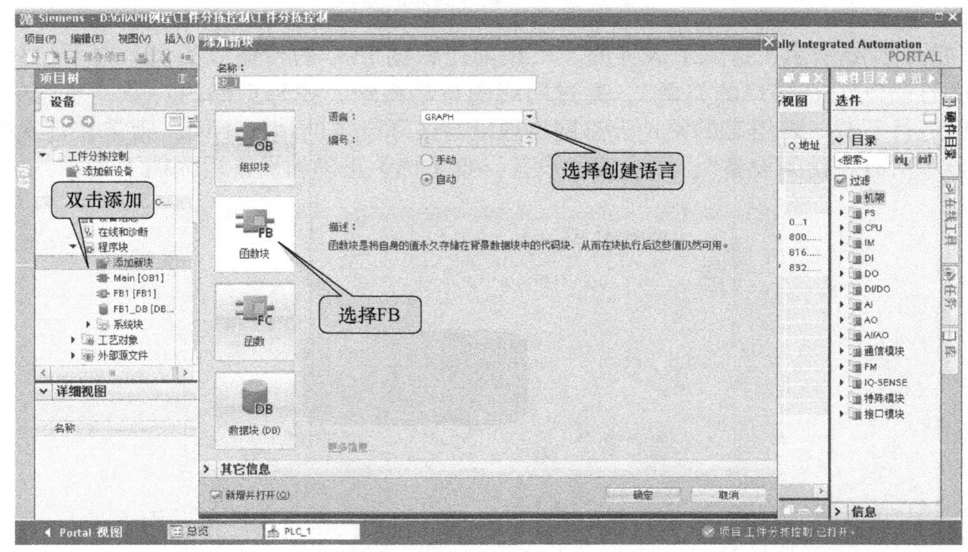

图 2-72 进入编程界面

10）编辑 GRAPH 功能块。程序编写的操作方法与 STEP 7 V5. x 软件类似。

① 规划顺序功能图，如图 2-73 所示。

② 双击“导航”视窗中的 S1 步，进入单步编辑对话框，之后单击各步名称，分别编辑各步名称、转换条件、互锁条件及步的动作，图 2-74 所示是对步 S3 的编辑。与 STEP 7 V5. x 软件不同，输入的绝对地址前面增加“%”，如“%M0. 0”。

11）在“OB1”中调用 S7 Graph 功能块。在“设备”→“程序块”中双击打开“Main（OB1）”，添加“空白功能块”，将块名称改为“FB1”，并自动生成背景数据块“DB1”，如图 2-75 所示。

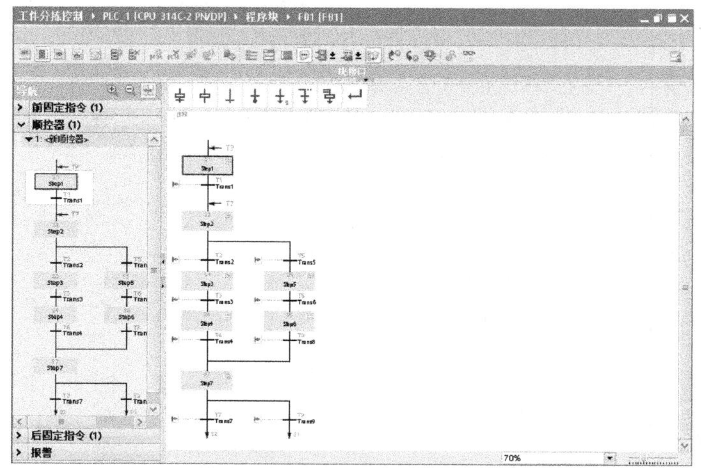

图 2-73　规划顺序功能图

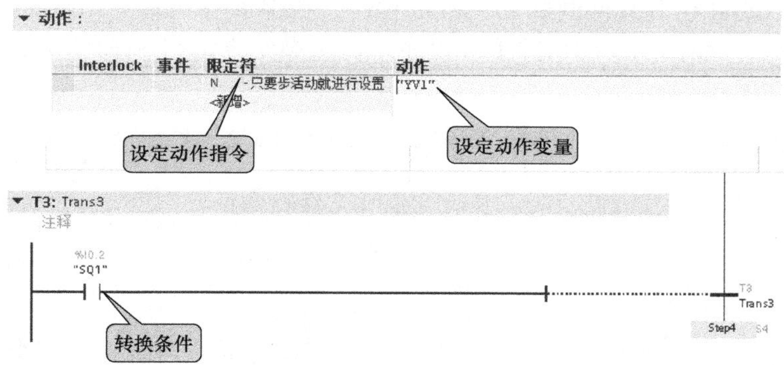

图 2-74　编辑 S3 步

如图 2-76 所示，在“INIT_ SQ”端口上输入“%I0.0”，也就是起动按钮激活顺序控制器的初始步 S1；在“OFF_ SQ”端口上输入“%I0.1”，停止对“FB1”的执行。单击“保存项目”→“编译”。

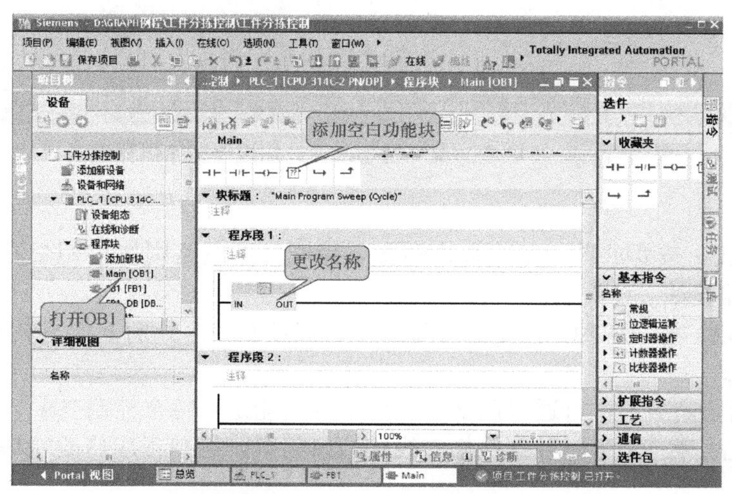

图 2-75　在“OB1”中调用“FB1”

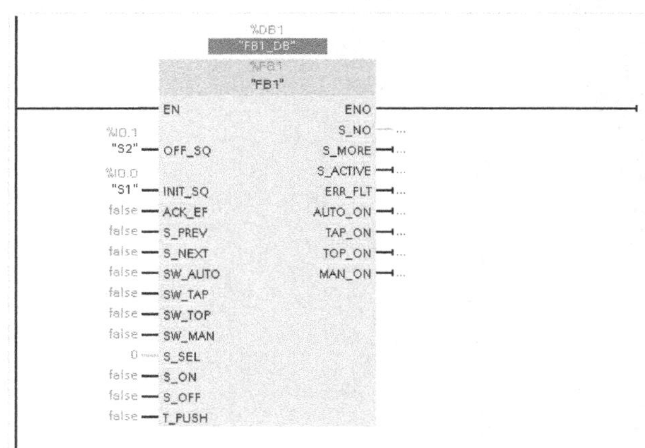

图 2-76 设置顺序控制器起动与停止控制

12）用 S7-PLCSIM 仿真软件调试 S7 Graph 程序。右键单击 PLC 工作站，执行快捷菜单的“开始仿真”命令。按照提示，确认并下载程序。仿真操作方法与 STEP7 V5. x 软件相同，如图 2-77 所示。

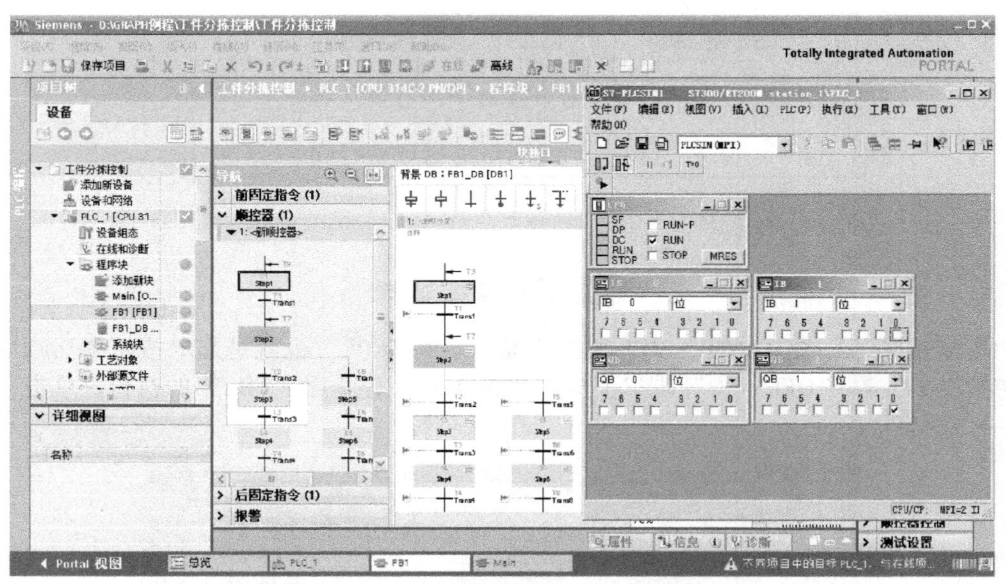

图 2-77 TIA Portal 环境下工件分拣控制程序仿真调试

6. 系统调试

（1）安装接线　按要求自行完成系统的安装接线，主电路则按三相交流异步电动机正转运行电路的主电路接线。

（2）程序下载　将在两种不同编程环境中编写的控制程序分别下载至 PLC。

（3）系统调试

1）在教师现场监护下进行通电调试，验证系统功能是否符合控制要求。

2）如果出现故障，学生应独立检修。线路检修完毕或控制程序修改完毕应重新调试，直至系统正常工作。

3）学生需做好必要的记录，包括调试过程、存在的问题、解决方法。

六、检查评议

考核时采用两人一组共同协作完成的方式，按表1-6的标准进行评分，此分数作为成绩的60%，并分别对两位学生进行提问，学生答复的得分作为成绩的40%。

七、问题及防治

问题：在完成了对S7 Graph功能块“FB1”的编程后，打开S7-PLCSIM仿真软件调试S7 Graph程序，程序无法起动。

理论基础：完成了对S7 Graph功能块“FB1”的编程后，需要在主程序“OB1”中调用“FB1”，并在“FB1”功能块参数INIT_ SQ对应的地址给定触发信号，同时在“FB1”的上方输入它的背景功能块的名称“DB1”。

预防方法：在“OB1”中调用“FB1”，并给定起动信号。

八、扩展知识

若本任务推料气缸1和2推料后，都采用在弹簧作用下自动复位的方式，试编写控制程序。

任务3　十字路口交通信号灯控制

一、任务描述

本任务是要用PLC并行序列控制实现十字路口交通信号灯的控制。交通信号灯一个周期（70s）的时序图如图2-78所示。南北信号灯和东西信号灯同时工作，在0~30s期间，南北信号绿灯亮，东西信号红灯亮；在30~35s期间，南北信号黄灯亮，东西信号红灯亮；在35~65s期间，南北信号红灯亮，东西信号绿灯亮；在65~70s期间，南北信号红灯亮，东西信号黄灯亮。

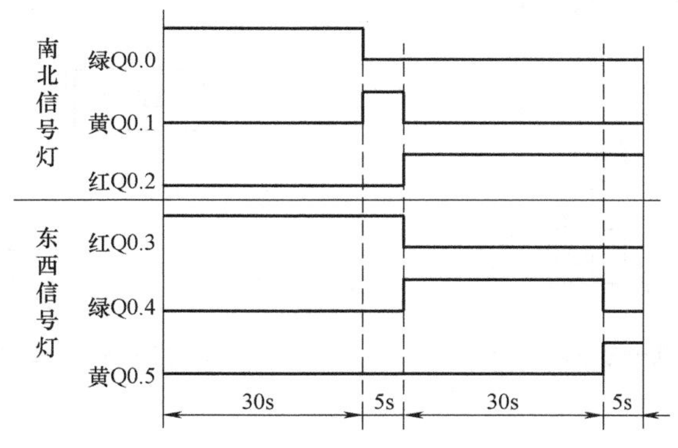

图2-78　交通信号灯一个周期（70s）的时序图

二、任务分析

主要知识点：

1）了解并行序列顺序功能图的特点。

2）掌握使用S7 Graph程序的并行序列顺序功能图的编程方法。

3）能安装并调试十字路口交通信号灯控制电路和程序。

三、相关知识

并行序列结构的顺序控制过程就是当顺序控制过程进行到某步时，该步后面可能有多个分支。当该步结束后，若转移条件满足，则同时开始所有分支的顺序动作，在全部分支的顺序动作都结束后，合并成为一个控制流继续向下运行。并行序列结构如图 2-79 所示。

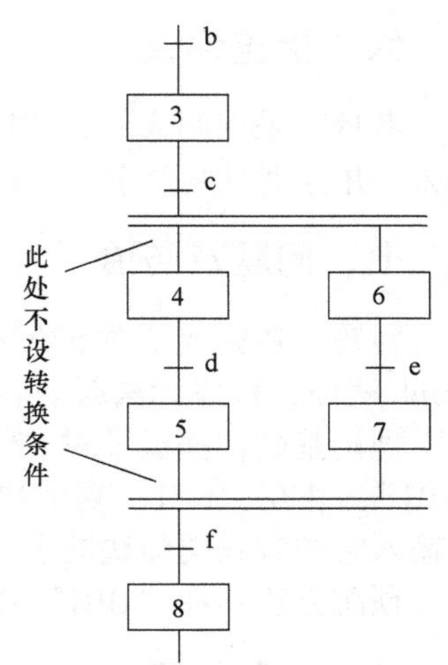

图 2-79　并行序列结构

并行序列顺序功能图有分支，当转换条件得到满足时有两个或两个以上的步同时转移。并行序列也有开始和结束之分，并行序列的开始称为分支，并行序列的结束称为合并。

并行序列顺序功能图的程序编写主要分两部分进行：并行序列的分支控制和并行序列的合并控制。

1. 并行序列的分支控制

并行序列的分支是指当转换实现后将同时使多个后续步激活，每个序列中活动步的进展将是独立的。为了区别于选择序列顺序功能图，强调转换的同步实现，并行序列开始的分支水平连线用双线表示，转换条件放在双线之上（如图 2-79 的 c 处）。

在进行并行序列分支编程时，如果某一步的后面有 N 条并行序列的分支，则该步的状态中应有同一转换条件控制的 N 条不同转换目标的电路，即在一个状态中应同时激活 N 个状态。如图 2-80 所示，当转移条件为真时，从状态 L 同时转移到状态 M、N。

2. 并行序列的合并控制

为了区别于选择序列结构的顺序功能图，并行序列合并时的水平连线也用双线表示，转换条件放在双线之下（如图 2-79 的 f 处）。

由于并行序列是多个分支同时工作的，合并时必须等到所有分支的最后一个状态都处于活动状态，并且满足转换条件，才能共同进入下一个状态。如图 2-81 所示，当转移条件为真时，从状态 X、Y 同时转移到状态 Z。

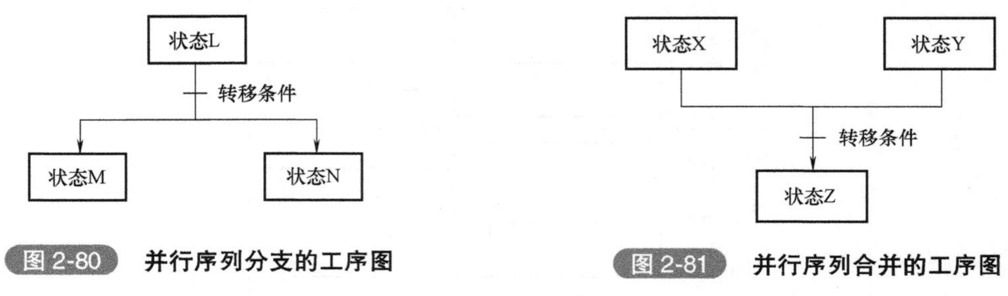

图 2-80　并行序列分支的工序图　　图 2-81　并行序列合并的工序图

四、任务准备

准备工具和器材见表 2-9。

五、任务实施

1. 输入/输出分配

十字路口交通信号灯控制电路的输入/输出分配见表 2-10。

表 2-9　所需工具和器材清单

序号	分类	名称	型号规格	数量	单位
1	工具	电工工具		1	套
2	器材	万用表	MF47 型	1	块
3		可编程序控制器	S7-300 CPU314C-2PN/DP	1	只
4		计算机	装有 STEP 7 V5. x 和 TIA Portal V1x 软件	1	台
5		安装铁板	600mm×900mm	1	块
6		导轨	C45	0. 3	m
7		小型剩余电流断路器	DZ47LE-32,4P,C3A	1	只
8		熔断器	RT28-2	1	只
9		直流开关电源	DC 24V,50W	1	只
10		组合开关	HZ10	1	个
11		接线端子	JF5-2. 5mm^2,5 节一组	20	只
12		铜塑线	BV1/1. 5mm^2	15	m
13		软线	BVR7/0. 75mm^2	20	m
14		紧固件	M4×20 螺杆	若干	只
15			M4×12 螺杆	若干	只
16			ϕ4mm 平垫圈	若干	只
17			ϕ4mm 弹簧垫圈及 ϕ4mm 螺母	若干	只
18		号码管		若干	m
19		号码笔		1	支

表 2-10　输入/输出分配

输入			输出		
元件代号	输入继电器	作用	元件代号	输出继电器	作用
SA	I0. 0	运行/停止	HL0	Q0. 0	南北绿灯
			HL1	Q0. 1	南北黄灯
			HL2	Q0. 2	南北红灯
			HL3	Q0. 3	东西红灯
			HL4	Q0. 4	东西绿灯
			HL5	Q0. 5	东西黄灯

2. S7-300 型 PLC 的输入/输出接线

用西门子 S7-300 型 PLC 实现十字路口交通信号灯控制的输入/输出接线如图 2-82 所示。

3. 顺序控制

交通信号灯顺序控制功能图如图 2-83 所示。

(1) 并行序列的分支　当 I0. 0 常开触点闭合后，S2 和 S5 同时变为活动状态，南北绿灯亮、东西红灯亮；定时器 T1 和 T4 开始延时。

1) 南北信号灯分支：当到达定时器 T1 延时时间时，由 S2 转移到 S3，南北黄灯亮，定时器 T2 开始延时；当到达 T2 延时时间时，由 S3 转移到 S4，南北红灯亮，定时器 T3 开始延时；

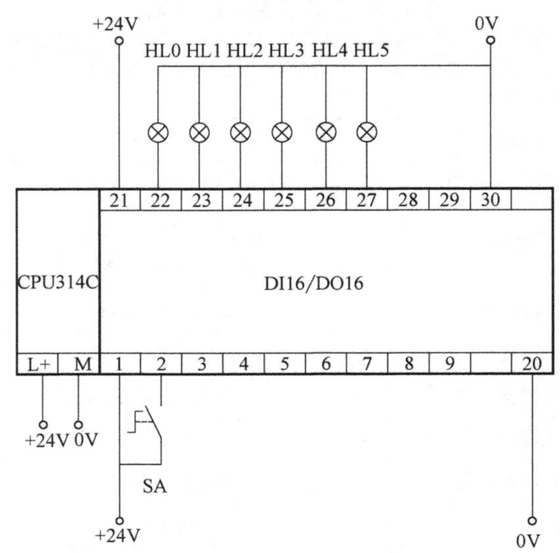

图 2-82 十字路口交通信号灯控制 S7-300 型 PLC 输入/输出接线

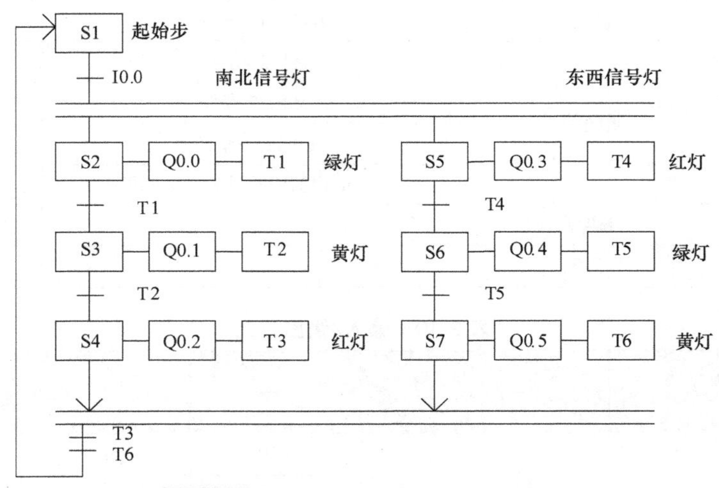

图 2-83 交通信号灯顺序控制功能图

当到达 T3 延时时间时，T3 置位。

2）东西信号灯分支：当到达定时器 T4 延时时间时，由 S5 转移到 S6，东西绿灯亮，定时器 T5 开始延时；当到达 T5 延时时间时，由 S6 转移到 S7，东西黄灯亮，定时器 T6 开始延时；当到达 T6 延时时间时，T6 置位。

（2）并行序列的合并　当 T3 和 T6 常开触点都闭合时，激活状态 S1。

4. 基于 STEP7 V5. x 软件的程序输入

以下重点演示应用 S7 Graph 语言编写交通信号灯顺序控制程序。

（1）创建 S7 项目　打开 SIMATIC Manager，然后执行菜单命令“文件”→“新建项目向导”创建一个项目，并命名为“交通灯 Graph”，如图 2-84 所示。

（2）组态硬件　选择“交通灯 Graph”项目下的“SIMATIC 300 站点”文件夹，双击右侧窗口“硬件”，进入硬件组态窗口，参照任务 1，完成硬件配置，如图 2-85 所示，最后编译保存并下载到 CPU。

图 2-84 创建“交通灯 Graph”

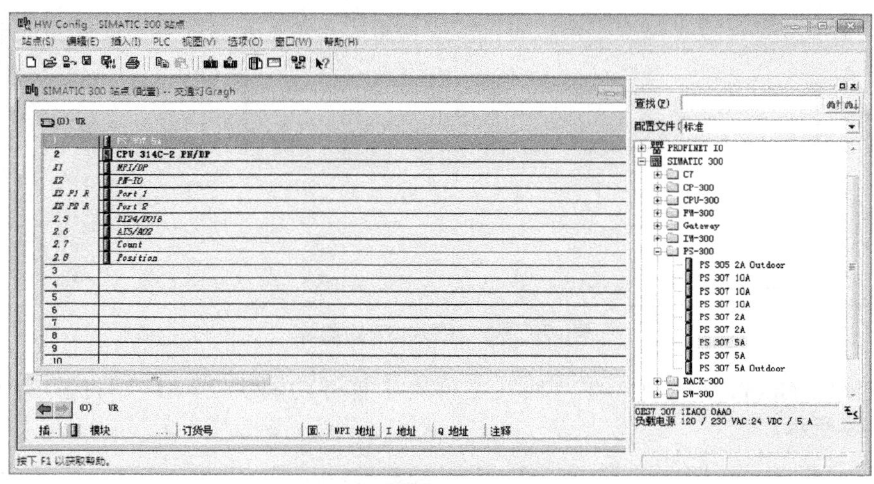

图 2-85 硬件配置

（3）编辑符号表 选择“交通灯 Graph”项目下的“S7 程序（1）”文件夹，双击右侧窗口“符号”，编辑符号表，如图 2-86 所示。

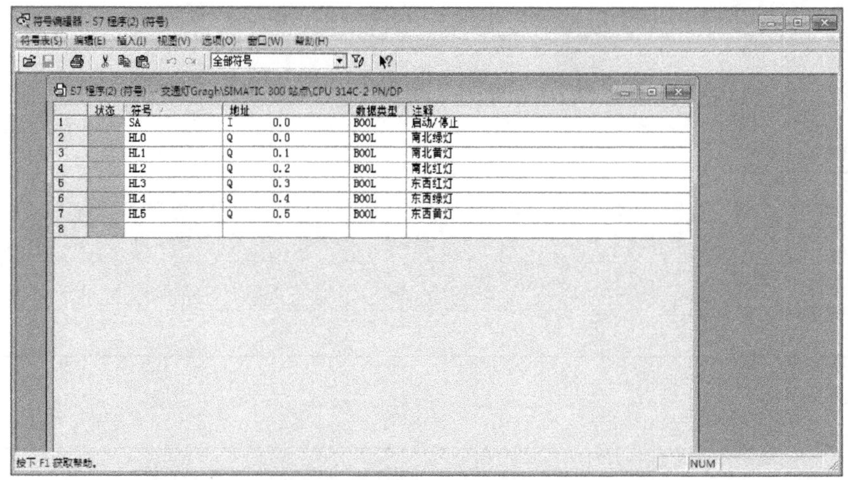

	状态	符号	地址		数据类型	注释
1		SA	I	0.0	BOOL	启动/停止
2		HL0	Q	0.0	BOOL	南北绿灯
3		HL1	Q	0.1	BOOL	南北黄灯
4		HL2	Q	0.2	BOOL	南北红灯
5		HL3	Q	0.3	BOOL	东西红灯
6		HL4	Q	0.4	BOOL	东西绿灯
7		HL5	Q	0.5	BOOL	东西黄灯
8						

图 2-86 编辑符号表

（4）插入 S7 Graph 功能块　右键单击“交通灯 Graph”项目下的“块”文件夹，执行“插入新对象”→“功能块”，弹出“属性-功能块”对话框。输入“名称”为“FB1”，“符号名”为“交通灯”，“符号注释”为“交通灯的控制”，创建语言为“GRAPH”，如图 2-87 所示。

图 2-87　插入 S7 功能块

（5）编辑 S7 Graph 功能块　在“块”文件夹中打开功能块“FB1”，打开 S7 Graph 编辑器，如图 2-88 所示。

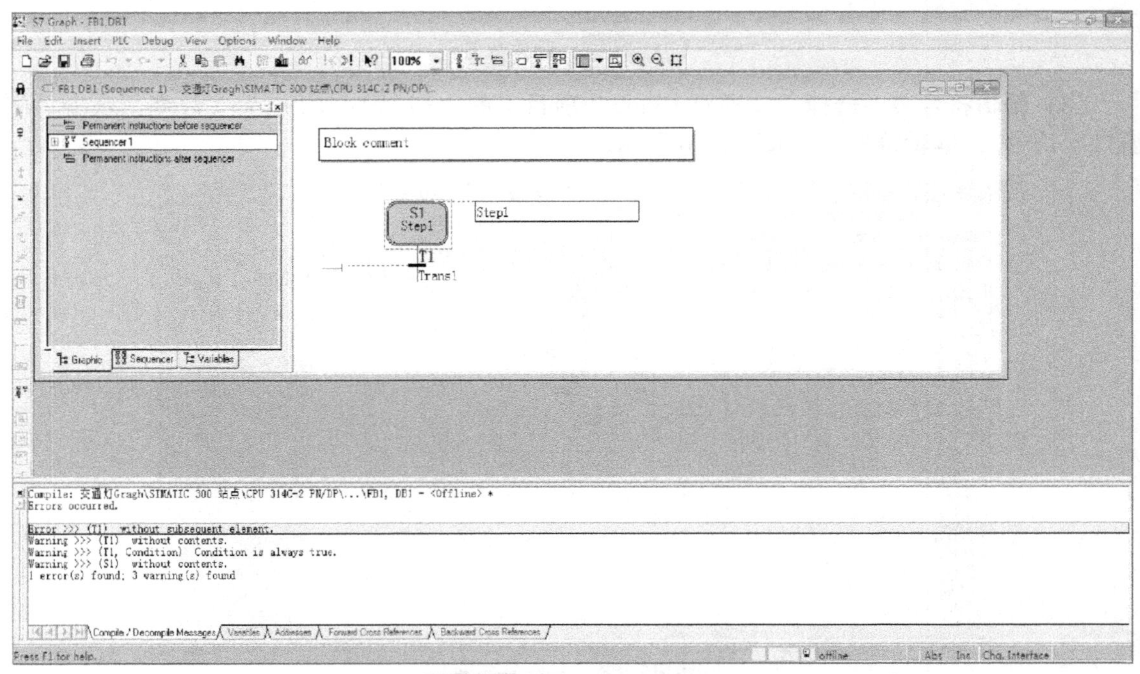

图 2-88　S7 Graph 编辑器

1）规划顺序功能图：

① 插入“步及步的转换”。在 S7 Graph 编辑器内，单击 S1 的转换（S1 下面的“十”字），然后连续单击 3 次“步和转换”的插入工具图标 ，则在 S1 的下面插入 3 个步及每步的转换，插入过程中系统自动为新插入的步及转换分配连续序号（S2 ~ S4、T2 ~ T4）。

② 插入“并行分支”。用鼠标单击 S1 的转换（S1 下面的“十”字），然后单击浮动工具栏中的插入并行分支图标 ，就会在旁边增加一个分支并且增加一个步 S5，如图 2-89 所示。

③ 再次插入“步及步的转换”。按照步骤①在并行分支 S5 下边再插入两个步 S6、S7。

④ 插入“并行分支汇合”。用鼠标单击 S7，然后单击浮动工具栏中的并行分支汇合图标 ，将鼠标移至汇合点，再单击鼠标左键，分支汇合图标 放置完成，如图2-90 所示。

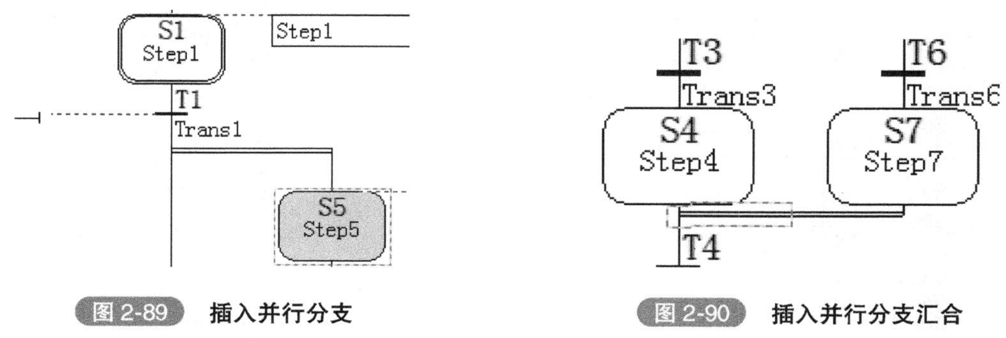

图 2-89　插入并行分支

图 2-90　插入并行分支汇合

⑤ 插入“跳转”。用鼠标单击 S4 的转换（S4 下面的“+”字），然后单击步的“跳转”工具图标，此时在 T4 的下面出现一个向下的箭头，并显示“S 编号输入栏”，在“S 编号输入栏”内直接输入要跳转的目标步的编号“1”。设置完成后自动在目标步 S1 的上面加一个左向箭头，箭头的尾部标有起始跳转位置的转换条件，如 T4。这样就完成了整个交通信号灯的并行序列顺序功能图的规划，如图 2-91 所示。

2）按照任务 1、任务 2 的步骤编辑步的名称、进行动作编辑，最后根据要求编辑转换条件。编辑后的顺序功能图如图 2-92 所示。

（6）在“OB1”块中调用 S7 Graph 功能块　双击打开“OB1”块，设置编程语言为梯形图。打开编辑器左侧浏览窗口的“FB 块”文件夹，将其中的“FB1”拖放到程序段 1 的“电源线”上。在模块的上方输入“FB1”的背景数据块“DB1”的名称。

在“INIT_ SQ”端口上输入“I0. 0”，如图 2-93 所示，也就是起动按钮激活顺序控制器的初始步 S1。最后用菜单命令“文件”→“保存”，保存“OB1”。

（7）用 S7-PLCSIM 仿真软件调试 S7 Graph 程序　使用 S7-PLCSIM 仿真软件调试 S7 Graph 程序的步骤如下：

1）单击 SIMATIC 管理器工具条中的按钮“Simulation on/off”或执行菜单命令“Options”→“Simulate Modules,”打开 S7-PLCSIM 窗口。

2）在“S7-PLCSIM”窗口中单击“CPU”视窗中的“STOP”框，将仿真 PLC 处于 STOP 模式。

3）在 SIMATIC 管理器中，选择“SIMATIC 300 站点”，单击“下载”按钮，将整个工作站的用户程序和模块信息下载到仿真器中。

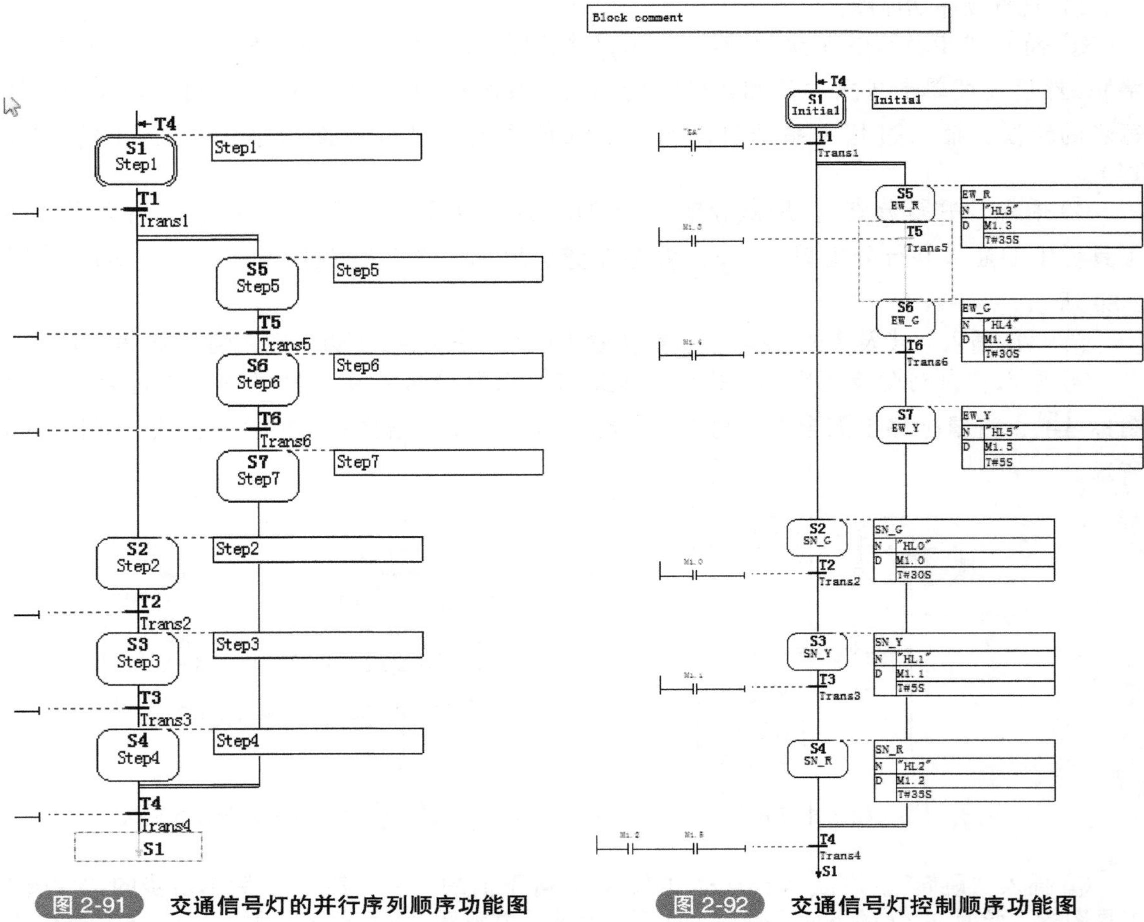

图 2-91　交通信号灯的并行序列顺序功能图

图 2-92　交通信号灯控制顺序功能图

图 2-93　设置顺序控制器起动控制

4）分别单击 S7-PLCSIM 窗口工具条中的按钮，插入字节型输入变量和输出变量。

5）在 S7-PLCSIM 窗口中的“CPU”视窗中选择“RUN”选项，将仿真 PLC 处于 RUN 模式，依次单击 IB 视窗中的“1”“2”“3”“4”等位复选按钮。改变输入控制位的状态，可以看到输出位的交通信号灯的变化，如图 2-94 所示。

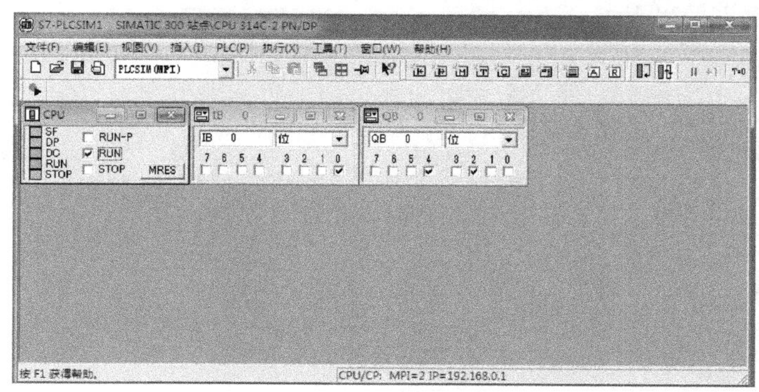

图 2-94　**交通信号灯控制程序仿真调试**

5. 基于 TIA Portal V1x 软件的程序输入

1）双击 TIA Portal 图标，打开编程软件，单击“启动”→“创建新项目”命令，在画面右侧区域出现“创建新项目”对话框，在此对话框中设置“项目名称”“路径”等信息后，单击“创建”按钮，即可完成新项目的创建，如图 2-95 所示。

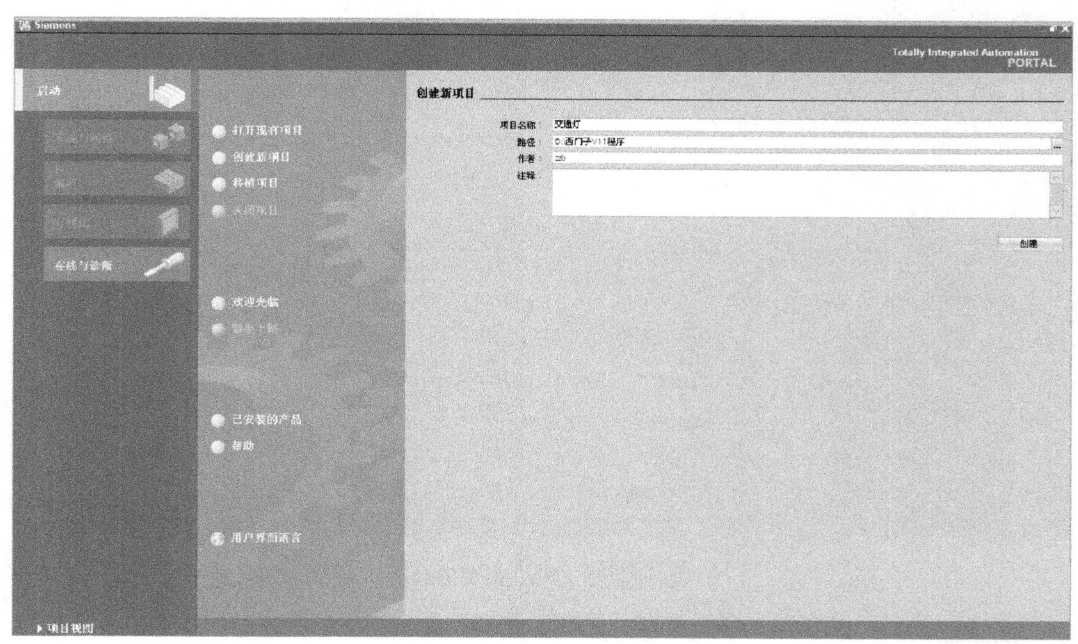

图 2-95　**创建新项目**

2）新项目创建完成后，单击“启动”→“新手上路”→“组态设备”，即可进入设备组态画面，如图 2-96 所示。

3）如图 2-97 所示，单击“设备与网络”→“添加新设备”，再在“添加新设备”对话框中单击“控制器”，即可选择 PLC 的型号。在设备树状列表中双击选中的 PLC 型号，即可完

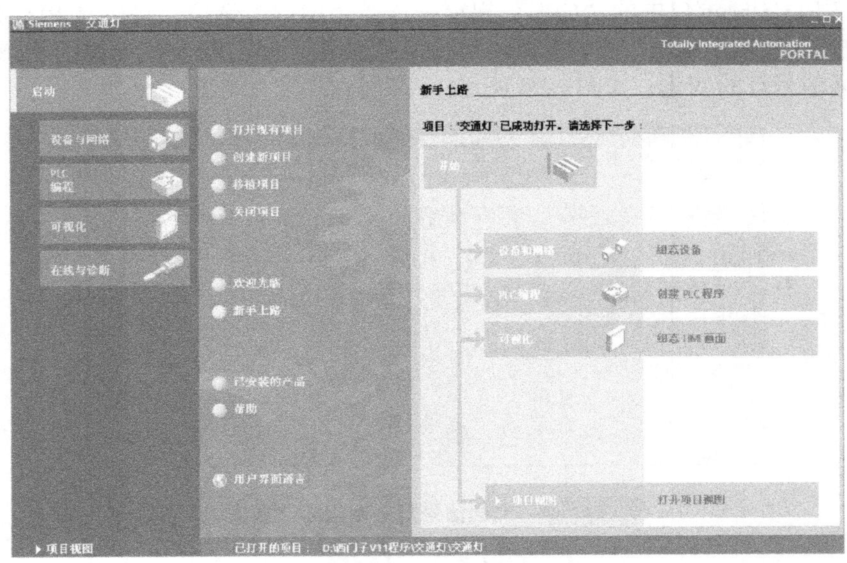

图 2-96　进入设备组态画面

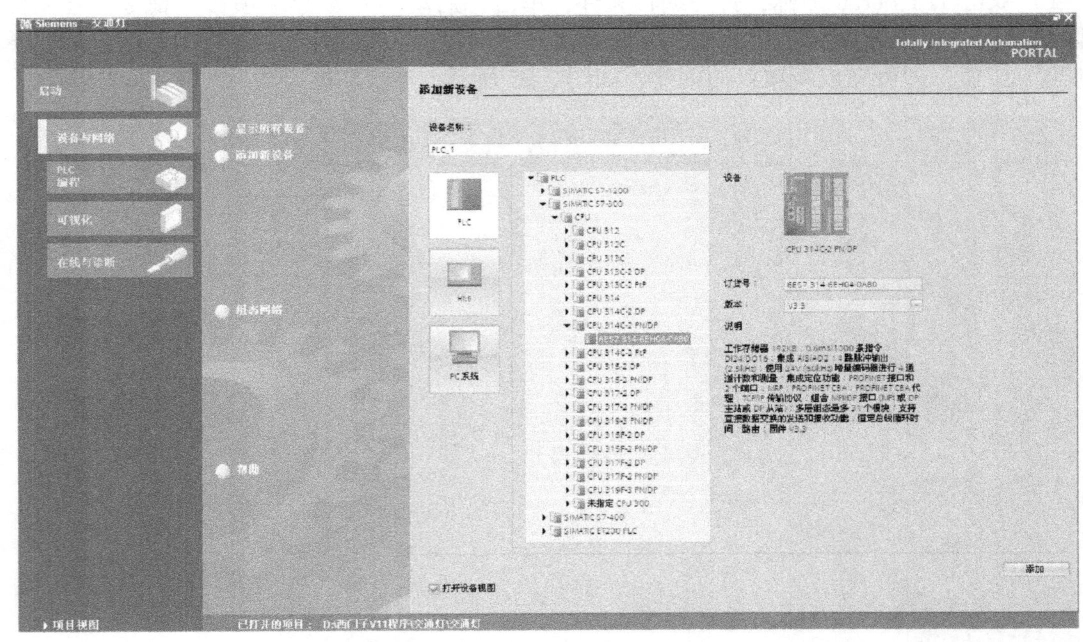

图 2-97　PLC 类型的选择

成 PLC 的添加。

4）PLC 添加后，即进入了整个新项目的总视图，在该界面，可以继续完成 PLC 的硬件组态，如图 2-98 所示。其操作方法与 STEP7 V5. x 软件类似。

5）将图 2-98 中的“设备概览”选项卡展开，可以直接完成输入输出地址的修改，如图 2-99 所示。

6）如图 2-100 所示，选中 PLC 项目，单击“保存项目”按钮，再单击“编译”按钮，即可完成项目硬件组态的编译。

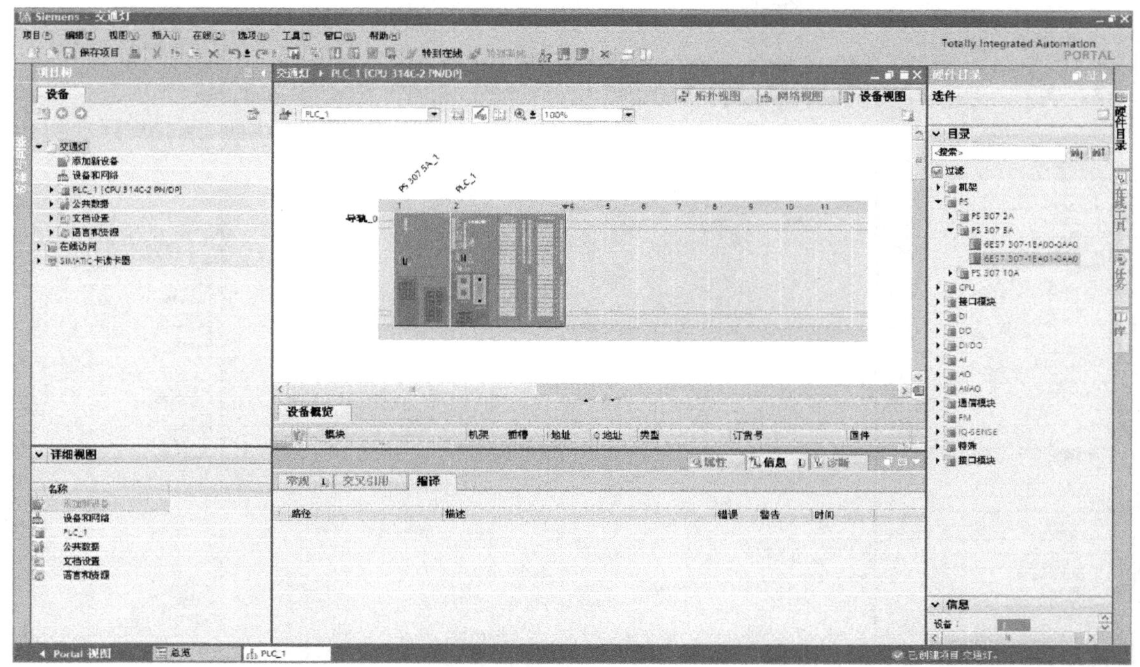

图 2-98　硬件组态画面

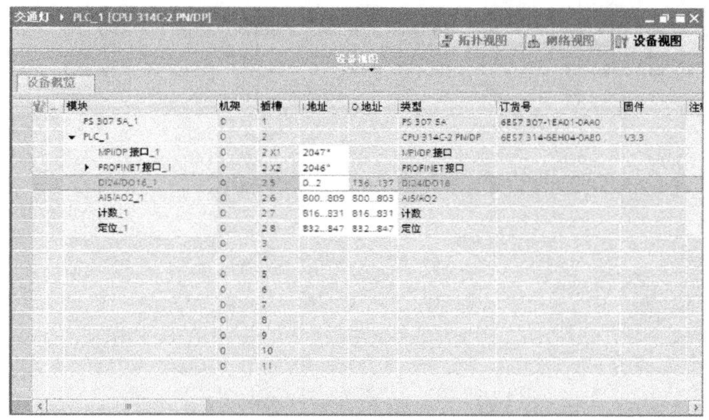

图 2-99　输入输出地址的修改

7）如图 2-101 所示，进入下载界面。下载前应根据 PLC 的传输线类型，选择合适的“PG/PC 接口的类型”，通过网络的自动搜索，找到正确的对象，才能单击“下载”按钮进行下载。若组态的硬件设备网络地址与实际设备的地址不同，则需在首次搜索后，选择“显示所有可访问设备”，再次搜索设备，直至选中正确的设备后才能下载。

8）打开“PLC 变量”，双击“显示所有变量”，弹出变量编辑对话框，根据表 2-10 编辑输入输出变量表，如图 2-102 所示。

9）插入 GRAPH 功能块。如图 2-103 所示，选择“设备”视窗中的“程序块”，双击“添加新块”，弹出“添加新块”对话框，输入“名称”为“FB1”，选中“函数块（FB）”选项卡，选择语言为“GRAPH”。按“确定”按钮后，即进入 GRAPH 程序编程界面。

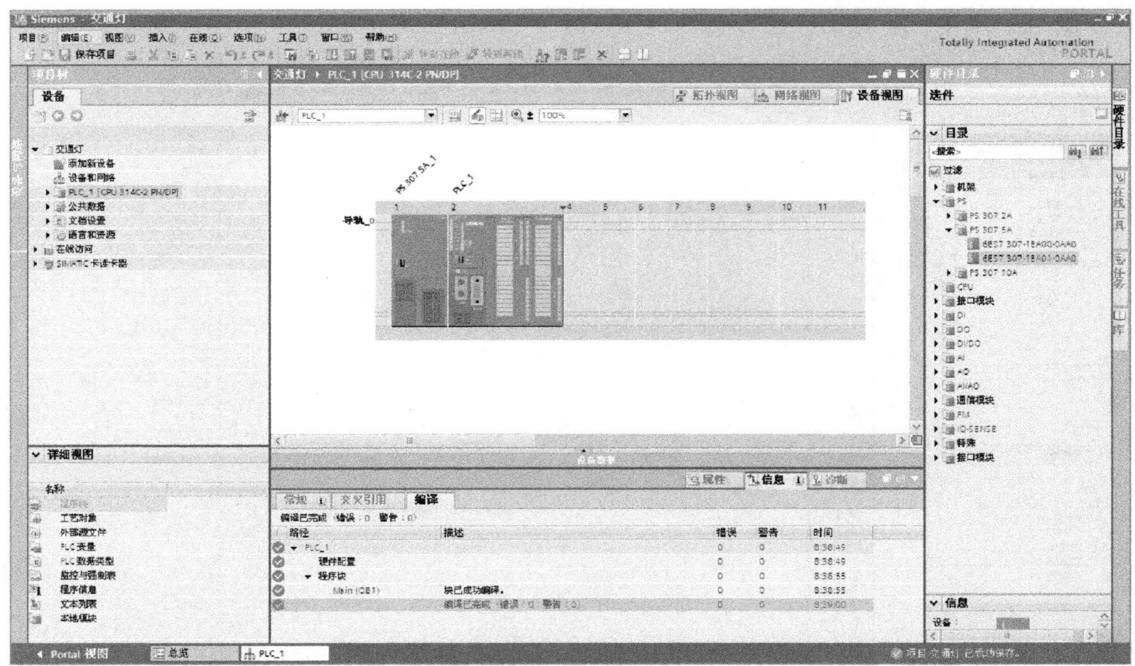

图 2-100　硬件组态的编译

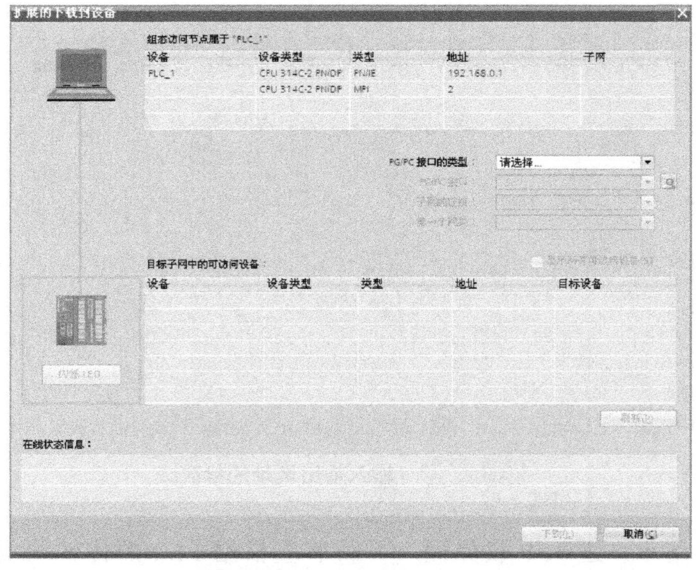

图 2-101　硬件组态的下载

10）编辑 GRAPH 功能块。

① 规划顺序功能图，如图 2-104 所示。

② 参照任务 1、任务 2 按要求编辑顺序功能图，程序编写的操作方法与 STEP 7 V5. x 软件类似。

11）在“OB1”块中调用 S7 Graph 功能块。在“设备”→“程序块”中双击打开“Main（OB1）”，添加“空白功能块”，将块名称改为“FB1”，并自动生成背景数据块“DB1”。在

“INIT_ SQ”端口上输入“%I0.0”，如图2-105所示，也就是起动开关激活顺序控制器的初始步S1。单击“保存项目”→“编译”。

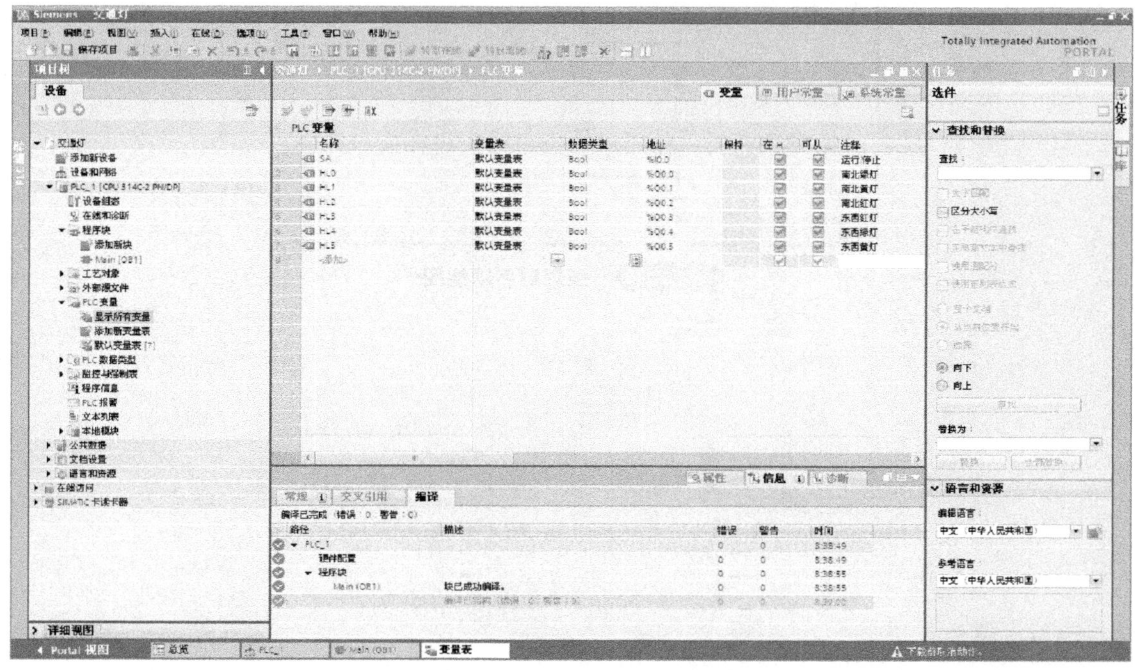

图2-102 编辑输入输出变量表

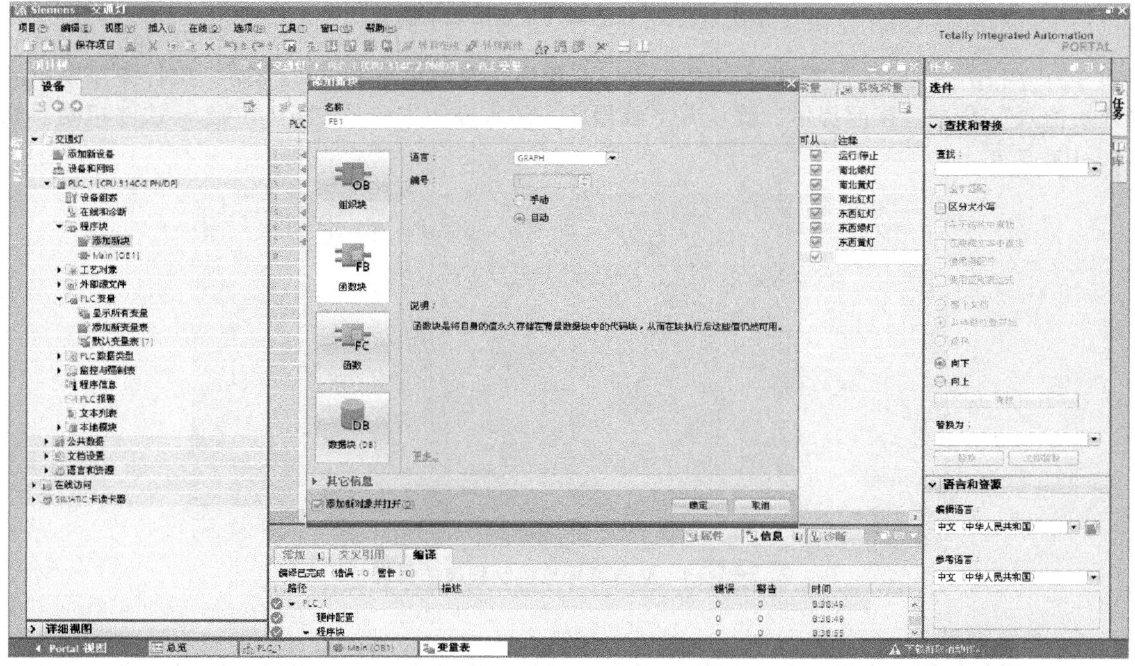

图2-103 进入编程界面

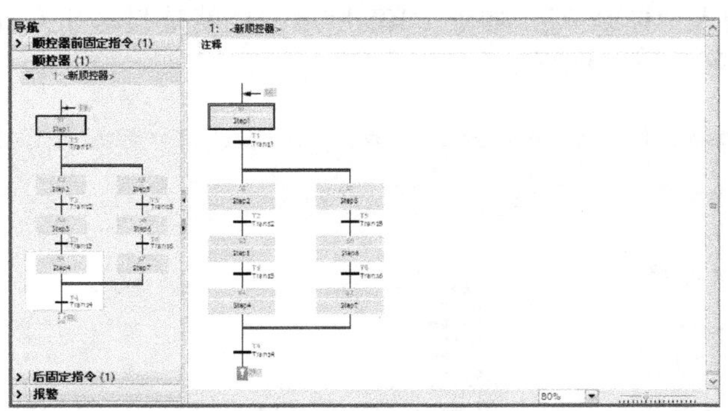

图 2-104 规划顺序功能图

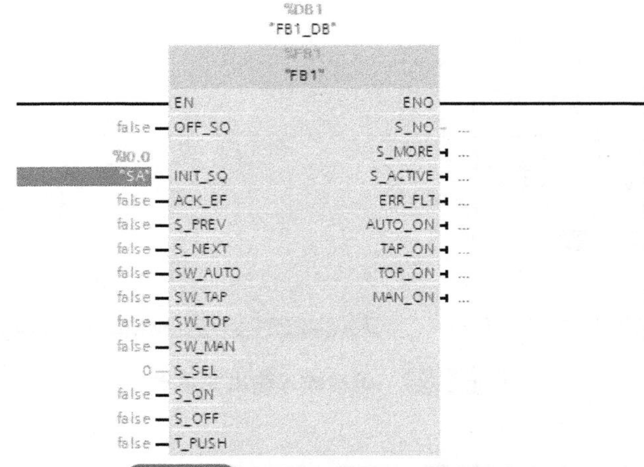

图 2-105 设置顺序控制器起动控制

12）用 S7-PLCSIM 仿真软件调试 S7 Graph 程序。右键单击 PLC 工作站，执行快捷菜单的“开始仿真”命令。按照提示，确认并下载程序。仿真操作方法与 STEP 7 V5. x 软件相同，如图 2-106 所示。

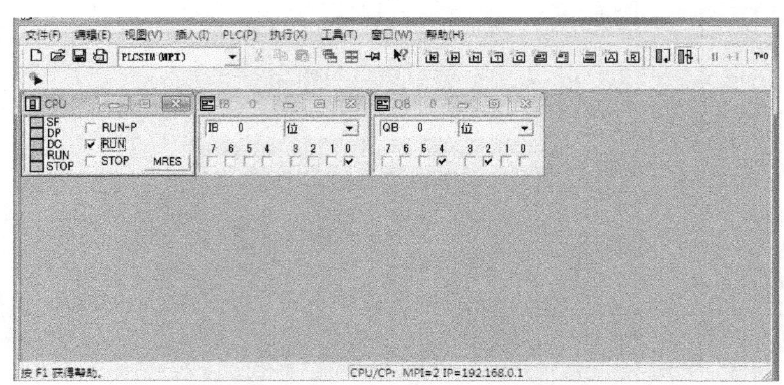

图 2-106 交通信号灯控制程序仿真调试

6. 系统调试

（1）通信设置　参照项目 1 中的“任务 1 三相交流异步电动机正反转控制”进行相应通信设置，完成本任务程序下载。

（2）系统调试

1）在教师现场监护下，检查各元器件接线正确无误后进行通电调试，验证系统功能是否符合控制要求。

2）如果出现故障，学生应独立检修。线路检修完毕和控制程序修改完毕应重新调试，直至系统正常工作。

六、检查评议

考核时采用两人一组共同协作完成的方式，按表1-6的标准进行评分，此分数作为成绩的60%，并分别对两位学生进行提问，学生答复的得分作为成绩的40%。

七、问题及防治

问题1：线路安装完成后，把开关打到运行不工作。

预防方法：电源接线发生松动，重新接好线后运行正常。

问题2：用S7-PLCSIM仿真软件调试S7 Graph程序，运行后没有输出。

预防方法：下载过程中出现错误，重新下载再进行仿真，问题解决。

八、扩展知识

用PLC控制按钮式人行道交通信号灯。在道路交通管理上有许多按钮式人行道交通信号灯，如图2-107所示，在正常情况下，汽车通行，即主干道方向HL1和HL6绿灯亮，人行道方向HL8和HL9红灯亮；当行人想过马路时，可按下按钮SB1或SB2，此时主干道交通灯绿灯亮5s—绿灯闪烁3s—黄灯亮3s—红灯亮20s，当主干道红灯亮时，人行道从红灯亮转为绿灯亮，15s后，人行道绿灯开始闪烁，闪烁5s后转入主干道绿灯亮，人行横道红灯亮。

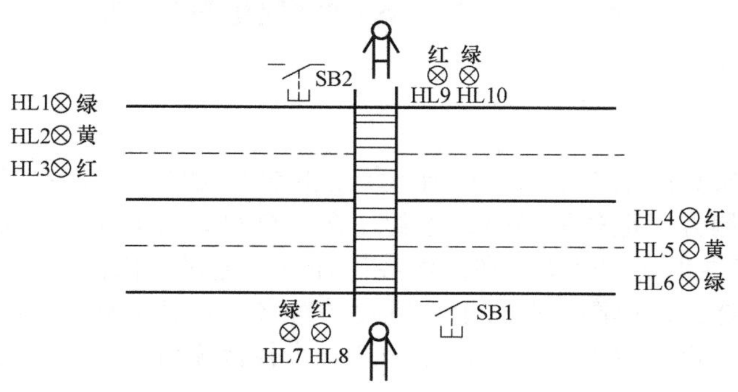

图2-107 按钮式人行道交通信号灯示意图

复习思考题

1. 顺序功能图的5个基本元素是什么？

2. 根据控制要求，画出主电路及PLC控制电路，写出I/O端口分配表并画出顺序功能图，根据顺序功能图编写PLC控制程序。控制要求：按下起动按钮，3s后电动机1开始运行，5s后电动机2运行，4s后电动机3运行。运行中按下停止按钮，三个电动机全部停止。

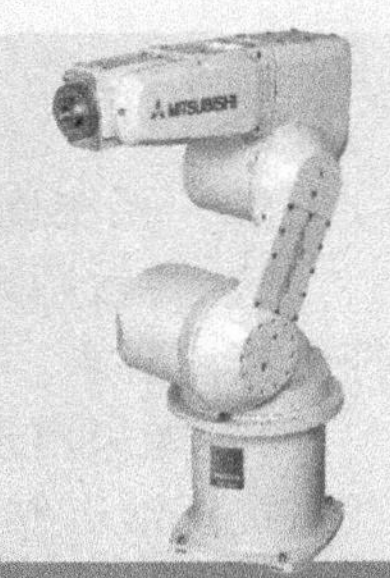

项目3

可编程序控制器在典型控制中的应用

PLC 实际上就是一台工业控制计算机，PLC 控制系统也能够具有一切计算机控制系统的功能，因此为使 PLC 具有更强大的控制功能，从 20 世纪 80 年代开始，各 PLC 制造商就逐步在 PLC 的指令系统中加入一些功能指令，又称为应用指令或高级指令。这些功能指令实际上就是生产商开发的一个个具有特定功能的子程序，以供用户调用。

随着芯片技术的发展，PLC 的运算速度和存储量不断增加，其功能指令也越来越丰富和强大，许多工程技术人员梦寐以求的控制功能，可通过功能指令极易实现，极大地扩展了 PLC 的应用范围，提高了其使用价值。

正是 PLC 的功能指令在程序设计时具有上述无可替代的功能，所以编程人员只有熟练掌握功能指令，才能使程序设计更加得心应手。本项目通过几个经典的控制任务详细介绍了西门子 PLC 几种常用功能指令的应用方法。

任务1　全自动洗衣机的控制

一、任务描述

全自动洗衣机是常见的家用电器，目前市场上的全自动洗衣机产品类型丰富、技术成熟、功能完善，采用的控制方式也多种多样。尽管现在的全自动洗衣机很少采用 PLC 控制，但其对于 PLC 控制技术来讲仍是一个十分典型的控制任务，通过对该任务的实现，对 PLC 指令的综合应用及系统设计能力的提高，有着十分重要的意义。本任务将通过西门子 PLC 的比较指令编程实现全自动洗衣机的控制要求，介绍 PLC 综合控制系统的设计方法。

二、系统概述

主要知识点：

1）西门子 S7-300 型 PLC 的定时器、计数器指令的综合应用方法。

2）西门子 PLC 比较指令的基本格式与使用方法。

如图 3-1 所示，全自动洗衣机的洗衣桶（外桶）和脱水桶（内桶）是以同一中心安放的。外桶固定，用于盛水。内桶可以旋转，用于脱水（甩干）。内桶的四周有很多小孔，使内、外桶的水流相通。该洗衣机的进水和排水分别由进水阀和排水阀来控制。进水时，通过电控系统使进水阀打开，经进水管将水注入外桶；排水时，通过电控系统使排水阀打开，将水由外桶排到机外。洗涤正转、反转由洗涤电动机驱动波轮正、反转来实现，此时脱水桶并不旋转；脱水时，通过电控系统将离合器合上，由洗涤电动机带动内桶正转进行甩干。高、低水位开关分别用来检测高、低水位，起动按钮用来起动洗衣机工作，停止按钮则用来实现手动停止进水、排水、脱水及报警。

三、控制要求

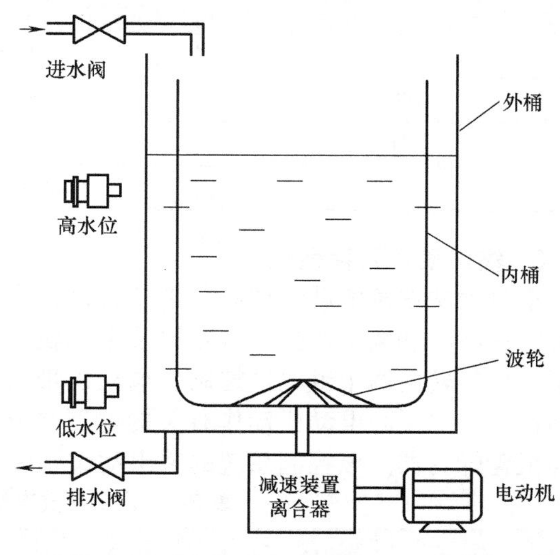

图 3-1 全自动洗衣机结构示意图

接通电源，系统处于初始状态，做好起动前的准备工作。

1）按下起动按钮，系统开始进水，当水满（即水位到达高水位）时停止进水并开始正转洗涤。

2）正转洗涤 15s 后暂停，暂停 3s 后开始反转洗涤，反转洗涤 15s 后暂停。

3）暂停 3s 后，若正、反转洗涤未满 3 次，则返回正转洗涤开始的动作；若正、反转洗涤次数达到 3 次，则开始排水。

4）水位下降到低水位时开始脱水并继续排水，脱水 10s 即完成从进水到排水的一个大循环过程。

5）若未完成 3 次大循环，则返回从进水开始的全部动作，进行下一次大循环；若完成了 3 次大循环，则进行洗完报警。

6）报警器采用蜂鸣器按间隔 1s 发出声音的方式报警，报警 10s 后结束全部过程，自动停机。

7）若在洗衣机正、反转洗涤循环运行时按下停止按钮，则实现立刻停止进水（当正在进水时）和洗涤动作，并自动排水、脱水及报警；若按下停止按钮时正处于排水、脱水状态，则继续执行当前动作，动作完成后不再循环并报警。

四、任务分析

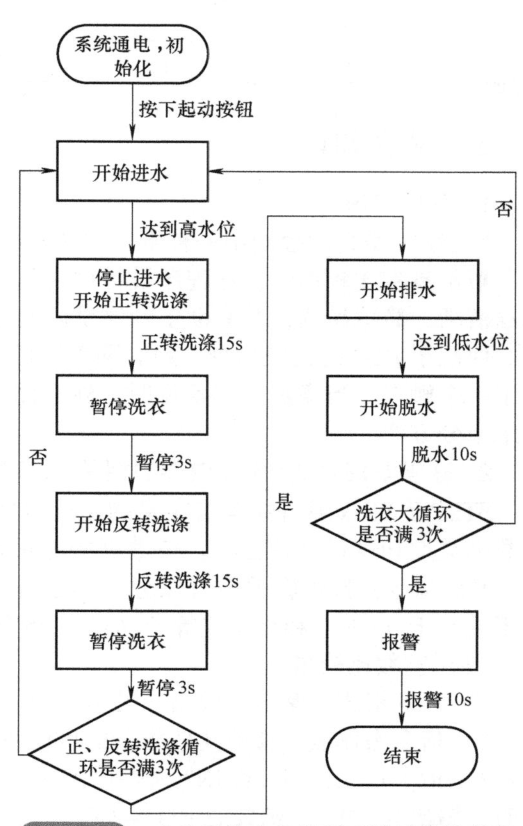

图 3-2 全自动洗衣机控制系统动作流程图

1. 系统动作流程图

根据全自动洗衣机的控制要求，可以绘制出该系统的动作流程图，如图 3-2 所示。

由系统动作流程图可以看出，该控制任务是一个典型的顺序控制，其中包含了正、反转洗涤循环和整个动作的大循环两个循环，编写实现两个循环的控制程序是整个控制程序设计的关键。

本任务将不采用步进指令编写程序的常规设计思想，而采用另一种较为简单的实现顺序控制的方法，并通过比较指令来进行是否应进入下一循环的判断。

2. 输入动作元件列表

在全自动洗衣机中起控制作用的输入元件主要是起停按钮和高低水位开关，见表 3-1。

表 3-1　全自动洗衣机控制系统输入元件

元件代号	元件名称	用　途
SB1	起动按钮	系统起动
SB2	停止按钮	系统停止
B1	高水位传感器	高水位感应
B2	低水位传感器	低水位感应

3. 输出动作元件列表

全自动洗衣机的动作核心是带动波轮旋转与脱水桶旋转的电动机。为简化系统设计过程，在此不关注驱动电动机的主电路以及电动机的减速与离合装置，因此可以认为电动机驱动波轮正、反旋转由两个继电器控制，电动机带动脱水桶高速旋转则由正转继电器与电磁离合器共同作用。除了与电动机动作有关的电器之外，洗衣机系统的输出元件还包括进水阀、排水阀与报警蜂鸣器。该控制系统的输出动作元件见表 3-2。

表 3-2　全自动洗衣机控制系统的输出元件

元件代号	元件名称	用　途
KA1	正转继电器	电动机正转
KA2	反转继电器	电动机反转
YC	电磁离合器线圈	脱水桶旋转
YV1	进水阀	进水
YV2	排水阀	排水
HA	蜂鸣器	报警

五、相关知识

1. 基础知识

“比较”是自动控制中一种常用的功能，特别是在闭环控制系统中更不可缺少，因此 PLC 中一般都具有比较指令，在程序设计中应用也十分广泛。灵活运用比较指令可以使程序设计思路清晰、简单易读，并有助于程序设计能力的提高。

西门子 PLC 的比较指令一般有两个操作数 IN1 和 IN2，其数据长度必须一致，指令本身相当于一个触点，当满足指定条件时，触点闭合，否则触点断开，无须使能端触发，所以应用起来十分方便。

2. 基于 STEP 7 V5. x 软件的相关 PLC 指令

STEP 7 V5. x 软件中具有丰富的比较指令，可以满足用户的各种需要。比较指令可按比较的数据类型和逻辑关系分类。按数据类型可分为整数比较（I）、双整数比较（D）和实数比较（R）指令；按逻辑关系可以分为等于（EQ）、不等于（NQ）、大于（GT）、小于（LT）、大于或等于（GE）和小于或等于（LE）指令。

（1）整数比较指令

1）指令格式：整数比较指令的格式与类型见表 3-3。

2）指令操作数：整数比较指令的操作数见表 3-4。

3）指令功能：IN1 和 IN2 为整数，数据长度为 1 个字，当所比较的整数数据满足逻辑关系时，输出为“1”（函数的 RLO=1）。

（2）双整数比较指令

1）指令格式：双整数比较指令的格式与类型见表 3-5。

表 3-3 整数比较指令的格式与类型

格式＼类型	等于	不等于	大于	小于	大于或等于	小于或等于
助记符	EQ_I	NQ_I	GT_I	LT_I	GE_I	LE_I
符号	CMP ==I IN1 IN2	CMP <>I IN1 IN2	CMP >I IN1 IN2	CMP <I IN1 IN2	CMP >=I IN1 IN2	CMP <=I IN1 IN2

表 3-4 整数比较指令的操作数

参数	存储区	数据类型
方块图输入	I、Q、M、L、D	BOOL
方块图输出	I、Q、M、L、D	BOOL
IN1	I、Q、M、L、D 或常数	整数
IN2	I、Q、M、L、D 或常数	整数

表 3-5 双整数比较指令的格式与类型

格式＼类型	等于	不等于	大于	小于	大于或等于	小于或等于
助记符	EQ_D	NQ_D	GT_D	LT_D	GE_D	LE_D
符号	CMP ==D IN1 IN2	CMP <>D IN1 IN2	CMP >D IN1 IN2	CMP <D IN1 IN2	CMP >=D IN1 IN2	CMP <=D IN1 IN2

2）指令操作数：双整数比较指令的操作数见表 3-6。

表 3-6 双整数比较指令的操作数

参数	存储区	数据类型
方块图输入	I、Q、M、L、D	BOOL
方块图输出	I、Q、M、L、D	BOOL
IN1	ID、QD、MD、L、D 或常数	双整数
IN2	I、Q、M、L、D 或常数	双整数

3）指令功能：IN1 和 IN2 为双整数，数据长度为双字，当所比较的整数数据满足逻辑关系时，输出为“1”（函数的 RLO=1）。

（3）实数比较指令

1）指令格式：实数比较指令的格式与类型见表 3-7。

2）指令操作数：实数比较指令的操作数见表 3-8。

3）指令功能：IN1 和 IN2 为实数，数据长度为双字，当所比较的整数数据满足逻辑关系时，输出为“1”（函数的 RLO=1）。

表 3-7　实数比较指令的格式与类型

格式＼类型	等于	不等于	大于	小于	大于或等于	小于或等于
助记符	EQ_R	NQ_R	GT_R	LT_R	GE_R	LE_R
符号	CMP ==R IN1 IN2	CMP <>R IN1 IN2	CMP >R IN1 IN2	CMP <R IN1 IN2	CMP >=R IN1 IN2	CMP <=R IN1 IN2

表 3-8　实数比较指令的操作数

参数	存储区	数据类型
方块图输入	I、Q、M、L、D	BOOL
方块图输出	I、Q、M、L、D	BOOL
IN1	I、Q、M、L、D 或常数	实数
IN2	I、Q、M、L、D 或常数	实数

注意：如果以串联方式使用比较框，则使用“与”运算将其链接至下级程序的 RLO 上；如果以并联方式使用比较框，则使用“或”运算将其链接至下级程序的 RLO 上。即比较框可以串联或并联使用。

3. 基于 TIA Portal V1x 软件的相关 PLC 指令

TIA Portal V1x 软件和 STEP 7 V5. x 软件的比较指令虽然指令格式不同，但其用法和功能大同小异。

TIA Portal V1x 软件的比较指令有两种分类法，按数据格式分类，可分为 Int 整数，数据长度为 16bit（即 2 个字节）；DInt 双整数，数据长度为 32bit；Real 实数（也叫作浮点数），数据长度为 32bit；Byte 字节，数据长度为 8bit；Word 字，数据长度为 16bit；DWord 字，数据长度为 32bit；Time IEC 时间（国际电工委员会时间），格式：T#aaD_ bbH_ ccM_ ddS_ eeeMS，其中 aa=天数，bb=小时数，cc=分钟，dd=秒，eee=毫秒，数据长度为 32bit，时基为固定值 1ms。按逻辑关系分类，可分为等于（==）、不等于（< >）、大于或等于（>=）、小于或等于（<=）、大于（>）和小于（<）。

（1）CMP==指令

1）指令格式：CMP==指令的格式与数据类型见表 3-9。

表 3-9　CMP==指令的格式与数据类型

格式＼数据类型	整数	双整数	实数	字节	字	双字	TIME
LAD	<???> == Int <???>	<???> == DInt <???>	<???> == Real <???>	<???> == Byte <???>	<???> == Word <???>	<???> == DWord <???>	<???> == Time <???>
STL	==I	==D	==R	—	—	—	—

2）指令操作数：CMP==指令的操作数见表 3-10。

表 3-10 CMP==指令的操作数

参数	存储区	数据类型	说明
IN1	I、Q、M、D、L 或常数	位字符串、整数、浮点数	要比较的第一个值
IN2	I、Q、M、D、L 或常数	位字符串、整数、浮点数	要比较的第二个值

3）指令功能：使用“等于”指令确定第一个比较值（IN1<操作数 1>）是否等于第二个比较值（IN2<操作数 2>）。如果满足比较条件，则指令的逻辑运算结果（RLO）为“1”。如果不满足比较条件，则指令返回 RLO“0”。该指令的 RLO 通过以下运算连接到当前整条路径的 RLO 上：当运用串联比较指令时，采用“与”运算；当运用并联比较指令时，采用“或”运算。指定指令上方操作数占位符中的第一个比较值（<操作数 1>），指定指令下方操作数占位符中的第二个比较值（<操作数 2>）。

注意：

① 字节比较指令不支持带符号操作，即 IN1、IN2 的取值范围为十进制的 0～255（16#FF）。

② 整数比较指令用于 IN1 和 IN2 两个整数之间的比较，由于整数有正整数和负整数之分，所以整数比较指令支持带符号操作，取值范围可以是十进制的-32768～+32767（16#8000～16#7FFF）。

③ 双整数比较指令的功能和整数比较指令的功能基本相同，只是进行比较的两个数 IN1 和 IN2 的数据长度为双字，双整数比较指令支持带符号操作，其取值范围为十进制的-2147483648～+2147483647（16#80000000～16#7FFFFFFF）。

④ 实数比较指令的指令功能同整数比较指令，支持带符号操作，其操作数长度为双字，正数的取值范围为十进制的$+1.175495\times10^{-38}$～$+3.402823\times10^{38}$，负数的取值范围为-1.175495×10^{-38}～-3.402823×10^{38}。

（2）CMP< >指令

1）指令格式：CMP<>指令的格式与数据类型见表 3-11。

表 3-11 CMP< >指令的格式与数据类型

格式 \ 数据类型	整数	双整数	实数	字节	字	双字	TIME
LAD	<???> <> Int <???>	<???> <> DInt <???>	<???> <> Real <???>	<???> <> Byte <???>	<???> <> Word <???>	<???> <> DWord <???>	<???> <> Time <???>
STL	< >I	< >D	< >R	—	—	—	—

2）指令操作数：CMP<>指令的操作数见表 3-12。

表 3-12 CMP<>指令的操作数

参数	存储区	数据类型	说明
IN1	I、Q、M、D、L 或常数	位字符串、整数、浮点数	要比较的第一个值
IN2	I、Q、M、D、L 或常数	位字符串、整数、浮点数	要比较的第二个值

3）指令功能：可以使用指令“不等于”，查询输入 IN1 的值是否不等于输入 IN2 的值。如果满足比较条件，则指令的逻辑运算结果（RLO）为“1”。如果不满足比较条件，则指令返回 RLO“0”。

（3）CMP>=指令

1）指令格式：CMP>=指令的格式与数据类型见表 3-13。

表 3-13 CMP>=指令的格式与数据类型

数据类型 格式	整数	双整数	实数	TIME
LAD	<???> >= Int <???>	<???> >= DInt <???>	<???> >= Real <???>	<???> >= Time <???>
STL	>=I	>=D	>=R	—

2）指令操作数：CMP>=指令的操作数见表 3-14。

表 3-14 CMP>=指令的操作数

参数	存储区	数据类型	说明
IN1	I、Q、M、D、L 或常数	整数、浮点数	要比较的第一个值
IN2	I、Q、M、D、L 或常数	整数、浮点数	要比较的第二个值

3）指令功能：可以使用指令“大于或等于”，查询输入 IN1 的值是否大于或等于输入 IN2 的值。要比较的两个值必须为相同的数据类型。如果满足比较条件，则指令的逻辑运算结果（RLO）为“1”。如果不满足比较条件，则指令返回 RLO“0”。

（4）CMP<=指令

1）指令格式：CMP<=指令的格式与数据类型见表 3-15。

表 3-15 CMP<=指令的格式与数据类型

数据类型 格式	整数	双整数	实数	TIME
LAD	<???> <= Int <???>	<???> <= DInt <???>	<???> <= Real <???>	<???> <= Time <???>
STL	<=I	<=D	<=R	—

2）指令操作数：CMP<=指令的操作数见表 3-16。

表 3-16 CMP<=指令的操作数

参数	存储区	数据类型	说明
IN1	I、Q、M、D、L 或常数	整数、浮点数	要比较的第一个值
IN2	I、Q、M、D、L 或常数	整数、浮点数	要比较的第二个值

3）指令功能：可以使用指令“小于或等于”，查询输入 IN1 的值是否小于或等于输入 IN2 的值。要比较的两个值必须为相同的数据类型。如果满足比较条件，则指令的逻辑运算结果（RLO）为“1”。如果不满足比较条件，则指令返回 RLO“0”。

（5）CMP>指令

1）指令格式：CMP>指令的格式与数据类型见表 3-17。

表 3-17 CMP>指令的格式与数据类型

格式＼数据类型	整数	双整数	实数	TIME
LAD	<???> ─┤ > Int ├─ <???>	<???> ─┤ > DInt ├─ <???>	<???> ─┤ > Real ├─ <???>	<???> ─┤ > Time ├─ <???>
STL	>I	>D	>R	—

2）指令操作数：CMP>指令的操作数见表 3-18。

表 3-18 CMP>指令的操作数

参数	存储区	数据类型	说明
IN1	I、Q、M、D、L 或常数	整数、浮点数	要比较的第一个值
IN2	I、Q、M、D、L 或常数	整数、浮点数	要比较的第二个值

3）指令功能：可以使用指令“大于”查询输入 IN1 的值是否大于输入 IN2 的值。要比较的两个值必须为相同的数据类型。如果满足比较条件，则指令的逻辑运算结果（RLO）为“1”。如果不满足比较条件，则指令返回 RLO“0”。

（6）CMP<指令

1）指令格式：CMP<指令的格式与数据类型见表 3-19。

表 3-19 CMP<指令的格式与数据类型

格式＼数据类型	整数	双整数	实数	TIME
LAD	<???> ─┤ < Int ├─ <???>	<???> ─┤ < DInt ├─ <???>	<???> ─┤ < Real ├─ <???>	<???> ─┤ < Time ├─ <???>
STL	<I	<D	<R	—

2）指令操作数：CMP<指令的操作数见表 3-20。

表 3-20 CMP<指令的操作数

参数	存储区	数据类型	说明
IN1	I、Q、M、D、L 或常数	整数、浮点数	要比较的第一个值
IN2	I、Q、M、D、L 或常数	整数、浮点数	要比较的第二个值

3）指令功能：可以使用指令“小于”，查询输入 IN1 的值是否小于输入 IN2 的值。要比较的两个值必须为相同的数据类型。如果满足比较条件，则指令的逻辑运算结果（RLO）为“1”。如果不满足比较条件，则指令返回 RLO“0”。

六、任务准备

1）准备工具和器材，见表 3-21。

表 3-21 所需工具和器材

序号	分类	名称	型号规格	数量	单位
1	工具	电工工具		1	套
2	器材	万用表	MF47 型	1	块
3		可编程序控制器	S7-300 CPU314C-2PN/DP	1	只
4		计算机	装有 STEP 7 V5. x 和 TIA Portal V1x 软件	1	台
5		安装铁板	600mm×900mm	1	块
6		导轨	C45	0. 3	m
7		小型剩余电流断路器	DZ47LE-32,4P,C3A	1	只
8		熔断器	RT28-3	1	只
9		继电器	JZX-22F(D)/4Z/DC 24V	2	只
10		电容式传感器	E2KX8ME1	2	只
11		电磁阀	SY3120-5LZD-M5	2	只
12		蜂鸣器	SFM-27,DC 3～24V	1	只
13		电磁离合器	YZ-E-0. 6	1	只
14		直流开关电源	DC 24V,50W	1	只
15		按钮	LAY5	1	只
16		接线端子	JF5-2. $5mm^2$,5 节一组	20	只
17		铜塑线	BV1/1. $5mm^2$	15	m
18		软线	BVR7/0. $75mm^2$	20	m
19		紧固件	M4×20 螺杆	若干	只
20			M4×12 螺杆	若干	只
21			ϕ4mm 平垫圈	若干	只
22			ϕ4mm 弹簧垫圈及 ϕ4mm 螺母	若干	只
23		号码管		若干	m
24		号码笔		1	支

2）全自动洗衣机系统可按图 3-3 布置元器件并安装接线。

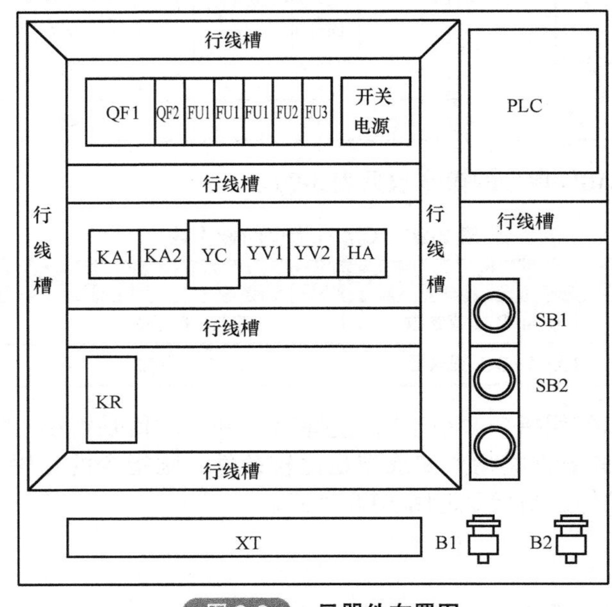

图 3-3 元器件布置图

七、任务实施

首先要进行输入/输出点的分配，主要通过输入/输出分配表或输入/输出接线图来实现。

1. 输入/输出分配

全自动洗衣机系统控制电路的输入/输出分配见表 3-22。

表 3-22 输入/输出分配

输入			输出		
元件代号	输入继电器	作用	元件代号	输出继电器	作用
SB1	I0.0	起动按钮	KA1	Q0.0	正转控制
SB2	I0.1	停止按钮	KA2	Q0.1	反转控制
B1	I0.2	高水位传感器	YC	Q0.2	电磁离合器
B2	I0.3	低水位传感器	YV1	Q0.3	进水阀
			YV2	Q0.4	排水阀
			HA	Q0.5	蜂鸣器

2. 输入/输出接线

用西门子 S7-300 型 PLC 实现全自动洗衣机系统控制电路的输入/输出接线如图 3-4 所示。

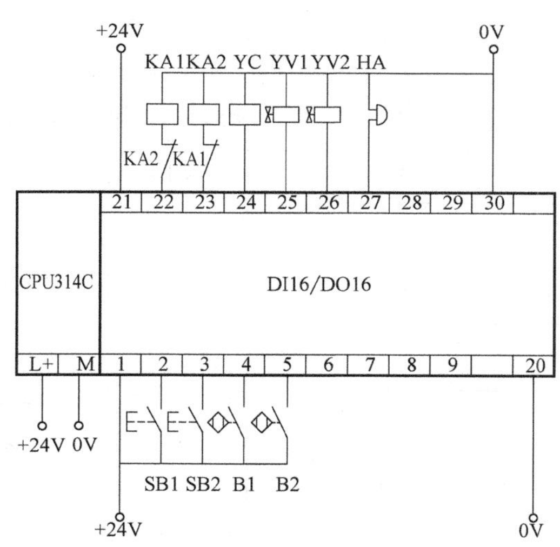

图 3-4 全自动洗衣机 S7-300 型 PLC 输入/输出接线

3. PLC 控制程序设计

根据图 3-2 所示的全自动洗衣机动作流程图，进行该系统的 PLC 控制程序设计。

（1）基于 STEP 7 V5. x 软件的 S7-300 型 PLC 控制程序 S7-300 型 PLC 控制程序的设计思路采用置位和复位指令实现顺序控制，而循环次数通过比较指令实现。其梯形图程序如图 3-5 所示。

（2）基于 TIA Portal V1x 软件的 S7-300 型 PLC 控制程序 基于 TIA Portal V1x 软件的 S7-300 型 PLC 控制程序实现全自动洗衣机控制时，设计思路和设计方法与基于 STEP 7 V5. x 软件的基本相同，只是所用指令的格式不同而已。

1）系统初始化及起动程序。图 3-6 中程序段 1 在程序未起动时，所有状态位（MWO 中各个位）均为 0，此时比较指令为接通状态，此时接通 I0.0 系统才可以起动，M0.0 置位；程序起动后，由于状态标志位不全为 0，比较指令为断开状态，此时即使再次按下起动按钮，系统也不会重新从头执行程序，从而防止了因误操作使程序重复起动而带来的误动作。程序段 2 中 M0.0 为进水状态的标志位，能带动 YV1 的工作，只要到达高水位，B1 动作，即停止进水，M0.0 被复位，同时置位 M0.1，进入正转洗涤状态。

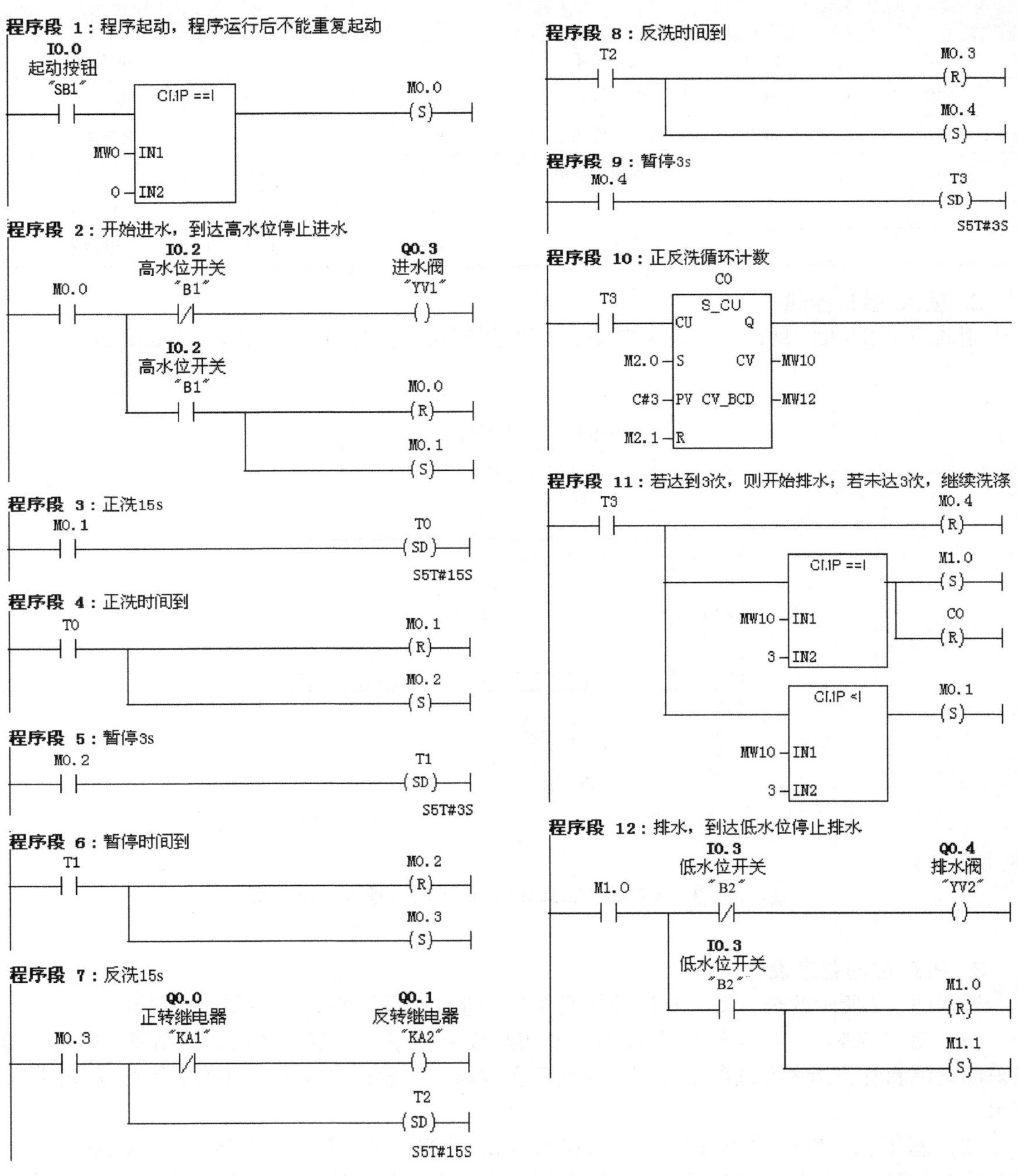

图 3-5 基于 STEP 7 V5. x 软件 S7-300 型 PLC 全自动洗衣机控制程序梯形图

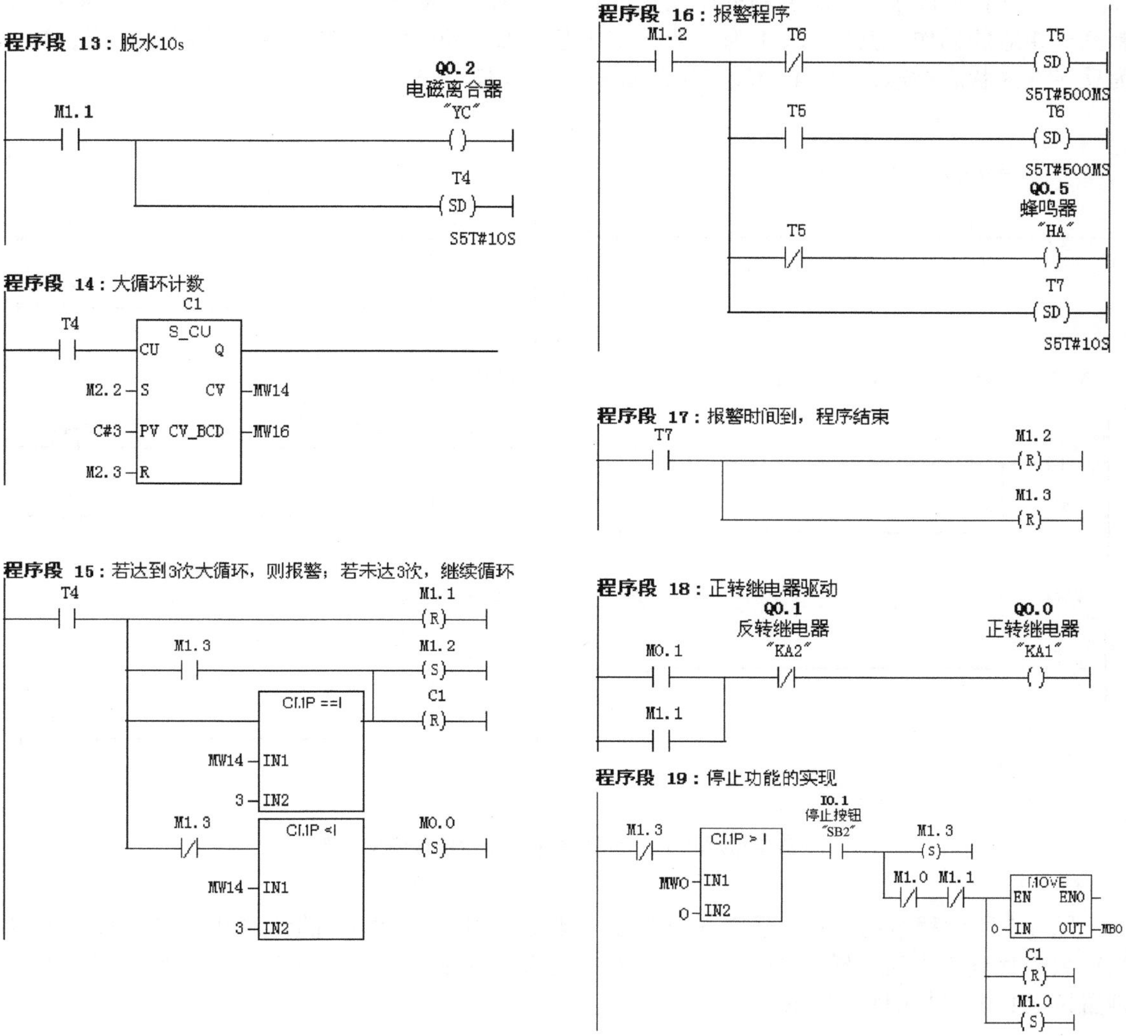

程序段 13：脱水10s

程序段 14：大循环计数

程序段 15：若达到3次大循环，则报警；若未达3次，继续循环

程序段 16：报警程序

程序段 17：报警时间到，程序结束

程序段 18：正转继电器驱动

程序段 19：停止功能的实现

图 3-5 基于 STEP 7 V5. x 软件 S7-300 型 PLC 全自动洗衣机控制程序梯形图（续）

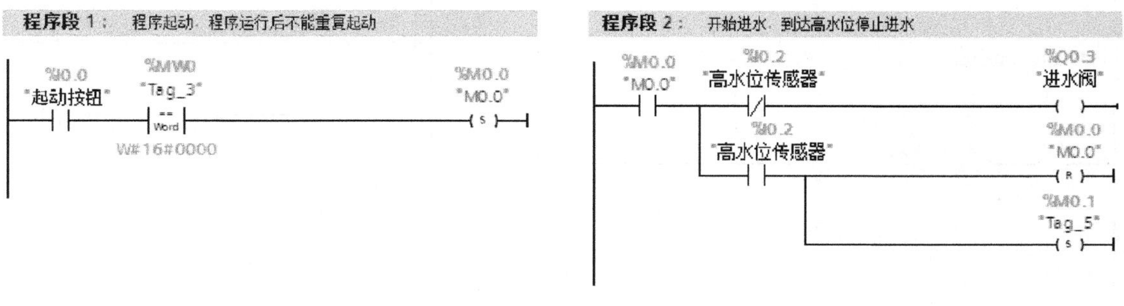

图 3-6 初始化及起动程序梯形图

2）正、反转洗涤程序设计。洗衣机的正转洗涤、正转洗涤暂停、反转洗涤、反转洗涤暂

停这几个动作由图 3-7 所示控制程序完成，M0.1～M0.4 每一个状态标志都对应一个状态，控制完成相应的动作。其中 M0.1 为正转洗涤状态标志，M0.2 为正转洗涤暂停状态标志，M0.3 为反转洗涤状态标志，M0.4 为反转洗涤暂停状态标志。

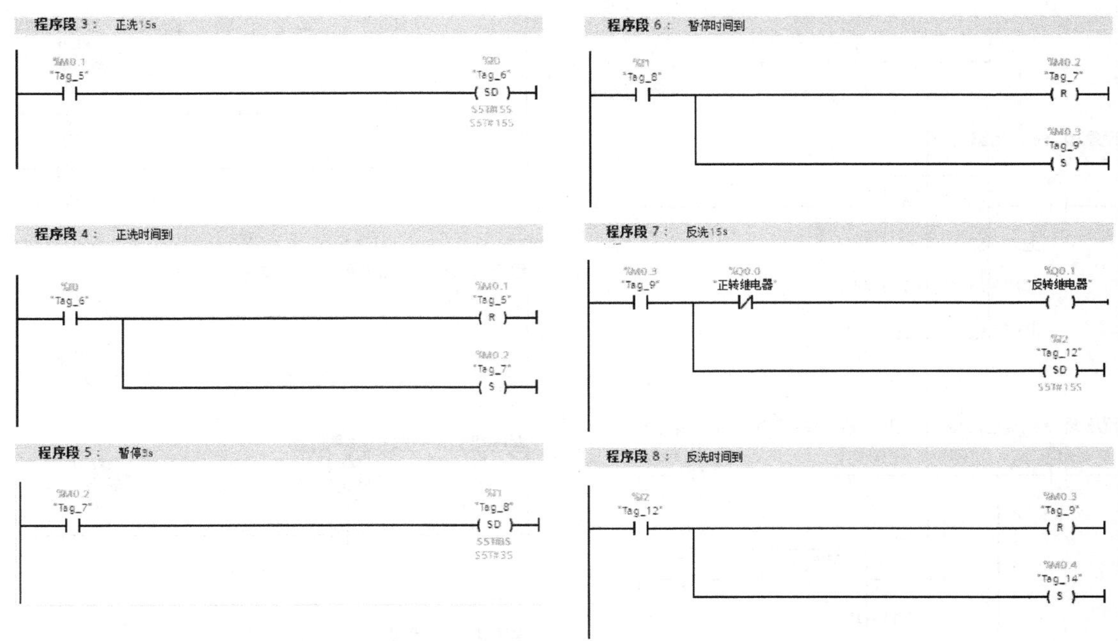

图 3-7 正、反转洗涤及其暂停程序梯形图

图 3-8 所示程序用于正、反转洗涤次数计数及其判断。用 T3 的计时状态作为计数条件，当次数未达到 3 次时，转回 M0.1（正转洗涤状态）继续进行正、反转洗涤；当达到 3 次时，则置位 M1.0，进入排水状态。

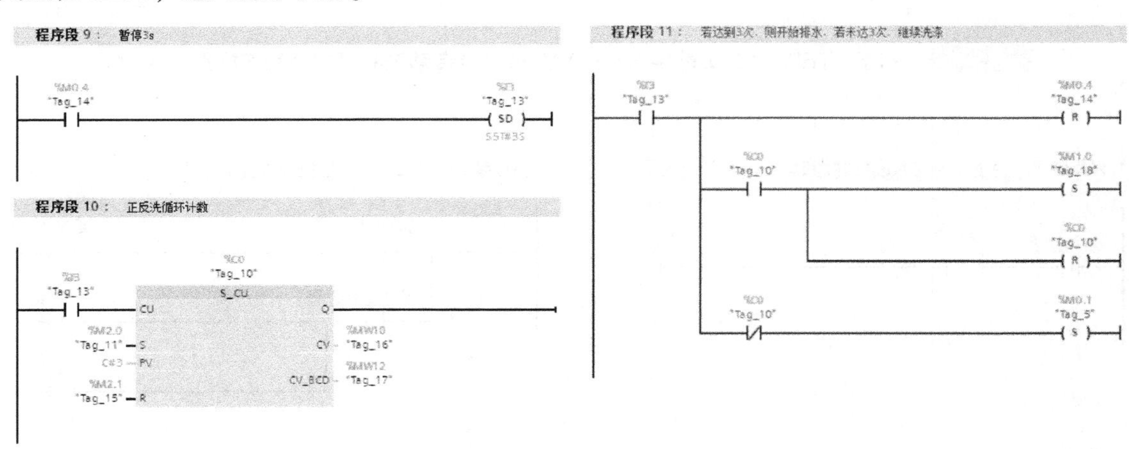

图 3-8 洗涤计数程序梯形图

3）排水与脱水动作程序设计。如图 3-9 所示，M1.0 为 ON 时，系统进入排水状态，直到

水位到达低水位，低水位开关 B2 有信号，则结束排水动作，置位 M1.1，进入脱水状态。

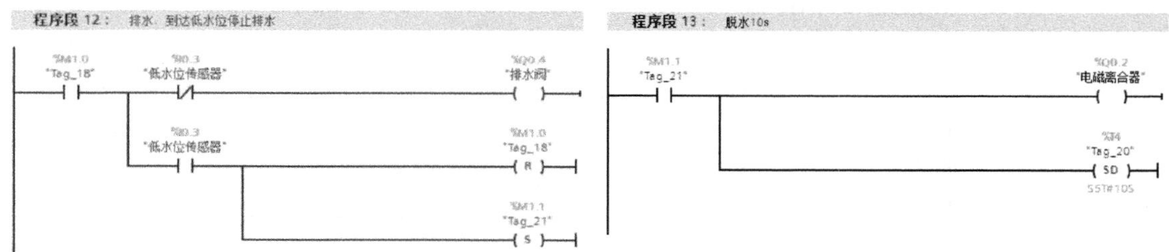

图 3-9 排水与脱水动作程序梯形图

大循环计数与跳转程序梯形图如图 3-10 所示，图中计数器 C1 用于大循环计数，其中以排水动作结束（T4）为计数条件。程序以计数器 C1 是否动作作为判别的条件，若大循环次数未到 3 次，则重新开始新一轮大循环；若已经达到 C1 的大循环设定值，则跳转进入下一流程。另外，程序中 M1.3 为停止按钮的标志位，用于停止后计数器 C1 的复位。

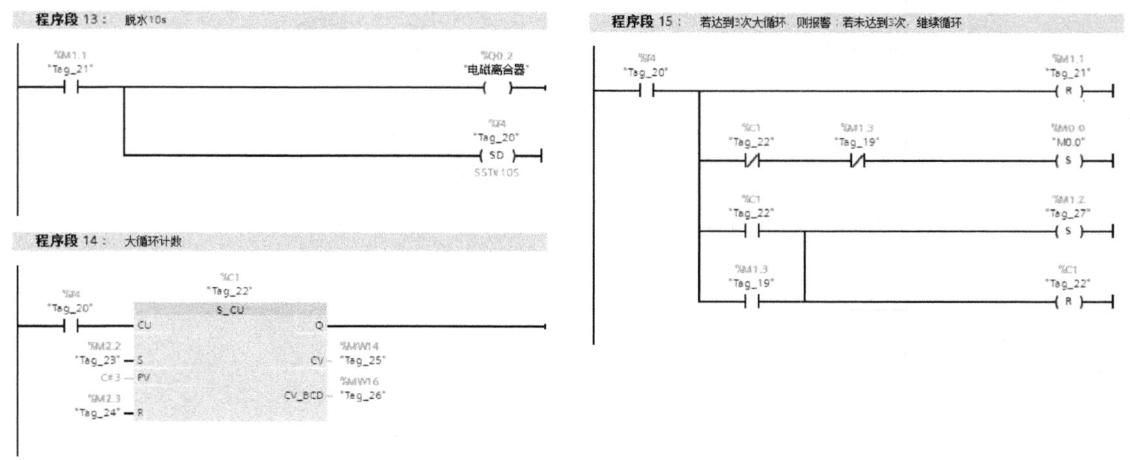

图 3-10 大循环计数与跳转程序梯形图

4）报警及停止程序设计。如图 3-11 所示，程序段 16 和程序段 17 用于控制报警动作，让定时器 T5 自通自断，它的运行周期为 1s，让蜂鸣器 HA 在这 1s 周期的前一半时间内接通，后一半时间内断开，使报警器间隔通断发出报警，10s 后结束。程序段 18 是正转继电器 KA1 的驱动程序，在正转和脱水状态下利用 M0.1 和 M1.1 驱动 KA1 线圈，以避免程序中出现双线圈的错误。

图 3-12 所示为停止功能的实现程序。系统起动后，辅助继电器 M0.0~M0.4 以及 M1.0~M1.2 中至少有一个动作，两个字节比较指令（不等于）的串联组合使得停止按钮只有在系统起动后才起作用。停止按钮动作后，M1.3 置位，即在程序中保留了“等待停止”的状态，M1.3 的触点在程序段 15 中控制程序跳转的走向。当系统运行于洗涤状态时，M1.0~M1.2 均未动作，此时采用数据传输指令把“0”传送给 MB0，因此按下停止按钮，就能立即让洗涤动作停止，并且置位 M1.0，开始进入排水动作的控制程序；而当系统运行于排水、脱水状态时，由于 MB1 的数值不为“0”，所以不影响当前的动作，只是保留了“等待停止”的状态，系统继续排水、脱水等动作。

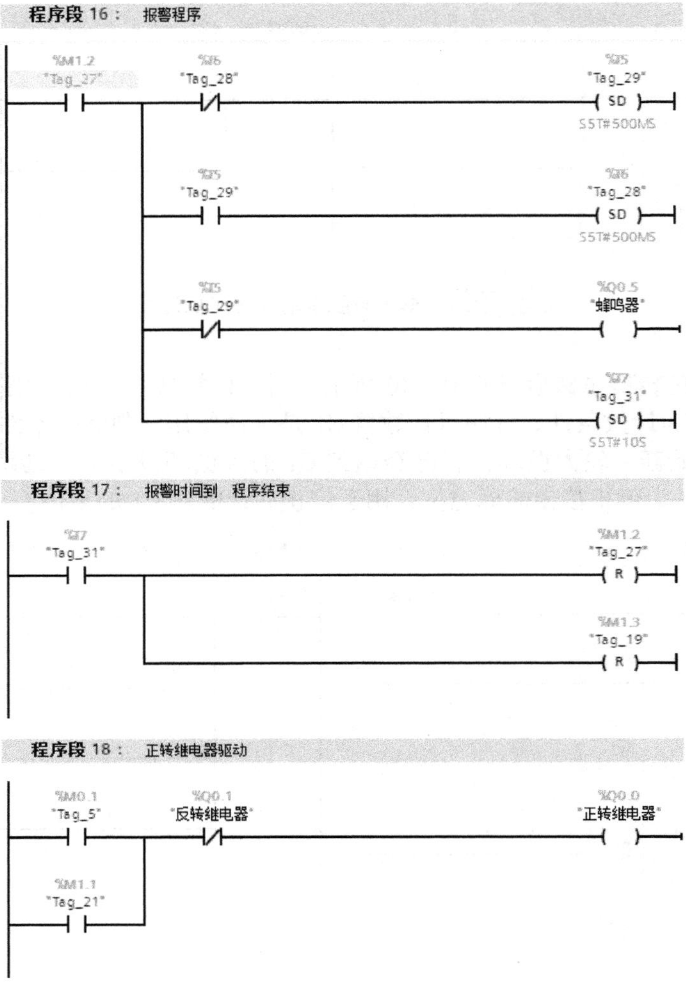

程序段 16： 报警程序
%M1.2
"Tag_27"
%T6
"Tag_28"
%T5
"Tag_29"
SD
S5T#500MS
%T5
"Tag_29"
%T6
"Tag_28"
SD
S5T#500MS
%T5
"Tag_29"
%Q0.5
"蜂鸣器"
%T7
"Tag_31"
SD
S5T#10S
程序段 17： 报警时间到 程序结束
%T7
"Tag_31"
%M1.2
"Tag_27"
R
%M1.3
"Tag_19"
R
程序段 18： 正转继电器驱动
%M0.1
"Tag_5"
%Q0.1
"反转继电器"
%Q0.0
"正转继电器"
%M1.1
"Tag_21"

图 3-11 报警程序梯形图

程序段 19： 停止功能的实现
%M1.3
"Tag_19"
%MW0
"Tag_3"
<>
Word
W#16#0000
%I0.1
"停止按钮"
%M1.3
"Tag_19"
S
%M1.0
"Tag_18"
%M1.1
"Tag_21"
MOVE
EN
ENO
B#16#00
IN
OUT1
%MB0
"Tag_30"
%C1
"Tag_22"
R
%M1.0
"Tag_18"
S

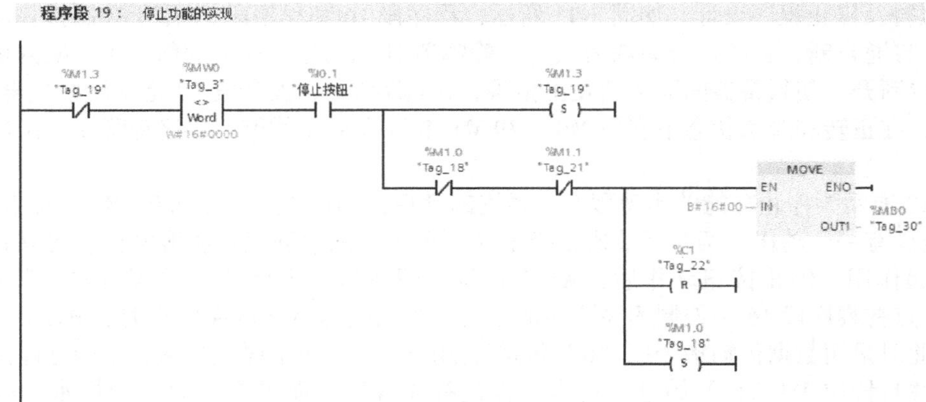

图 3-12 停止功能程序梯形图

4. 基于 STEP 7 V5. x 软件的程序输入

1）比较器指令的输入。按前面的方法将图 3-13 所示程序输入至 S1 常开处，并在指令树下“比较器”中找到所需比较指令，如图 3-13 所示。

2）双击或将其拖至需要输入位置，完成比较指令的输入，如图 3-14 所示。

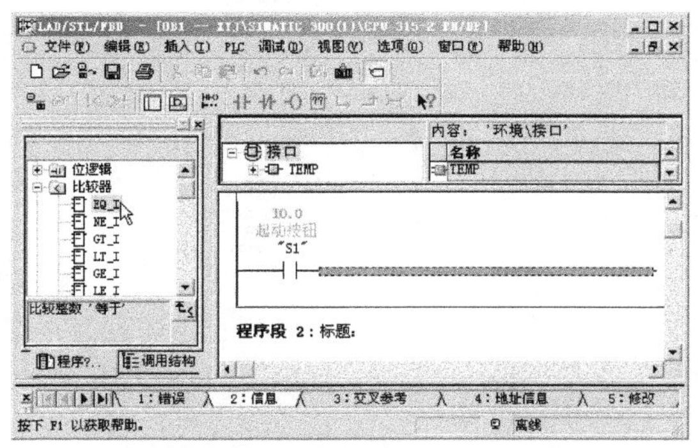

图 3-13　准备输入比较指令

图 3-14　完成比较指令的输入

5. 基于 TIA Portal V1x 软件的程序输入

1）比较器指令的输入。在 TIA Portal V1x 软件右侧“基本指令”→“比较器操作”中找到所需的比较指令，如图 3-15 所示。

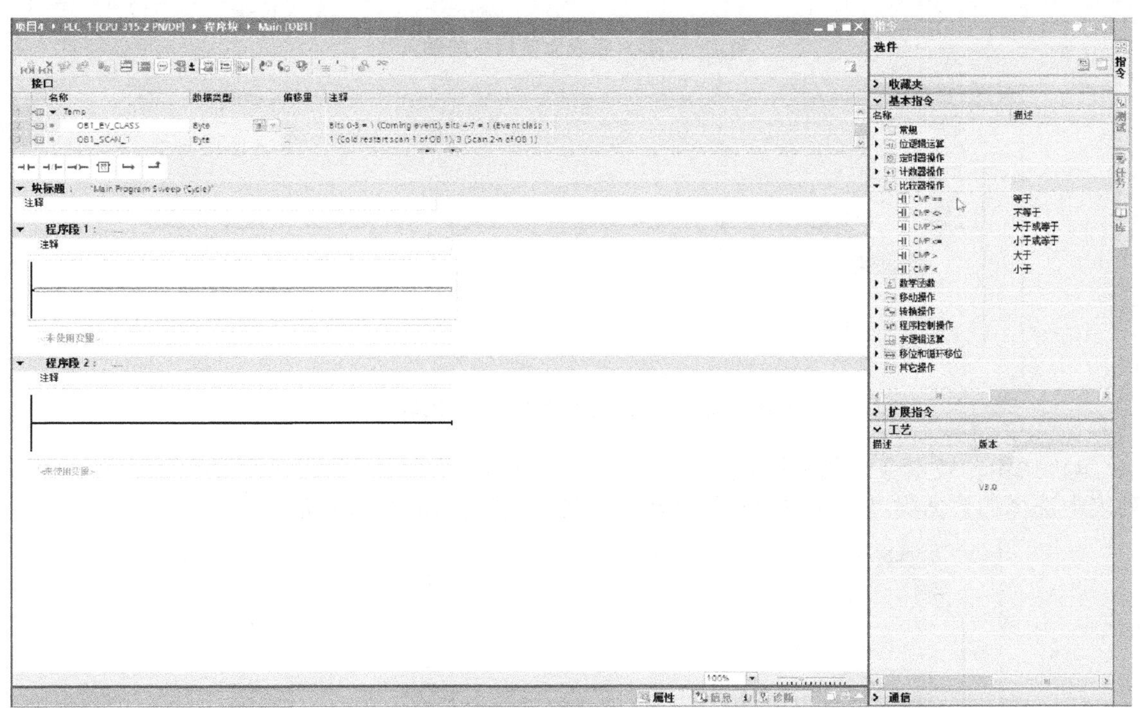

图 3-15　准备输入比较指令

2）选中程序段中的横线，双击比较指令或将其拖至需要输入位置，完成比较指令的输入，如图 3-16 所示。

3）选中比较指令将鼠标指针放置于指令右上角的箭头上，自动出现下拉列表，单击下拉列表中选择的比较类型符号，完成比较指令类型符号的选择，如图 3-17 所示。

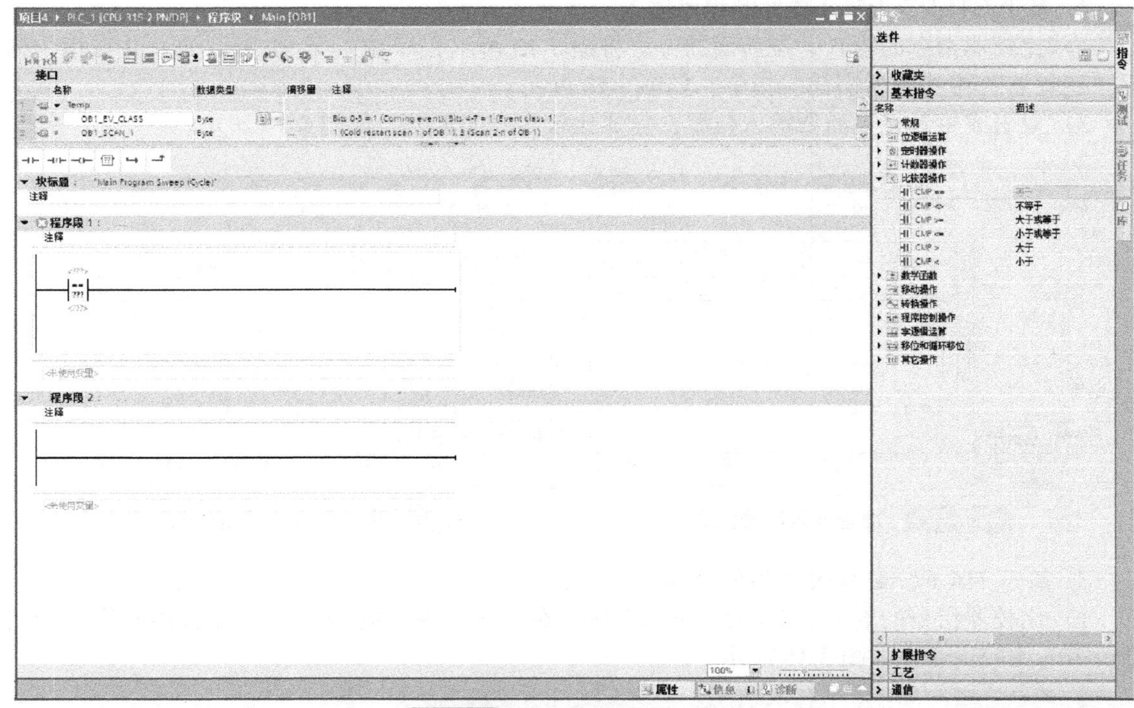

图 3-16　完成比较指令的输入

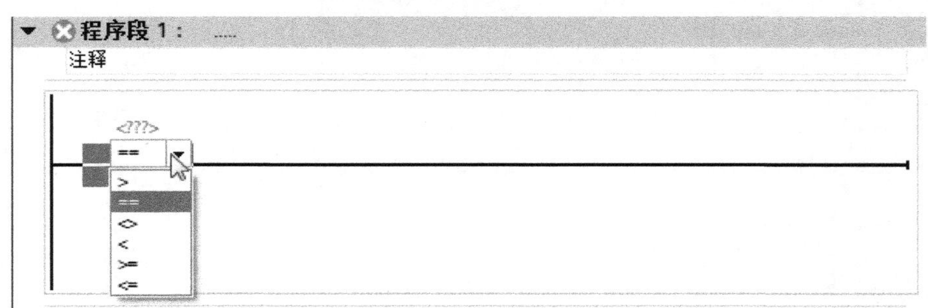

图 3-17　比较指令类型符号的选择

4）选中比较指令将鼠标指针放置于指令右下角的箭头上，自动出现下拉列表，单击下拉列表中选择的数据类型，完成比较指令数据类型的选择，如图 3-18 所示。

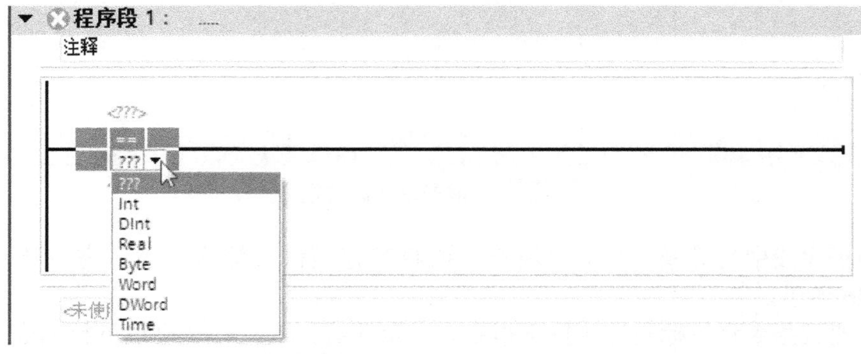

图 3-18　比较指令数据类型的选择

5）在比较指令上下两排问号处输入要比较的两组数据，完成比较指令比较对象的输入，如图3-19所示。一定要注意数据类型相匹配，否则将会出错。

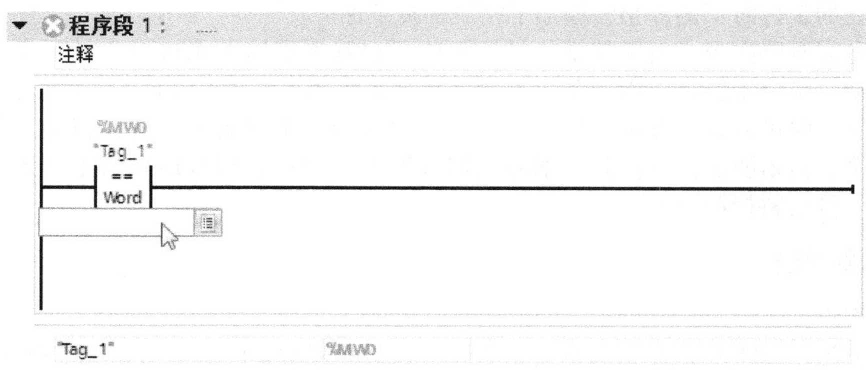

图3-19　比较指令比较对象的输入

6. 系统安装和调试

（1）安装接线　按要求自行完成系统的安装接线，其中液位开关用行程开关模拟，电磁离合器、进水阀、排水阀和报警信号灯用继电器模拟。

（2）程序下载　将S7-300的控制程序下载至相应的PLC中。

（3）系统调试

1）在教师现场监护下对不同的控制程序进行通电调试，验证系统功能是否符合控制要求。

2）如果出现故障，学生应独立检修。线路检修完毕和梯形图修改完毕应重新调试，直至系统正常工作。

八、考核评分

考核时采用两人一组共同协作完成的方式，按表1-6标准进行评分，此分数作为成绩的60%，并分别对两位学生进行提问，学生答复的得分作为成绩的40%。

九、问题及防治

问题：使用比较指令比较的数据不一致。

理论基础：比较指令中不等于和等于的比较，可用于字符串的比较，而大于、小于、大于或等于、小于或等于则不能用于字符串的比较。

预防方法：在使用比较指令之前，对比较的两组数据类型进行分析，再使用。

十、扩展知识

用步进指令编写全自动洗衣机的控制程序，实现其控制功能，细细体会两种编程方法各自的特点及应注意的问题。

任务2　多工位自动送料小车的控制

一、任务描述

在工厂实际生产或货运时，往往会遇到小车根据工作需要往返于多地运送物料的情况，例如：生产车间多工位运送加工原料或将成品运送至固定位置堆放等。在进行系统设计时，由于小车要在各工位间根据具体召唤工位的位置决定小车的运行方向，且小车在到达目的工位前经过非目的工位时不能停止，增加了控制的复杂性。

若用继电器电路实现，由于其系统设计只能通过基本逻辑关系进行设计，会使控制系统变得非常复杂，且由于触点应用较多，故障率也会大大提高；而用 PLC 实现则可简化电气线路，且程序设计时可将各工位进行编号，并通过比较指令来确定是否到达目的工位，从而使程序简单易读，清晰明了。本任务是学习利用数据传送指令、加减运算指令和比较指令编程实现小车多工位运料控制的方法。

二、系统概述

主要知识点：

1）西门子 S7-300 型 PLC 的数据传送指令、加减运算指令的基本格式及使用方法。

2）西门子 S7-300 型 PLC 的比较指令、数据传送指令和加减运算指令的综合应用方法。

某工厂加工车间有六个加工工位，为了提高产品加工的生产效率，减少工人来回取料的时间，现需要设计一个能在各个工位间来回送料的小车控制系统，如图 3-20 所示。

系统通过安装于本工位的呼叫按钮来召唤小车。当工人按下本工位的呼叫按钮后，小车立刻运载物料到达该工位，待工人取料完毕，小车停在该工位处于等待状态，准备接受下一次呼叫，如此不断地完成六个工位间的送料任务。

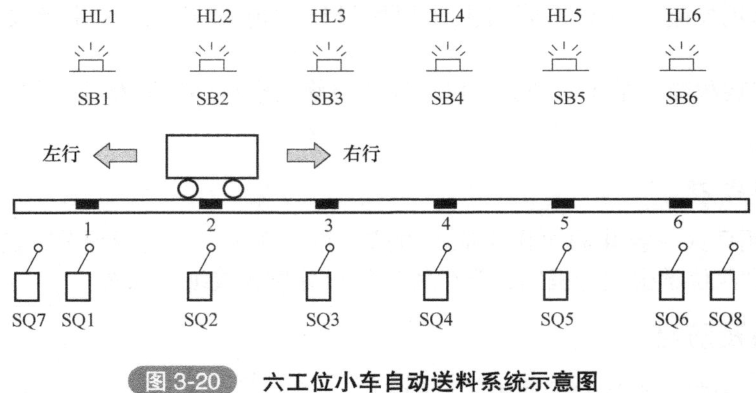

图 3-20 六工位小车自动送料系统示意图

三、控制要求

六个工位依次编号为 1~6 号位，每个工位上均有一个位置开关（SQ1~SQ6）和一个带指示灯的呼叫按钮（SB1~SB6），行程两端各设置一个越位保护开关（SQ7、SQ8），运料小车由一台三相异步电动机驱动。

系统具体控制要求如下：

1）系统通电后，小车若未停在 6 个工位中任何一处，则自动调整其位置，使其停止在某个工位保持待命状态。

2）按下某个呼叫按钮，小车向呼叫工位行进。

①若呼叫工位号大于小车所在工位号，小车右行至呼叫工位停止。

②若呼叫工位号小于小车所在工位号，小车左行至呼叫工位停止。

③若小车所停工位呼叫，则呼叫无效，小车不动。

3）小车接受呼叫信号后开始行进，到达呼叫工位停止 3s 后，才可执行下一呼叫命令。

4）系统接受多工位呼叫，小车应遵循就近优先响应的原则；若呼叫工位与小车所停工位距离相等，则遵循先左后右的原则。

5）按下呼叫按钮指示灯点亮，直到小车到达呼叫工位后熄灭，3s 后系统执行下一呼叫命令。

四、任务分析

根据多工位自动送料小车的控制要求，可绘制出如图 3-21 所示的系统动作流程图。

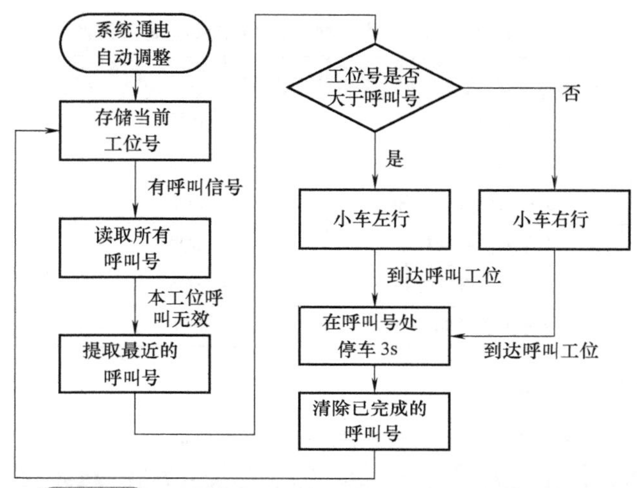

图 3-21　**多工位自动送料小车控制系统动作流程图**

本系统设计的关键在于小车如何判断响应呼叫工位，并遵循“就近优先、距离相等时先左后右”的原则，以确定小车行进方向。本例在系统设计中采用逐个比较的方法判断最近的呼叫工位，并以小车停靠工位为中心，依次逐个比较左面和右面工位是否有呼叫信号，以保证呼叫工位和小车停靠工位距离相等时左边呼叫信号优先响应。呼叫信号的判断响应程序的设计流程如图 3-22 所示。

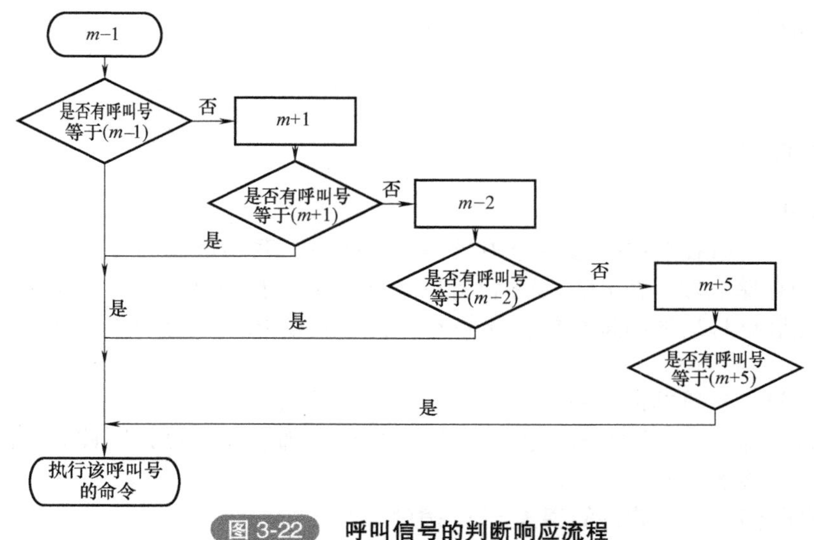

图 3-22　**呼叫信号的判断响应流程**

假设当前小车所处的工位号为 m，按“就近优先、先左后右”的原则，相距最近的呼叫号与工位号差值为1，相距最远的呼叫号与工位号差值为5。先将当前所有的呼叫工位号与“$m-1$”比较，若有呼叫工位号与“$m-1$”相等，则小车左边相邻的工位有呼叫命令，于是先执行该呼叫命令；若没有呼叫工位号与“$m-1$”相等，则与“$m+1$”以判断右侧相邻工位是否有呼叫命令，同样若有则执行该呼叫命令，如无则将所有呼叫工位号与“$m-2$”比较，并根据比较结果决定小车响应的工位。如此不断地比较直至“$m+5$”，从而判断小车最先执行的呼叫命令。

1）输入动作元件见表3-23。

表3-23　六工位自动送料小车控制系统输入元件

元件代号	元件名称	元件代号	元件名称
SB1	1号工位呼叫按钮	SQ1	1号工位位置开关
SB2	2号工位呼叫按钮	SQ2	2号工位位置开关
SB3	3号工位呼叫按钮	SQ3	3号工位位置开关
SB4	4号工位呼叫按钮	SQ4	4号工位位置开关
SB5	5号工位呼叫按钮	SQ5	5号工位位置开关
SB6	6号工位呼叫按钮	SQ6	6号工位位置开关

2）输出动作元件见表3-24。

表3-24　六工位自动送料小车控制系统输出元件

元件代号	元件名称	用　途
KM1	电动机正转运行接触器	小车左行
KM2	电动机反转运行接触器	小车右行
HL1	1号指示灯	1号工位呼叫指示
HL2	2号指示灯	2号工位呼叫指示
HL3	3号指示灯	3号工位呼叫指示
HL4	4号指示灯	4号工位呼叫指示
HL5	5号指示灯	5号工位呼叫指示
HL6	6号指示灯	6号工位呼叫指示

五、相关知识

1. 基础知识

“传送指令”是PLC数据处理指令中最基本的指令，其功能是将立即数或某一存储区的数据传送到另一存储区域。在PLC程序设计时，若需要进行数据处理，一般应先用传送指令将待处理的数据和处理后的结果存放在存储器中，因此在PLC的指令系统中，传送指令是必不可少的。

PLC还具有算术运算功能。PLC的算术运算功能是通过算术运算指令来实现的，算术运算指令主要有加、减、乘、除几种，由于本任务只涉及加、减运算，因此乘、除运算指令的用法就不介绍了，读者可自行查阅编程手册。

2. 基于STEP 7 V5.x软件的相关PLC指令

（1）传送指令　S7-300型PLC的数据传送指令只有一条，即MOVE指令，其格式及参数见表3-25。

表 3-25 传送指令格式及参数

<table>
<tr><th>格式</th><th>参数</th><th>数据类型</th><th>说明</th><th>存储区</th></tr>
<tr><td rowspan="4">MOVE
EN ENO
IN OUT</td><td>EN</td><td>BOOL</td><td>允许输入</td><td rowspan="2">I、Q、M、L、D</td></tr>
<tr><td>ENO</td><td>BOOL</td><td>允许输出</td></tr>
<tr><td>IN</td><td>长度为 8 位、16 位、32 位的所有数据类型</td><td>源数据</td><td>I、Q、M、L、D 或常数</td></tr>
<tr><td>OUT</td><td>长度为 8 位、16 位、32 位的所有数据类型</td><td>目的地址</td><td>I、Q、M、L、D</td></tr>
</table>

MOVE 指令的功能是将 IN 输入端指定的数据传送到 OUT 输出端指定的目的地址，指令通过 EN 端前的逻辑状态激活，即当 EN 输入为“1”时，执行指令将原数据传送到目的地址指定的存储区。ENO 与 EN 的逻辑状态相同。MOVE 传送的数据对象只能是字节（8 位）、字（16 位）或双字（32 位），其他数据长度不支持。

（2）加减运算指令　S7-300 型 PLC 的加减运算指令按数据类型可分为整数加减、双整数加减和实数加减，各类加减运算指令的功能及操作数见表 3-26。

表 3-26 加减运算指令的功能及操作数

<table>
<tr><th>格式</th><th>操作数</th><th>说明</th><th>存储区</th><th>数据类型</th><th>功能</th></tr>
<tr><td rowspan="5">ADD_I
EN ENO
IN1
IN2 OUT</td><td>EN</td><td>允许输入</td><td>I,Q,M,L,D</td><td>BOOL</td><td rowspan="5">IN1+IN2=OUT</td></tr>
<tr><td>ENO</td><td>允许输出</td><td>I,Q,M,L,D</td><td>BOOL</td></tr>
<tr><td>IN1</td><td>加数 1</td><td>I,Q,M,L,D 或常数</td><td>INT</td></tr>
<tr><td>IN2</td><td>加数 2</td><td>I,Q,M,L,D 或常数</td><td>INT</td></tr>
<tr><td>OUT</td><td>相加结果</td><td>I,Q,M,L,D</td><td>INT</td></tr>
<tr><td rowspan="5">ADD_DI
EN ENO
IN1
IN2 OUT</td><td>EN</td><td>允许输入</td><td>I,Q,M,L,D</td><td>BOOL</td><td rowspan="5">IN1+IN2=OUT</td></tr>
<tr><td>ENO</td><td>允许输出</td><td>I,Q,M,L,D</td><td>BOOL</td></tr>
<tr><td>IN1</td><td>加数 1</td><td>I,Q,M,L,D 或常数</td><td>DINT</td></tr>
<tr><td>IN2</td><td>加数 2</td><td>I,Q,M,L,D 或常数</td><td>DINT</td></tr>
<tr><td>OUT</td><td>相加结果</td><td>I,Q,M,L,D</td><td>DINT</td></tr>
<tr><td rowspan="5">ADD_R
EN ENO
IN1
IN2 OUT</td><td>EN</td><td>允许输入</td><td>I,Q,M,L,D</td><td>BOOL</td><td rowspan="5">IN1+IN2=OUT</td></tr>
<tr><td>ENO</td><td>允许输出</td><td>I,Q,M,L,D</td><td>BOOL</td></tr>
<tr><td>IN1</td><td>加数 1</td><td>I,Q,M,L,D 或常数</td><td>REAL</td></tr>
<tr><td>IN2</td><td>加数 2</td><td>I,Q,M,L,D 或常数</td><td>REAL</td></tr>
<tr><td>OUT</td><td>相加结果</td><td>I,Q,M,L,D</td><td>REAL</td></tr>
<tr><td rowspan="5">SUB_I
EN ENO
IN1
IN2 OUT</td><td>EN</td><td>允许输入</td><td>I,Q,M,L,D</td><td>BOOL</td><td rowspan="5">IN1-IN2=OUT</td></tr>
<tr><td>ENO</td><td>允许输出</td><td>I,Q,M,L,D</td><td>BOOL</td></tr>
<tr><td>IN1</td><td>被减数</td><td>I,Q,M,L,D 或常数</td><td>INT</td></tr>
<tr><td>IN2</td><td>减数</td><td>I,Q,M,L,D 或常数</td><td>INT</td></tr>
<tr><td>OUT</td><td>相减结果</td><td>I,Q,M,L,D</td><td>INT</td></tr>
</table>

（续）

格式	操作数	说明	存储区	数据类型	功能
SUB_DI EN ENO IN1 IN2 OUT	EN	允许输入	I,Q,M,L,D	BOOL	IN1-IN2=OUT
	ENO	允许输出	I,Q,M,L,D	BOOL	
	IN1	被减数	I,Q,M,L,D 或常数	DINT	
	IN2	减数	I,Q,M,L,D 或常数	DINT	
	OUT	相减结果	I,Q,M,L,D	DINT	
SUB_R EN ENO IN1 IN2 OUT	EN	允许输入	I,Q,M,L,D	BOOL	IN1-IN2=OUT
	ENO	允许输出	I,Q,M,L,D	BOOL	
	IN1	被减数	I,Q,M,L,D 或常数	REAL	
	IN2	减数	I,Q,M,L,D 或常数	REAL	
	OUT	相减结果	I,Q,M,L,D	REAL	

3. 基于 TIA Portal V1x 软件的相关 PLC 指令

TIA Portal V1x 软件和 STEP 7 V5.x 软件的比较指令格式基本相同，其用法和功能大同小异。

（1）移动操作指令　TIA Portal V1x 软件中的移动操作指令主要有移动值、存储区移动、不可中断的存储区移动、区域填充等。本任务着重介绍移动值指令，其余传送指令类型的用法可查阅编程手册。

移动值指令的功能是将输入 IN 的操作数的数据，传送到输出 OUT1 端，始终沿地址升序方向行传送。移动值指令操作数的类型见表 3-27，移动值指令格式及参数见表 3-28。

表 3-27　移动值指令操作数的类型

源(IN)	目标(OUT1)
BYTE	BYTE、WORD、DWORD、INT、DINT、TIME、DATE、TOD、CHAR
WORD	BYTE、WORD、DWORD、INT、DINT、TIME、S5TIME、DATE、TOD、CHAR
DWORD	BYTE、WORD、DWORD、INT、DINT、REAL、TIME、DATE、TOD、CHAR
INT	BYTE、WORD、DWORD、INT、DINT、TIME、DATE、TOD
DINT	
REAL	DWORD、REAL
TIME	BYTE、WORD、DWORD、INT、DINT、TIME
S5TIME	WORD、S5TIME
DATE	BYTE、WORD、DWORD、INT、DINT、DATE
TOD	BYTE、WORD、DWORD、INT、DINT、TOD
CHAR	BYTE、WORD、DWORD、CHAR

如果输入 IN 数据类型的位长度超出输出 OUT1 数据类型的位长度，则源值的高位会丢失。如果输入 IN 数据类型的位长度少于输出 OUT1 数据类型的位长度，则将使用零填充目标值的高阶位。

只有使能输入 EN 的信号状态为“1”时，才执行该指令。在这种情况下，输出 ENO 的信号状态也为“1”。如果输入 EN 的信号状态为“0”，则将使能输出 ENO 复位为“0”。

也可以使用“存储区移动”（BLKMOV）和“不可中断的存储区移动”（UBLKMOV）指令复制字段和结构。

表 3-28　移动值指令格式及参数

格式	参数	声明	数据类型	说明	存储区
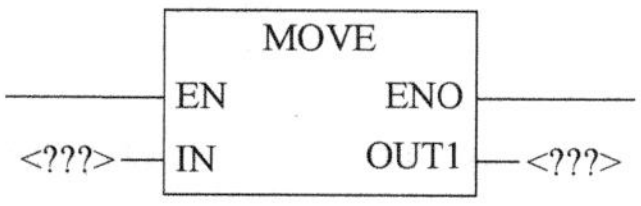 MOVE EN　ENO <???>—IN　OUT1—<???>	EN	Input	BOOL	使能输入	I、Q、M、D、L
	ENO	Output	BOOL	使能输出	
	IN	Input	位字符串、整数、浮点数、次数、TIME、TOD、CHAR	源值	I、Q、M、D、L 或常数
	OUT1	Output	位字符串、整数、浮点数、次数、TIME、TOD、CHAR	目的地址	I、Q、M、D、L

（2）加减运算指令　TIA Portal V1x 软件中的加减运算指令主要用于 PLC 中数据的加、减算术运算。按数据类型可将加减运算指令分为整数加减指令、双整数加减指令和实数加减指令。各类加法运算指令的格式、类型和参数见表 3-29 及表 3-30，而减法运算指令的格式、类型和参数见表 3-31 及表 3-32。

表 3-29　加法运算指令的格式、类型

类型 格式	整数加法指令	双整数加法指令	实数加法指令	功能
LAD	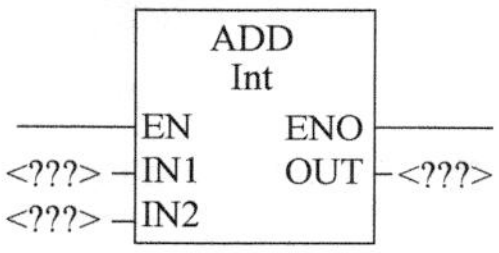 ADD Int EN　ENO <???>—IN1　OUT—<???> <???>—IN2	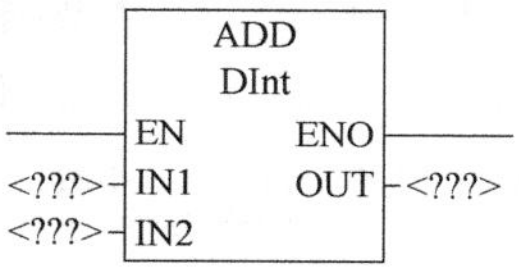 ADD DInt EN　ENO <???>—IN1　OUT—<???> <???>—IN2	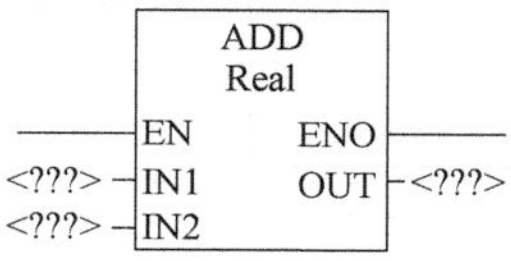 ADD Real EN　ENO <???>—IN1　OUT—<???> <???>—IN2	INT1+INT2 =OUT
STL	+I	+D	+R	

使用“加”指令，将输入 IN1 的值与输入 IN2 的值相加，并在输出 OUT（OUT = IN1+IN2）处查询总和。只有使能输入 EN 的信号状态为“1”时，才执行该指令。如果成功执行该指令，ENO 输出的信号状态也为“1”。

如果满足下列条件之一，则使能输出 ENO 的信号状态为“0”：

① 输入 EN 的信号状态为“0”。

② 指令结果超出输出 OUT 指定的数据类型的允许范围。

③ 浮点数具有无效值。

表 3-30　加法运算指令的格式和参数

格式	参数	声明	数据类型	说明	存储区
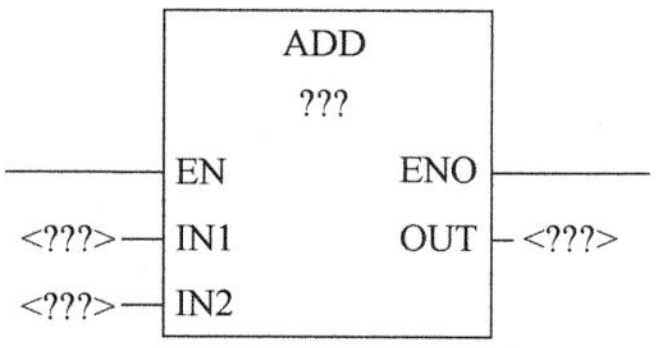 ADD ??? EN　ENO <???>—IN1　OUT—<???> <???>—IN2	EN	Input	BOOL	使能输入	I、Q、M、D、L
	ENO	Output	BOOL	使能输出	
	IN1	Input	整数、浮点数	要相加的第一个数	I、Q、M、D、L 或常数
	IN2	Input	整数、浮点数	要相加的第二个数	I、Q、M、D、L
	OUT	Output	整数、浮点数	总和	

可以使用“减”指令从输入 IN1 的值中减去输入 IN2 的值并在输出 OUT（OUT = IN1-IN2）处查询差值。只有使能输入 EN 的信号状态为“1”时，才执行该指令。如果成功执行该指令，ENO 输出的信号状态也为“1”。

如果满足下列条件之一，则使能输出 ENO 的信号状态为“0”：

① 输入 EN 的信号状态为“0”。

表 3-31　减法运算指令的格式、类型

类型 格式	整数减法指令	双整数减法指令	实数减法指令	功能
LAD	SUB Int EN　ENO <???>-IN1　OUT-<???> <???>-IN2	SUB DInt EN　ENO <???>-IN1　OUT-<???> <???>-IN2	SUB Real EN　ENO <???>-IN1　OUT-<???> <???>-IN2	INT1-INT2 =OUT
STL	-I	-D	-R	

② 指令结果超出输出 OUT 指定的数据类型的允许范围。

③ 浮点数具有无效值。

表 3-32　减法运算指令的格式和参数

格式	参数	声明	数据类型	说明	存储区
SUB ??? EN　ENO <???>-IN1　OUT-<???> <???>-IN2	EN	Input	BOOL	使能输入	I、Q、M、D、L
	ENO	Output	BOOL	使能输出	
	IN1	Input	整数、浮点数	被减数	I、Q、M、D、L 或常数
	IN2	Input	整数、浮点数	减数	
	OUT	Output	整数、浮点数	差值	I、Q、M、D、L

六、任务准备

1）准备工具和器材，见表 3-33。

表 3-33　所需工具和器材

序号	分类	名称	型号规格	数量	单位
1	工具	电工工具		1	套
2	器材	万用表	MF47 型	1	块
3		可编程序控制器	S7-300 CPU314C-2PN/DP	1	只
4		计算机	装有 STEP 7 V5. x 和 TIA Portal V1x 软件	1	台
5		安装铁板	600mm×900mm	1	块
6		导轨	C45	0. 3	m
7		小型剩余电流断路器	DZ47LE-32，4P，C3A	1	只
8		小型断路器	DZ47-60，1P，C2A	1	只
9		熔断器	RT28-2	3	只
10		熔断器	RT28-3	2	只
11		接触器	CJX2-0910/220V	2	只
12		继电器	JZX-22F（D）/4Z/DC 24V	2	只
13		行程开关	LX19-111	8	只

（续）

序号	分类	名称	型号规格	数量	单位
14	器材	热继电器	NR4-63，0.8~1.25A	1	只
15		直流开关电源	DC 24V，50W	1	只
16		三相异步电动机	JW6324-380V，250W，0.85A	1	只
17		按钮	LAY5	2	只
18		接线端子	JF5-2.5mm^2，5节一组	20	只
19		铜塑线	BV1/1.5mm^2	15	m
20		软线	BVR7/0.75mm^2	20	m
21		紧固件	M4×20 螺杆	若干	只
22			M4×12 螺杆	若干	只
23			ϕ4mm 平垫圈	若干	只
24			ϕ4mm 弹簧垫圈及 ϕ4mm 螺母	若干	只
25		号码管		若干	m
26		号码笔		1	支

2）多工位小车自动送料系统可按图3-23布置元器件并安装接线。

七、任务实施

首先要进行输入/输出点的分配，主要通过输入/输出分配表或输入/输出接线图来实现。

1. 输入/输出分配

六工位自动送料小车的系统控制电路的输入/输出分配见表3-34。

2. 输入/输出接线

用西门子S7-300型PLC实现多工位小车自动送料控制电路的主电路以及输入/输出接线如图3-24所示。

3. PLC控制程序设计

根据图3-21及图3-22所示流程图，进行该系统的PLC控制程序设计。

（1）基于STEP 7 V5.x软件的S7-300型PLC控制程序

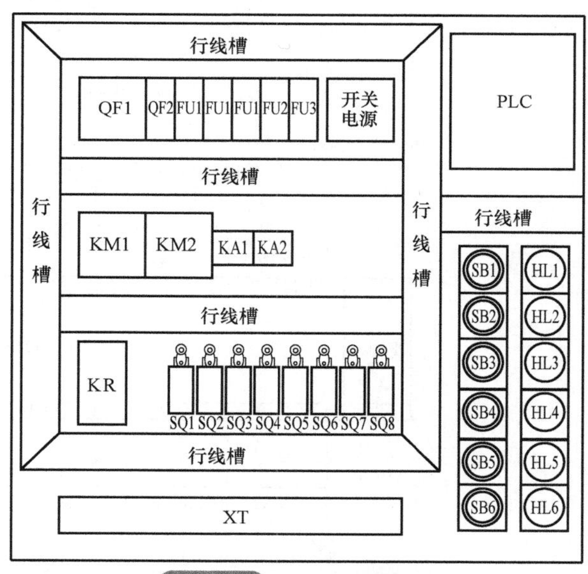

图3-23 元器件布置图

1）建立符号表。输入/输出符号表如图3-25所示。

表3-34 六工位自动送料小车控制系统输入/输出分配

输入			输出		
元件代号	输入继电器	作用	元件代号	输出继电器	作用
SB1	I0.0	1号工位呼叫	KM1/KA1	Q0.0	小车左行
SB2	I0.1	2号工位呼叫	KM2/KA2	Q0.1	小车右行
SB3	I0.2	3号工位呼叫	HL1	Q0.2	1号呼叫指示
SB4	I0.3	4号工位呼叫	HL2	Q0.3	2号呼叫指示
SB5	I0.4	5号工位呼叫	HL3	Q0.4	3号呼叫指示

（续）

输入			输出		
元件代号	输入继电器	作用	元件代号	输出继电器	作用
SB6	I0.5	6号工位呼叫	HL4	Q0.5	4号呼叫指示
SQ1	I1.0	1号工位到位	HL5	Q0.6	5号呼叫指示
SQ2	I1.1	2号工位到位	HL6	Q0.7	6号呼叫指示
SQ3	I1.2	3号工位到位			
SQ4	I1.3	4号工位到位			
SQ5	I1.4	5号工位到位			
SQ6	I1.5	6号工位到位			

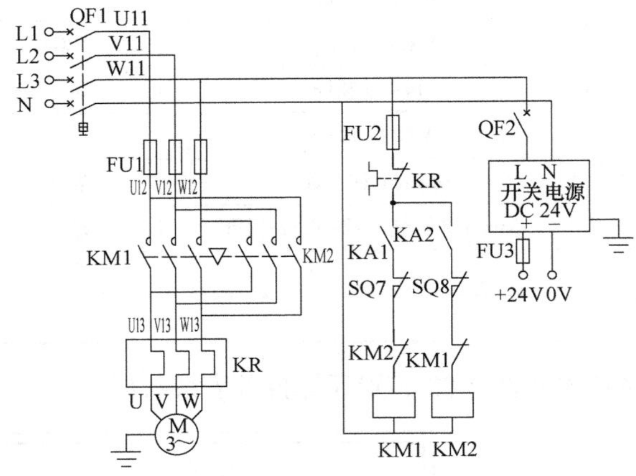

a) 主电路

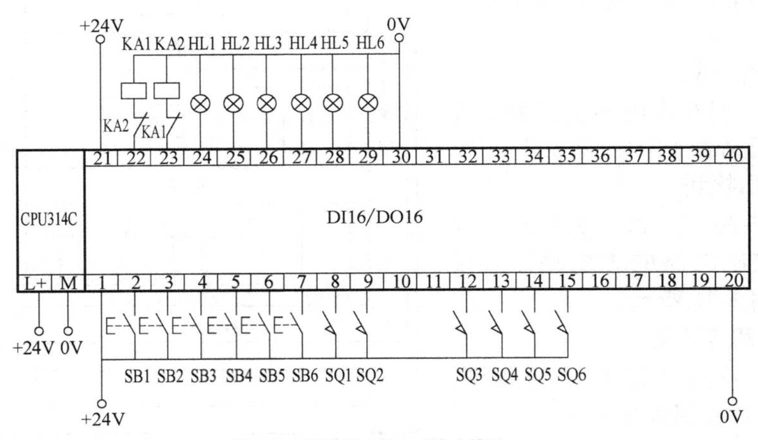

b) S7-300型PLC输入/输出接线

图 3-24 多工位小车自动送料控制系统

2）程序设计框架。根据前述流程图，该系统控制程序应分成若干个顺序执行的状态，用于判断小车是否到位和决定小车应响应的下一个呼叫信号，而这些状态在程序设计时是用辅助继电器 M 作为状态位来实现的。在选择执行呼叫命令时，程序按顺序执行小车停靠工位号与呼叫工位号的比较指令。假设工位号为 m，则将 m 按顺序依次和（$m-1$）、（$m+1$）、（$m-2$）、（$m+2$）、（$m-3$）、（$m+3$）、（$m-4$）、（$m+4$）、（$m-5$）、（$m+5$）进行比较，符合优先执行原则的则立刻响应，否则暂时不响应，等待下一次比较，直至所有呼叫信号响应完毕。程序中各比较、执行状态位对应的辅助继电器见表 3-35。

3）程序设计。S7-300 型 PLC 的六工位自动送料小车控制系统完整的控制程序梯形图如图 3-26 所示。

（2）基于 TIA Portal V1x 软件的 S7-300 型 PLC 控制程序

1）系统初始化程序。系统通电后，按照控制要求，小车应停靠在六个工位中的某一个工位，否则系统自动将小车调整至某一工位，并存储当前工位号，以等待呼叫信号的到来，控制程序如图 3-27 所示。图中 M0.0 为小车未停靠在任何工位的状态检测，M0.1 为没有任何呼叫命令的状态检测，当这两个条件同时满足且小车无呼叫信号时（MW1=0），M4.0 接通，小车左行自动调整到左边最近工位停止，并将停靠位工位号存入 MW6，等待呼叫信号到来。

符号	地址		数据类型	注释
SB1	I	0.0	BOOL	1号呼叫按钮
SB2	I	0.1	BOOL	2号呼叫按钮
SB3	I	0.2	BOOL	3号呼叫按钮
SB4	I	0.3	BOOL	4号呼叫按钮
SB5	I	0.4	BOOL	5号呼叫按钮
SB6	I	0.5	BOOL	6号呼叫按钮
SQ1	I	1.0	BOOL	1号位置开关
SQ2	I	1.1	BOOL	2号位置开关
SQ3	I	1.2	BOOL	3号位置开关
SQ4	I	1.3	BOOL	4号位置开关
SQ5	I	1.4	BOOL	5号位置开关
SQ6	I	1.5	BOOL	6号位置开关
KA1	Q	0.0	BOOL	小车左行继电器
KA2	Q	0.1	BOOL	小车右行继电器
HL1	Q	0.2	BOOL	1号呼叫指示
HL2	Q	0.3	BOOL	2号呼叫指示
HL3	Q	0.4	BOOL	3号呼叫指示
HL4	Q	0.5	BOOL	4号呼叫指示
HL5	Q	0.6	BOOL	5号呼叫指示
HL6	Q	0.7	BOOL	6号呼叫指示

图 3-25 输入/输出符号表

表 3-35 六工位自动送料小车系统程序状态位对应的辅助继电器

状态位	作用	状态位	作用
M1.0	(m-1)比较与执行	M1.5	(m+3)比较与执行
M1.1	(m+1)比较与执行	M1.6	(m-4)比较与执行
M1.2	(m-2)比较与执行	M1.7	(m+4)比较与执行
M1.3	(m+2)比较与执行	M2.0	(m-5)比较与执行
M1.4	(m-3)比较与执行	M2.1	(m+5)比较与执行

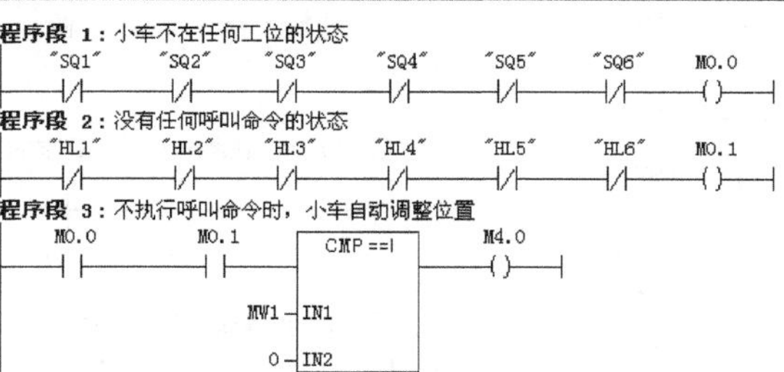

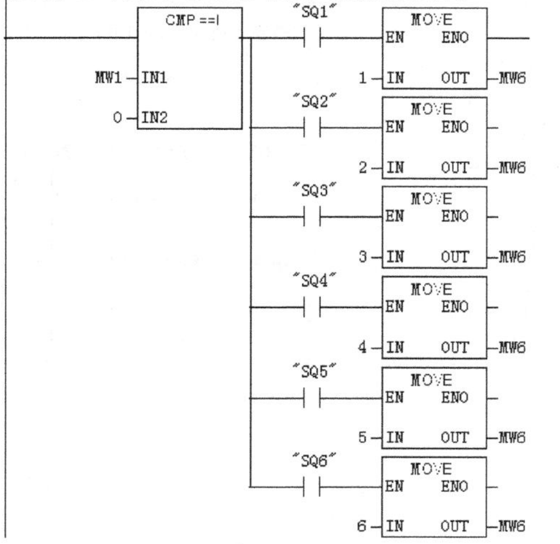

图 3-26 S7-300 型 PLC 控制程序梯形图

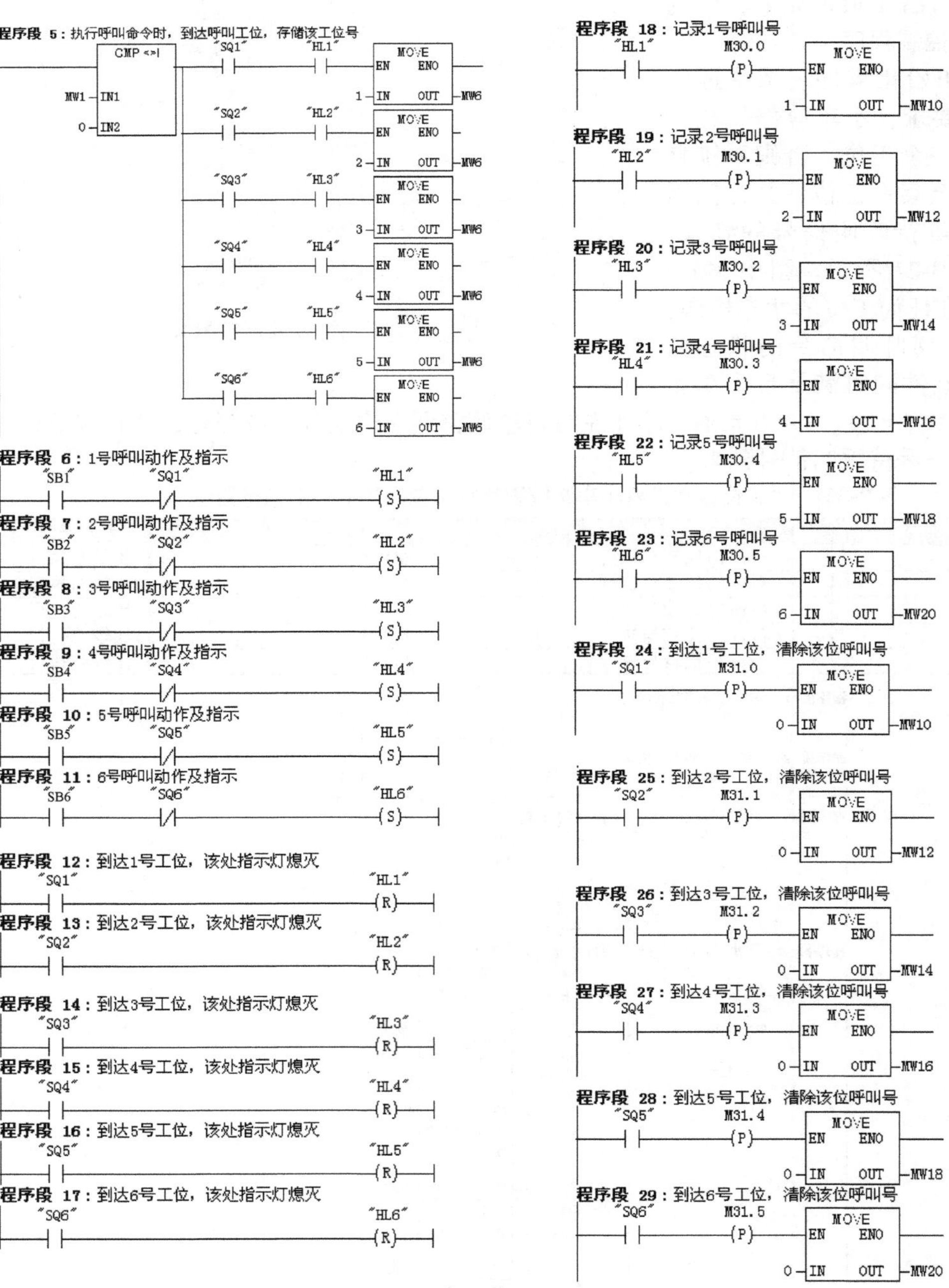

图 3-26 S7-300 型 PLC

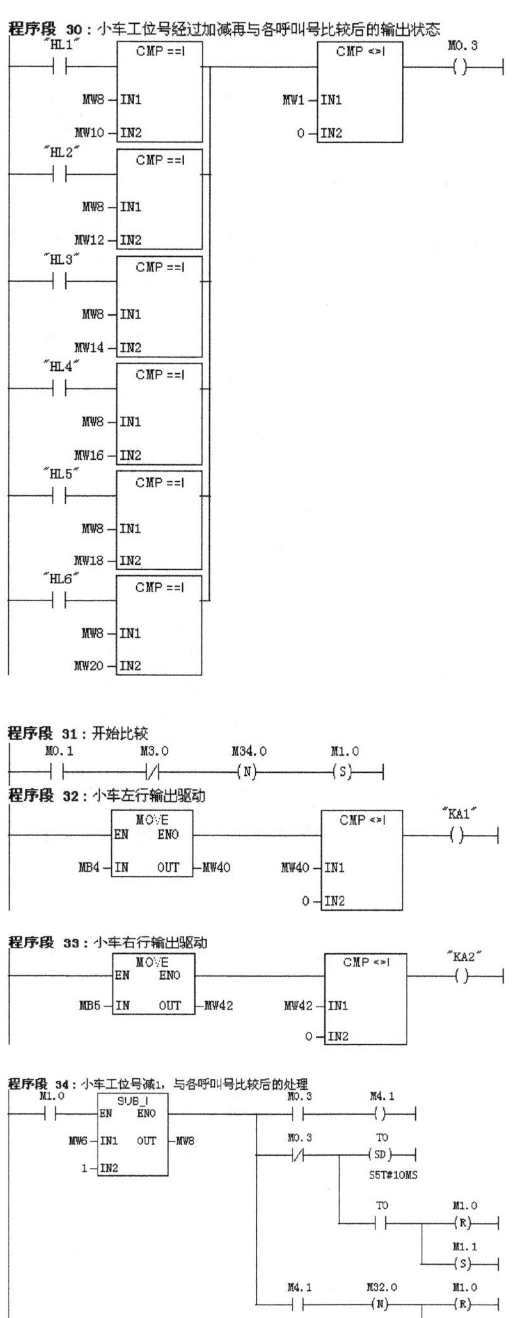

程序段 30：小车工位号经过加减再与各呼叫号比较后的输出状态
"HL1"
CMP ==I
MW8 IN1
MW10 IN2
CMP <>I
MW1 IN1
0 IN2
M0.3
"HL2"
CMP ==I
MW8 IN1
MW12 IN2
"HL3"
CMP ==I
MW8 IN1
MW14 IN2
"HL4"
CMP ==I
MW8 IN1
MW16 IN2
"HL5"
CMP ==I
MW8 IN1
MW18 IN2
"HL6"
CMP ==I
MW8 IN1
MW20 IN2
程序段 31：开始比较
M0.1
M3.0
M34.0
N
M1.0
S
程序段 32：小车左行输出驱动
MOVE
EN ENO
MB4 IN OUT MW40
CMP <>I
MW40 IN1
0 IN2
"KA1"
程序段 33：小车右行输出驱动
MOVE
EN ENO
MB5 IN OUT MW42
CMP <>I
MW42 IN1
0 IN2
"KA2"
程序段 34：小车工位号减1，与各呼叫号比较后的处理
M1.0
SUB_I
EN ENO
MW6 IN1 OUT MW8
1 IN2
M0.3
M4.1
M0.3
T0
SD
S5T#10MS
T0
M1.0
R
M1.1
S
M4.1
M32.0
N
M1.0
R
M3.0
S

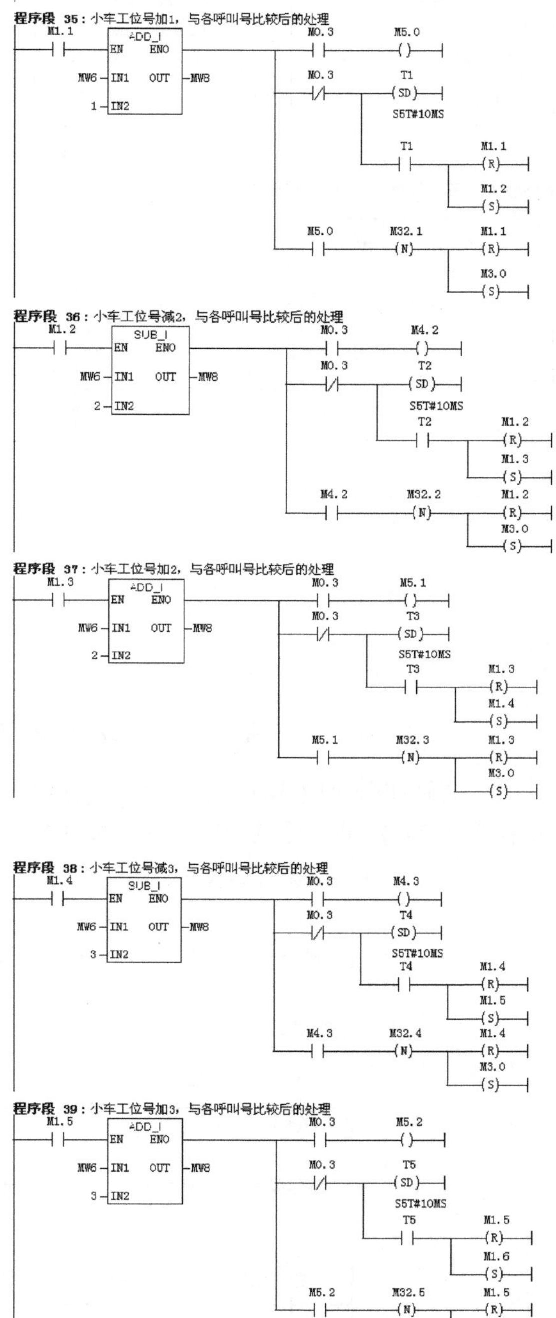

程序段 35：小车工位号加1，与各呼叫号比较后的处理
M1.1
ADD_I
EN ENO
MW6 IN1 OUT MW8
1 IN2
M0.3
M5.0
M0.3
T1
SD
S5T#10MS
T1
M1.1
R
M1.2
S
M5.0
M32.1
N
M1.1
R
M3.0
S
程序段 36：小车工位号减2，与各呼叫号比较后的处理
M1.2
SUB_I
EN ENO
MW6 IN1 OUT MW8
2 IN2
M0.3
M4.2
M0.3
T2
SD
S5T#10MS
T2
M1.2
R
M1.3
S
M4.2
M32.2
N
M1.2
R
M3.0
S
程序段 37：小车工位号加2，与各呼叫号比较后的处理
M1.3
ADD_I
EN ENO
MW6 IN1 OUT MW8
2 IN2
M0.3
M5.1
M0.3
T3
SD
S5T#10MS
T3
M1.3
R
M1.4
S
M5.1
M32.3
N
M1.3
R
M3.0
S
程序段 38：小车工位号减3，与各呼叫号比较后的处理
M1.4
SUB_I
EN ENO
MW6 IN1 OUT MW8
3 IN2
M0.3
M4.3
M0.3
T4
SD
S5T#10MS
T4
M1.4
R
M1.5
S
M4.3
M32.4
N
M1.4
R
M3.0
S
程序段 39：小车工位号加3，与各呼叫号比较后的处理
M1.5
ADD_I
EN ENO
MW6 IN1 OUT MW8
3 IN2
M0.3
M5.2
M0.3
T5
SD
S5T#10MS
T5
M1.5
R
M1.6
S
M5.2
M32.5
N
M1.5
R
M3.0
S

控制程序梯形图

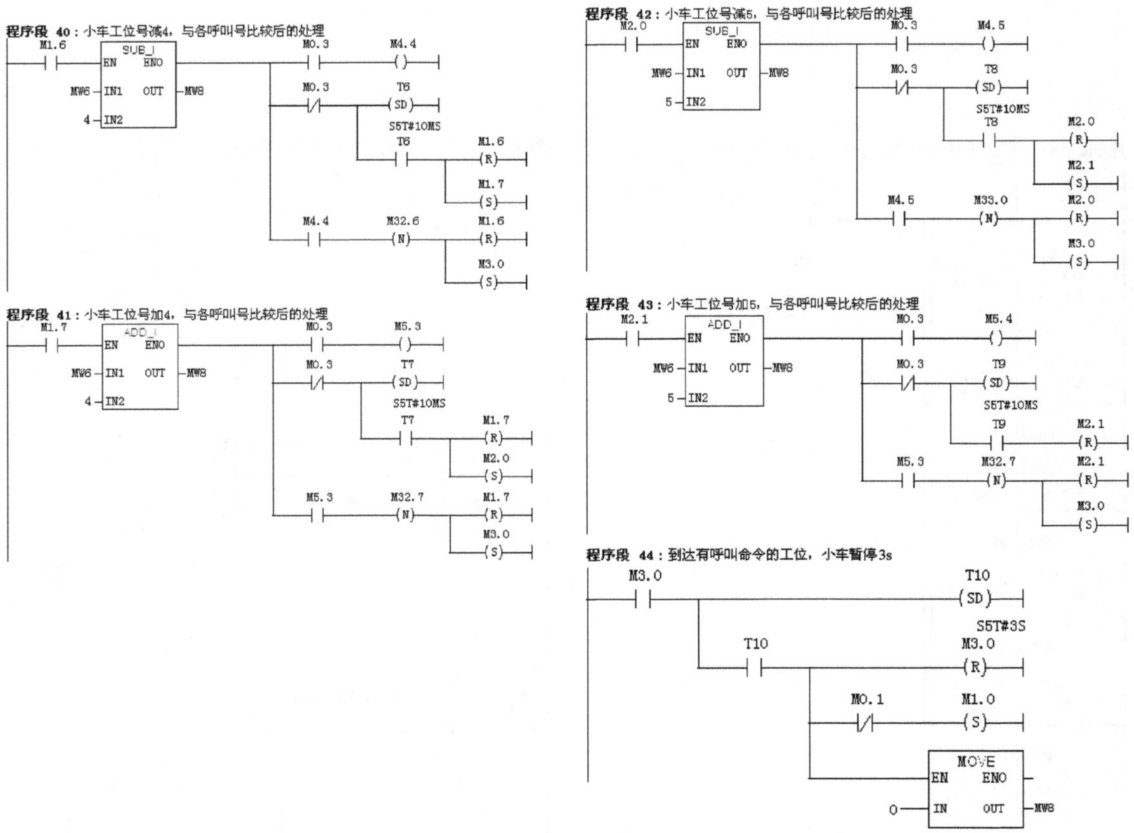

图 3-26 S7-300 型 PLC 控制程序梯形图（续）

2）有呼叫信号时小车当前位置记录控制程序。当有呼叫信号时，M0.0 失电，M0.1 置位（见程序段 31）进入比较判断程序，此时各状态位 M1.0~M2.1 中至少有一个动作，MW1 的

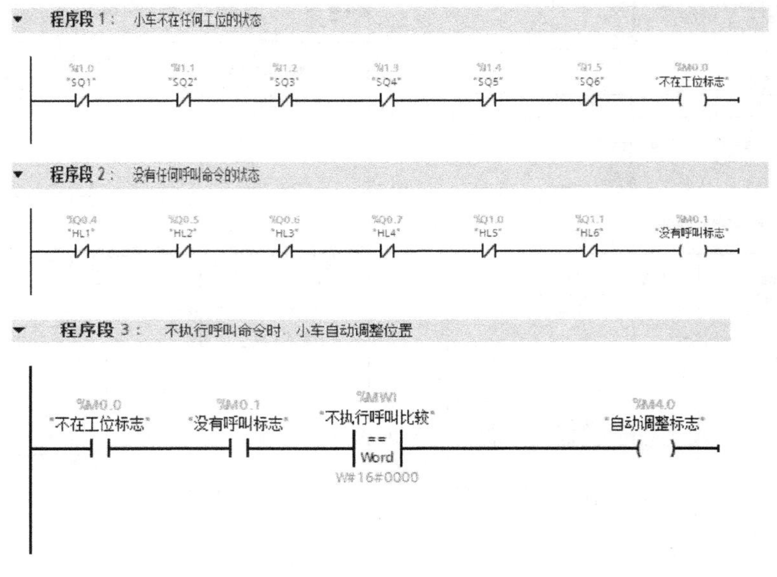

图 3-27 系统初始化程序

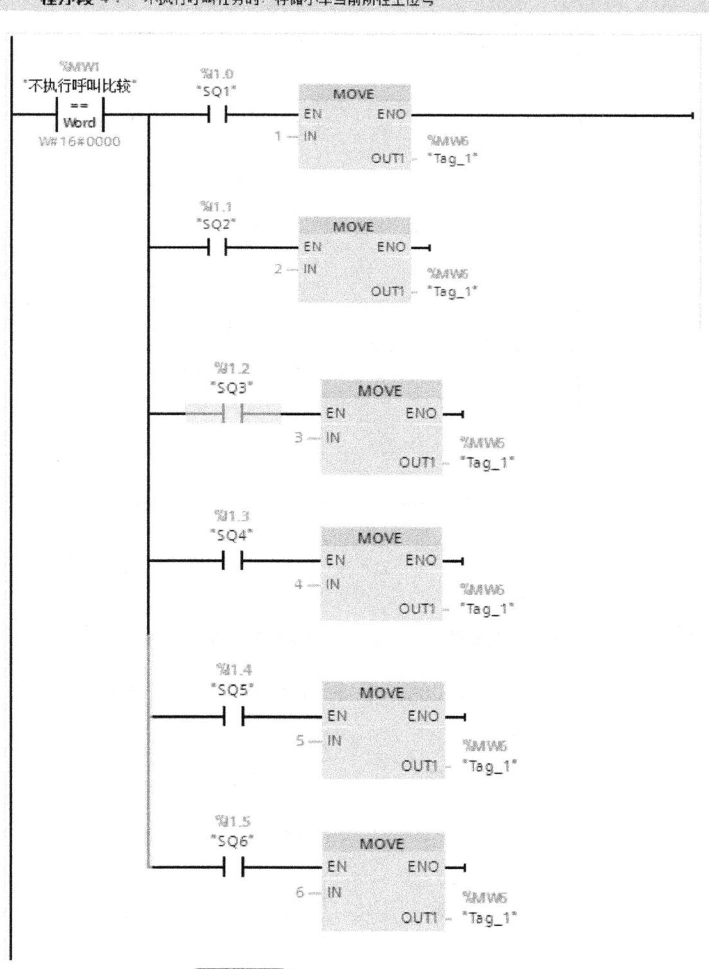

图 3-27 **系统初始化程序（续）**

值不为“0”，当小车运行经过或到达某工位时，系统将有呼叫信号工位的工位号存入 MW6，用以记录有呼叫信号时小车的当前位置。实现该功能的控制程序如图 3-28 所示。

3）呼叫信号及指示灯控制程序。如图 3-29 所示，当某工位发出呼叫命令时，该工位按钮指示灯点亮，小车到达该工位则熄灭。在小车停靠位呼叫时，呼叫命令无效，指示灯不点亮。

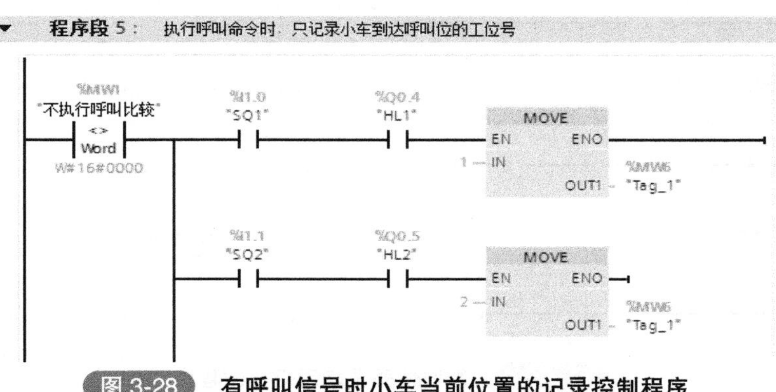

图 3-28 **有呼叫信号时小车当前位置的记录控制程序**

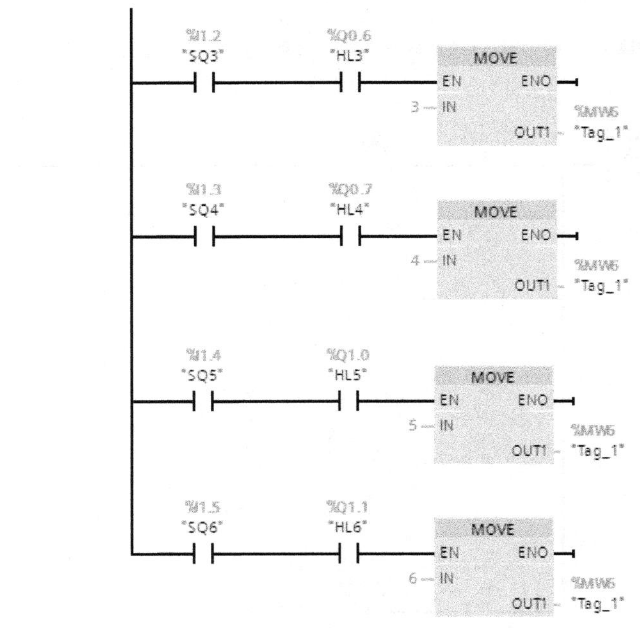

图 3-28 有呼叫信号时小车当前位置的记录控制程序（续）

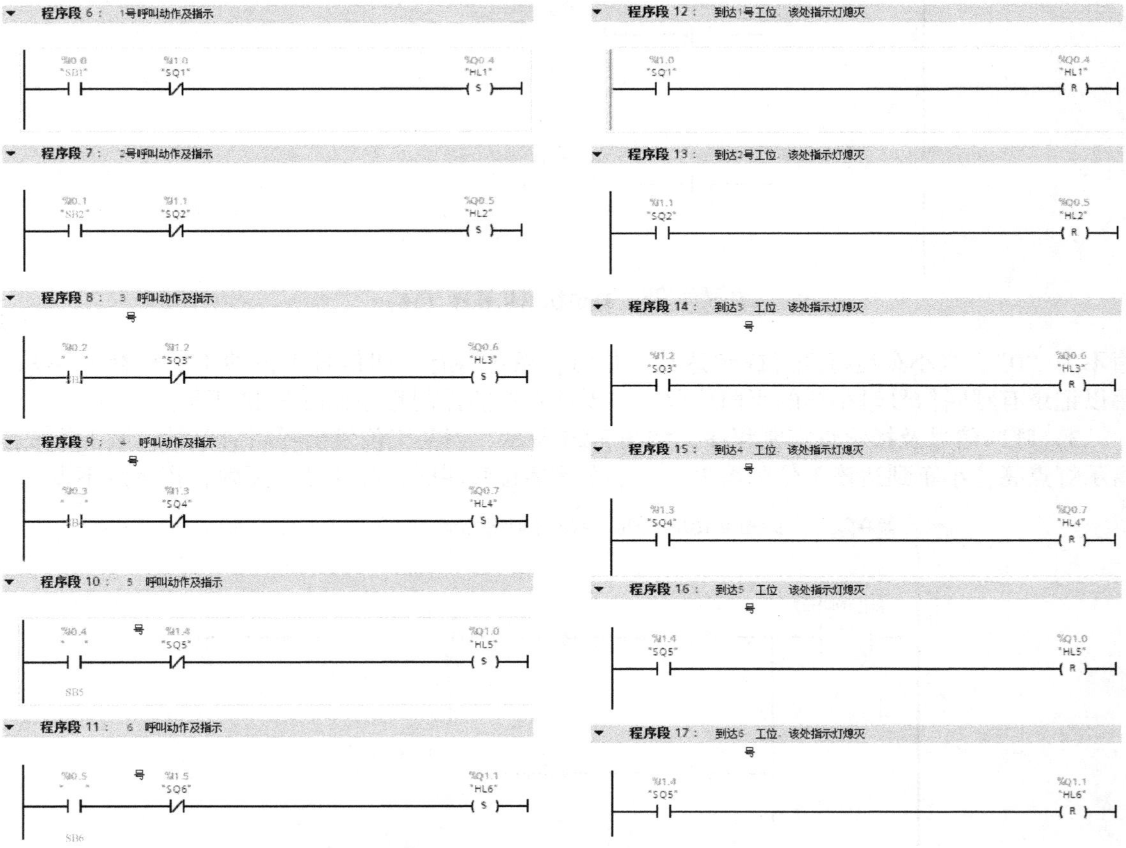

程序段 6： 1号呼叫动作及指示

%I0.0 "SB1"　%I1.0 "SQ1"　%Q0.4 "HL1" (S)

程序段 7： 2号呼叫动作及指示

%I0.1 "SB2"　%I1.1 "SQ2"　%Q0.5 "HL2" (S)

程序段 8： 3号呼叫动作及指示

%I0.2 "SB3"　%I1.2 "SQ3"　%Q0.6 "HL3" (S)

程序段 9： 4号呼叫动作及指示

%I0.3 "SB4"　%I1.3 "SQ4"　%Q0.7 "HL4" (S)

程序段 10： 5号呼叫动作及指示

%I0.4 "SB5"　%I1.4 "SQ5"　%Q1.0 "HL5" (S)

程序段 11： 6号呼叫动作及指示

%I0.5 "SB6"　%I1.5 "SQ6"　%Q1.1 "HL6" (S)

程序段 12： 到达1号工位 该处指示灯熄灭

%I1.0 "SQ1"　%Q0.4 "HL1" (R)

程序段 13： 到达2号工位 该处指示灯熄灭

%I1.1 "SQ2"　%Q0.5 "HL2" (R)

程序段 14： 到达3号工位 该处指示灯熄灭

%I1.2 "SQ3"　%Q0.6 "HL3" (R)

程序段 15： 到达4号工位 该处指示灯熄灭

%I1.3 "SQ4"　%Q0.7 "HL4" (R)

程序段 16： 到达5号工位 该处指示灯熄灭

%I1.4 "SQ5"　%Q1.0 "HL5" (R)

程序段 17： 到达6号工位 该处指示灯熄灭

%I1.4 "SQ5"　%Q1.1 "HL6" (R)

图 3-29 呼叫信号及指示灯控制程序

4）呼叫工位号存储和清除控制程序。当某一工位有呼叫信号时，该工位呼叫指示灯点亮，用其上升沿作为触发信号，用数据传送指令将该工位号传送至对应的寄存器 MW10~MW20。例如：5号位有呼叫信号，则 HL5 的上升沿到来时，数据“5”存入对应寄存器 MW18，以记忆该工位有呼叫信号，以备运算响应。而当某一呼叫信号完成时，则应将该工位对应呼叫信号存储区清零，解除该呼叫信号，这项工作是通过到位开关的上升沿触发传送指令来实现的。控制程序如图 3-30 所示。

由上可知，通过该程序 PLC 可同时记忆多个呼叫信号，并通过运算按照控制要求所规定的原则逐一响应，直至无呼叫信号，即数据区 MW10~MW20 的值均为零。

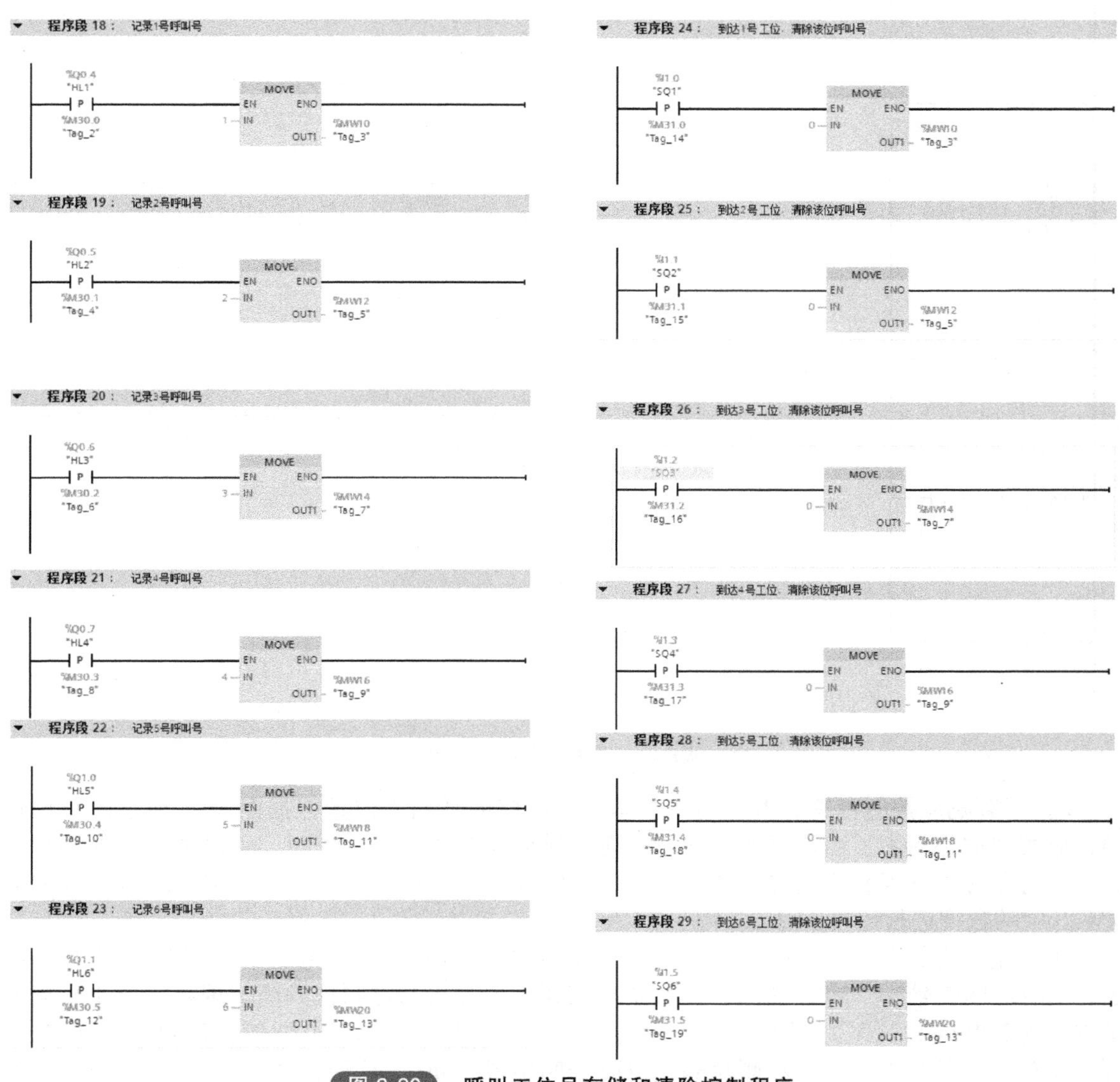

图 3-30 呼叫工位号存储和清除控制程序

5）小车左右运行控制程序。当 MW1 不等于零，即有呼叫信号时，将原存于 MW6 的小车当前停靠位置的工位号经过加减运算后存于 MW8，按前述“先左后右、先近后远”的原则与存有呼叫工位号的 MW10~MW20 逐一进行比较，当 MW8 中的数据与某一呼叫工位号相等时，则说明该呼叫工位满足响应原则，小车应优先响应。小车的运行是靠 M0.3 来触发的，运行的方向则取决于此时 MW8 中的结果是通过加运算得到的还是通过减运算得到的；若是加运算的结果则右行，若是减运算的结果则左行。小车的左行在自动调整状态时由 M4.0 触发，在正常工作状态时由 M4.1 触发，故只要 MW40 不为零，KM1 就得电，小车左行；而由于小车的右行由 M5.0 触发，也可利用 MW42 是否为零，决定小车是否应该使 KM2 得电，让小车向右运行。小车左右运行控制程序如图 3-31 所示。

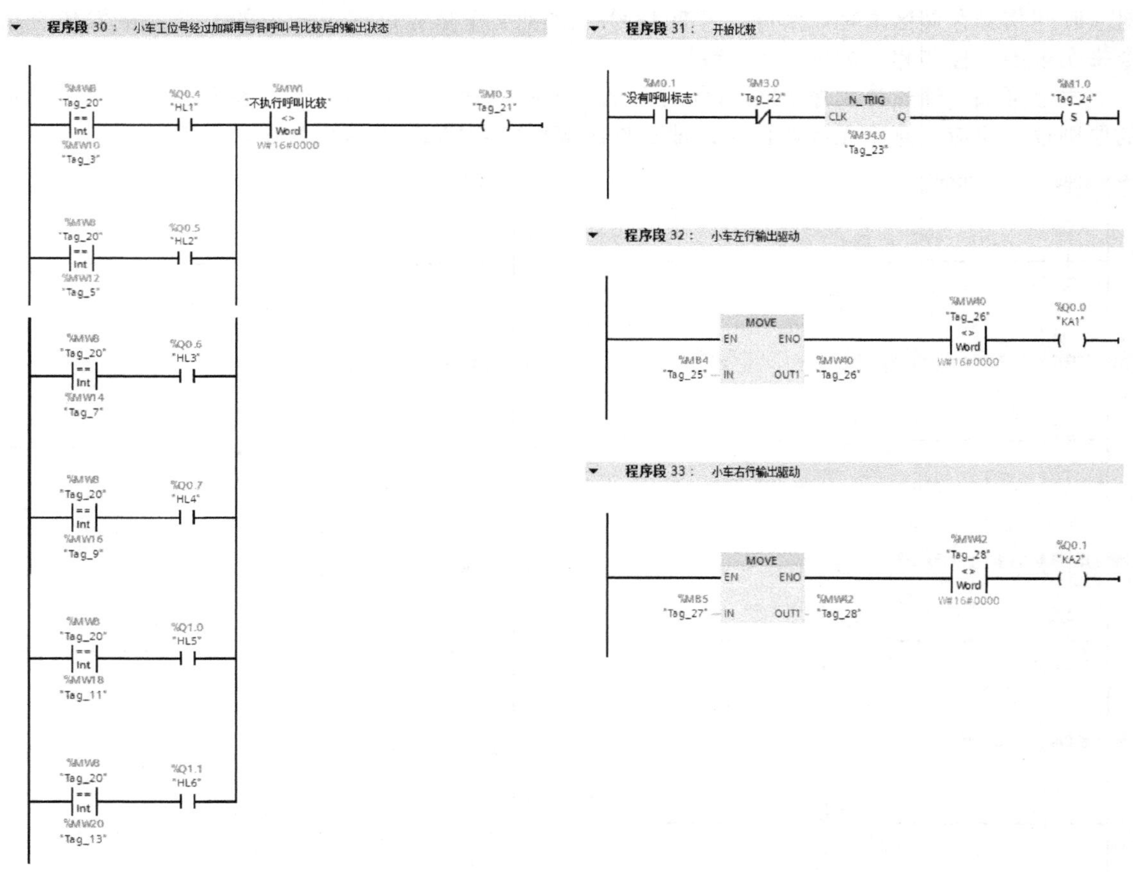

图 3-31 小车左右运行控制程序

6）运算响应控制程序。由于判断小车优先响应的呼叫工位是根据图 3-21 所示流程设计的，应按“先左后右、由近至远”的原则逐一判断各工位是否有呼叫，所以需要用加法和减法指令将存有小车当前位置的工位号减“1”和加“1”，以用于和存有呼叫信号的 MW10～MW20 中的数据进行比较。

小车左右相邻工位（工位号为 $m-1$ 和 $m+1$）是否有呼叫信号判断响应程序如图 3-32 所示。当有呼叫信号时，M0.1 置 1，进入左边相邻工位是否为呼叫位判断，现将存有小车当前工位号的 MW6 减“1”并存入 MW8，通过图 3-31 所示程序与 MW10 比较，若 MW8 中的数据等于 MW10 中的数据，说明左侧相邻工位有呼叫信号，M0.3 接通，M4.1 得电小车左行，到位后 MW6 中的当前位置工位号改变，解除该工位的呼叫信号；若不相等，经过 0.1s 后复位 M1.0，退出该状态，同时置位 M1.1 进入下一状态，进入右侧相邻工位是否有呼叫信号的判断中，其判断过程类似。

由此可知，进入某一工位状态进行运算的时间为 0.1s，若该工位有呼叫信号，则经图 3-32 程序比较后立即执行，否则退出并进入下一个运算状态，其运算的顺序按图 3-21 所示流程逐个进行，以保证小车的响应符合控制要求所规定的原则。其余各工位的运算响应控制程序结构和编程方法和图 3-32 相似，在此不再重复。

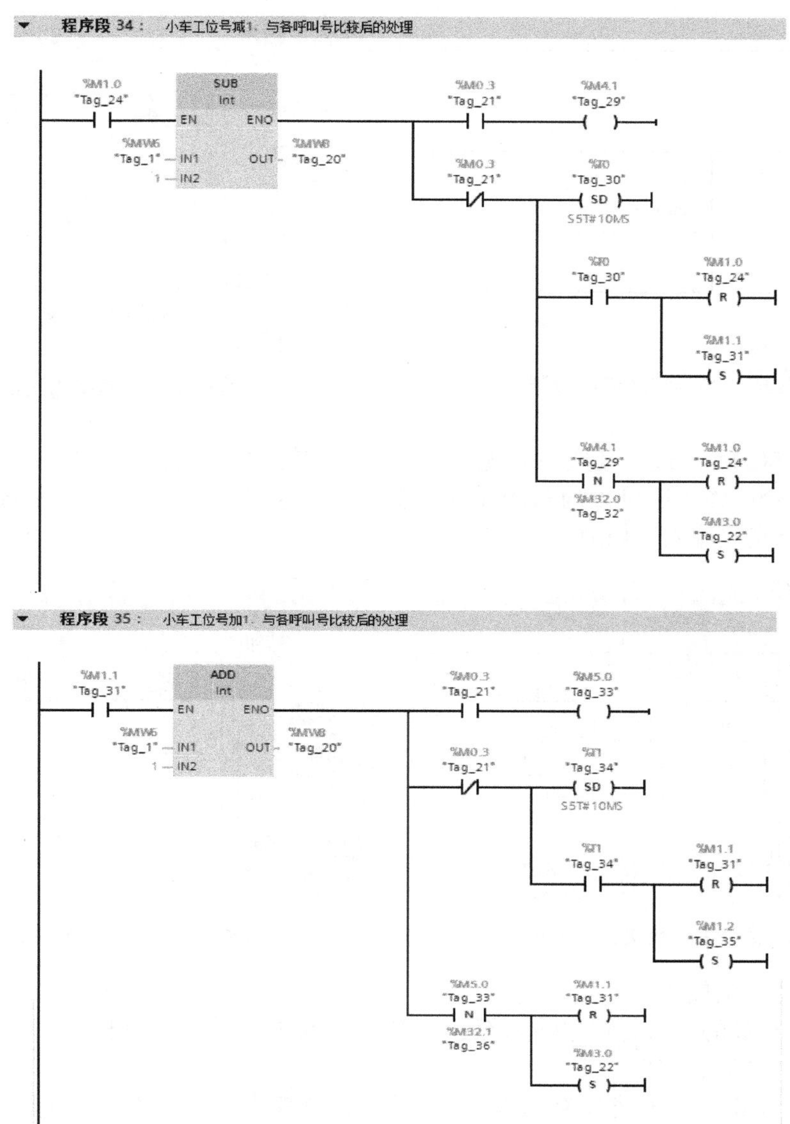

图 3-32　运算响应控制程序（部分）

7）小车停靠时间控制程序。小车响应完某个呼叫信号后，在该工位上停靠 3s，并退出运算状态 M1.0～M2.1，进入状态 M3.0，停靠期间不执行任何呼叫命令；停靠时间到，复位 M3.0，并将存于 MW8 中的上呼叫号清零，同时置位 M1.0，进入下一轮运算循环。其控制程序如图 3-33 所示。

4. 基于 STEP 7 V5. x 软件的程序输入

（1）数据传送指令的输入

1）按以前学过的方法将程序输入至图 3-34 所示位置，并在指令树下“移动”中找到传送指令“MOVE”。

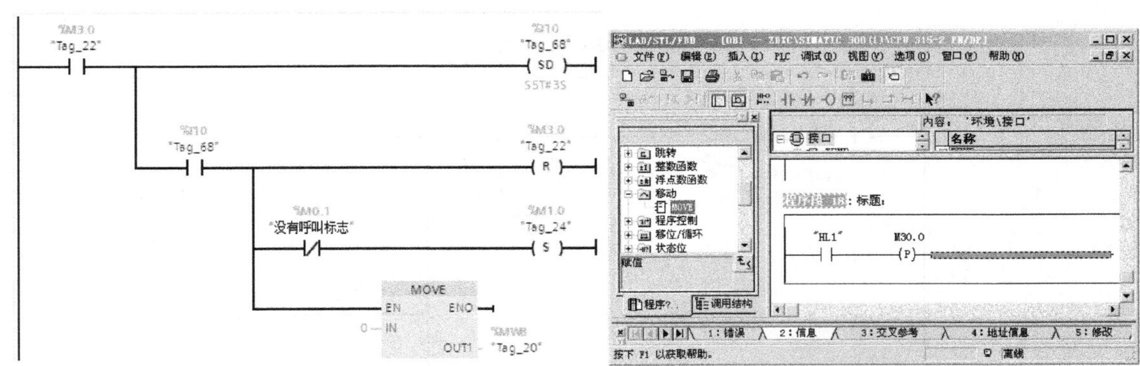

图 3-33　小车停靠时间控制程序

图 3-34　准备输入传送指令

2）双击“MOVE”或将其拖到需输入位置，完成传送指令的输入，如图 3-35 所示。

3）传送指令的输入还可以通过单击工具条上的“空逻辑框”按钮，并选择“MOVE”，双击或按回车键完成输入，如图 3-36 所示。

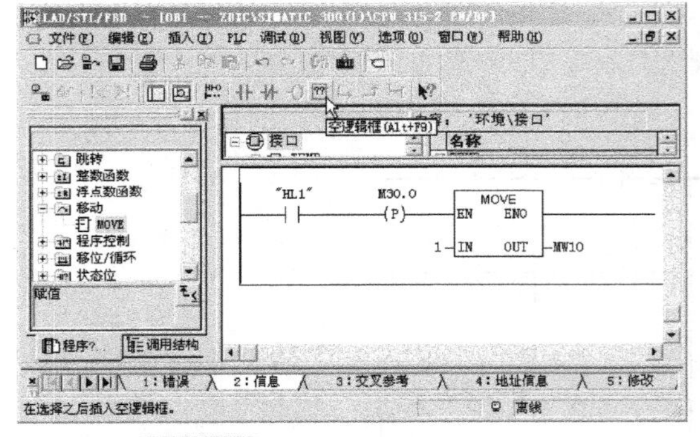

图 3-35　完成传送指令的输入

图 3-36　选择空逻辑框输入传送指令

（2）减法指令的输入

1）按以前学过的方法将程序输入至图 3-37 所示位置，并在指令树下“整数函数”中找到整数减法指令“SUB_ I”。

2）双击“SUB_ I”或将其拖到需输入位置，完成减法指令的输入，如图 3-38 所示。

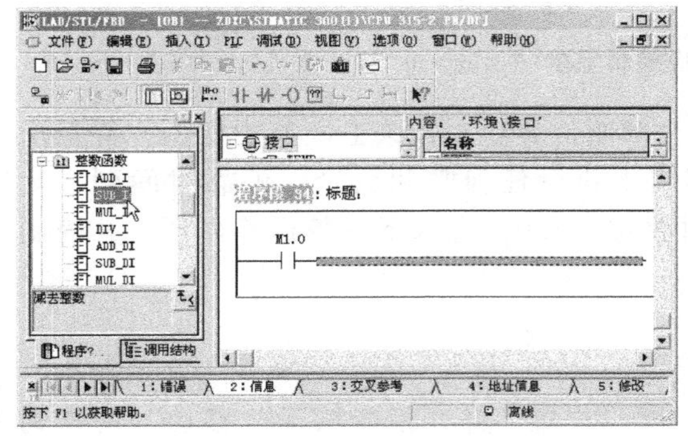

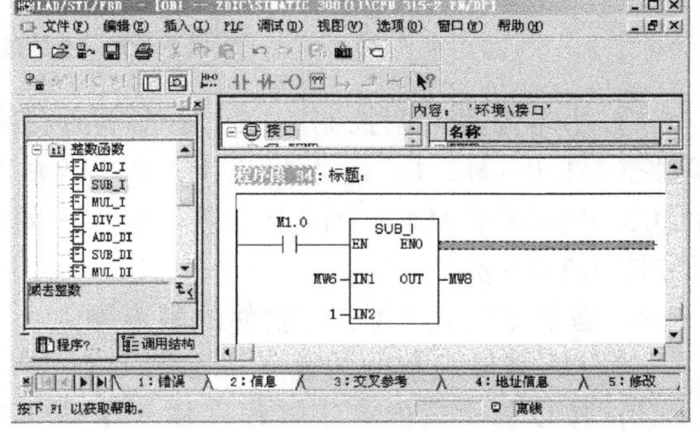

图 3-37　准备输入减法指令

图 3-38　完成减法指令的输入

（3）加法指令的输入

1）按以前学过的方法将程序输入至图 3-39 所示位置，并在指令树下“整数函数”中找到整数加法指令“ADD_ I”。

2）双击“ADD_ I”或将其拖到需输入位置，完成加法指令的输入，如图 3-40 所示。

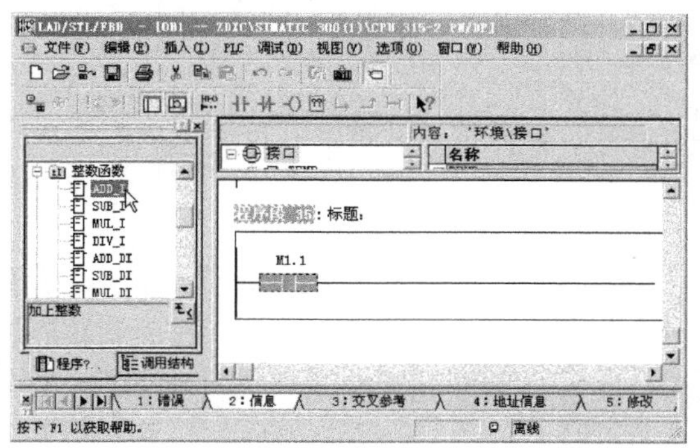

图 3-39　准备输入加法指令

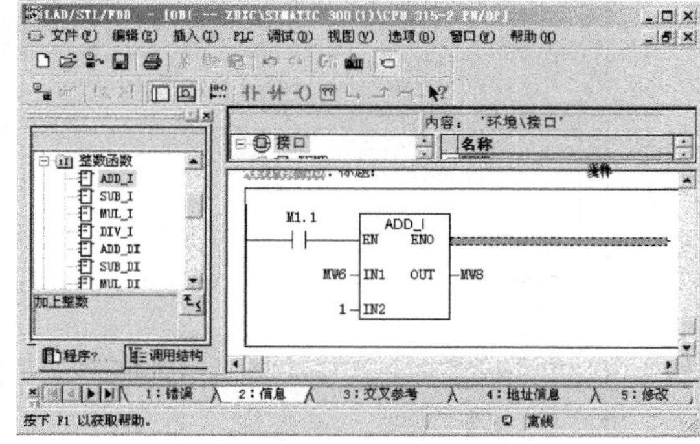

图 3-40　完成加法指令的输入

5. 基于 TIA Portal V1x 软件的程序输入

1）数据传送指令的输入。

① 按以前学过的方法将程序输入至图 3-41 所示位置，并在基本指令树下“移动操作”中找到移动值指令。

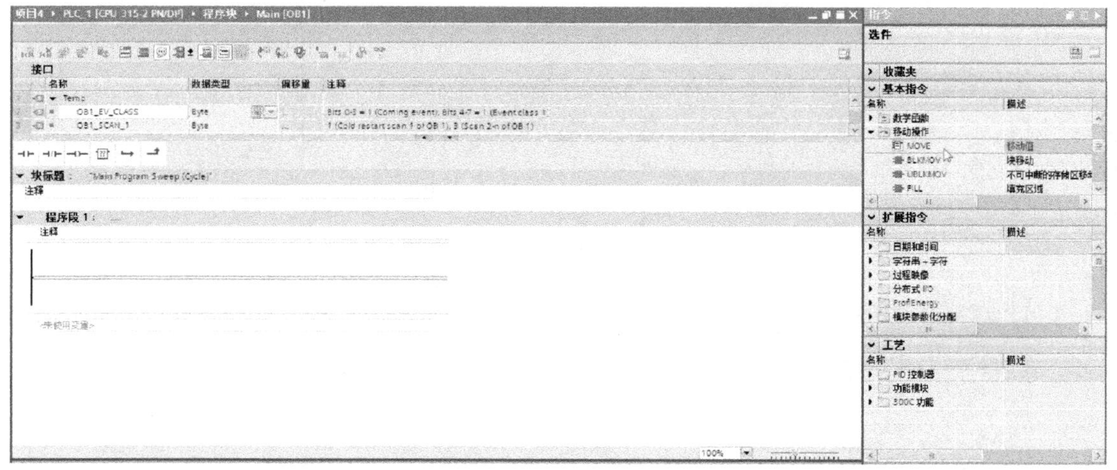

图 3-41　准备输入移动值指令

② 双击移动值指令或将其拖到需输入位置，完成传送指令的输入，如图 3-42 所示。

2）减法指令的输入。

① 按以前学过的方法将程序输入至图 3-43 所示位置，并在基本指令树下“数学函数”中找到减法指令。

② 双击减法指令或将其拖到需输入位置，单击 SUB 下拉列表选择数据类型，如图 3-44 所示。

③ 完成减法指令输入输出数据的输入，如图 3-45 所示。

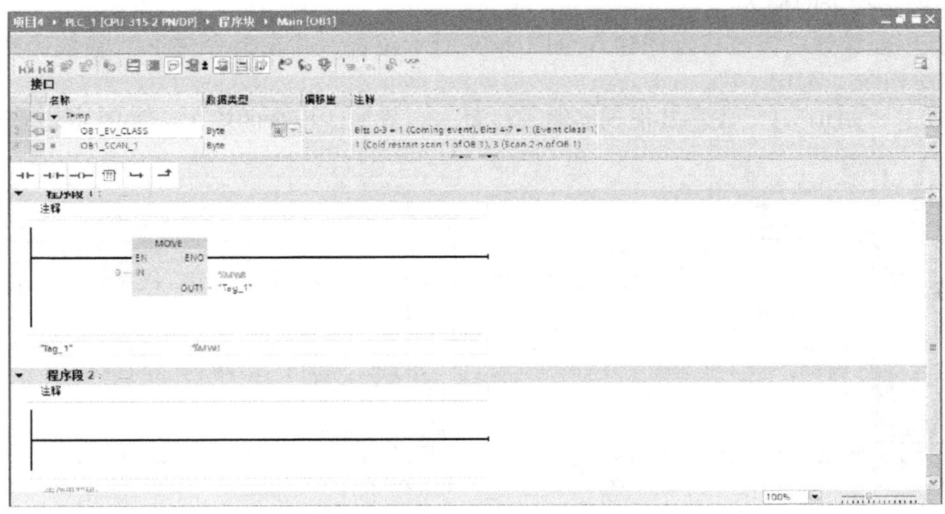

图 3-42　完成移动值指令的输入

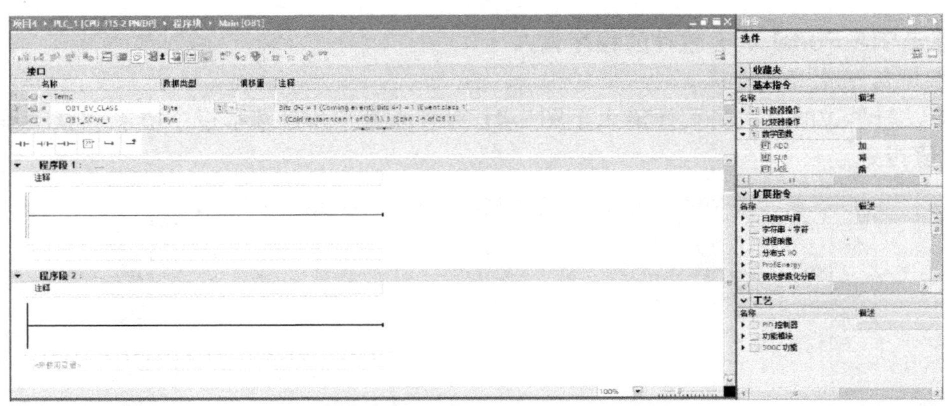

图 3-43　准备输入减法指令

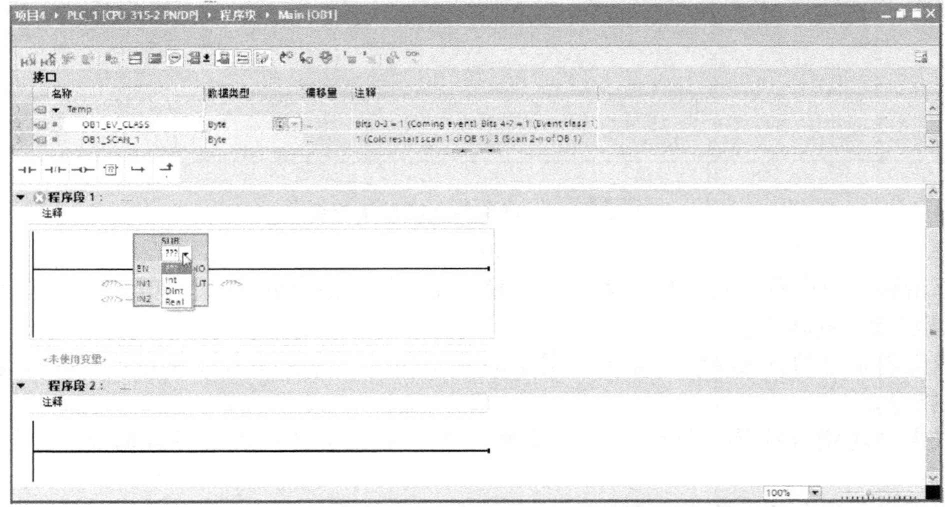

图 3-44　完成减法指令的输入并选择数据类型

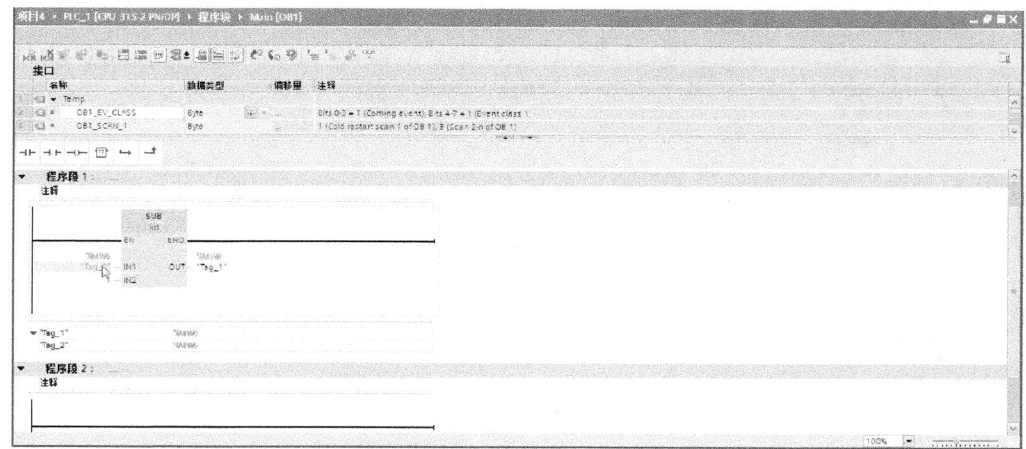

图 3-45　完成减法指令输入输出数据的输入

3）加法指令的输入。

① 按以前学过的方法将程序输入至图 3-46 所示位置，并在基本指令树下“数学函数”中找到加法指令。

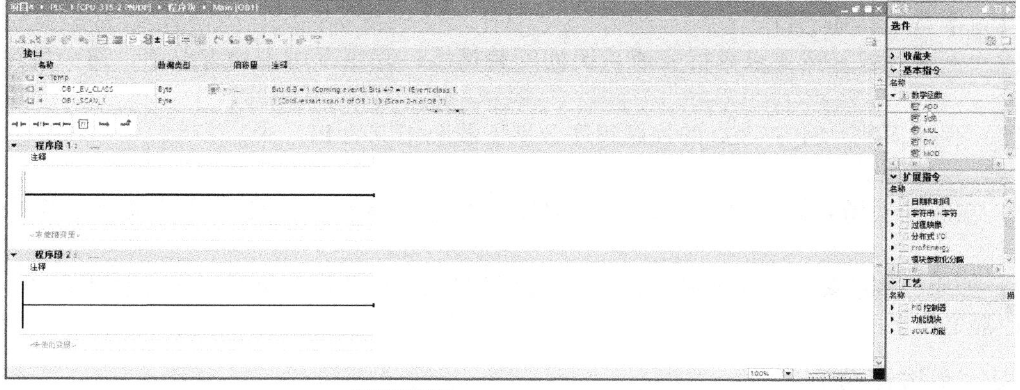

图 3-46　准备输入加法指令

② 双击加法指令或将其拖到需输入位置，单击 ADD 下拉列表选择数据类型，如图 3-47 所示。

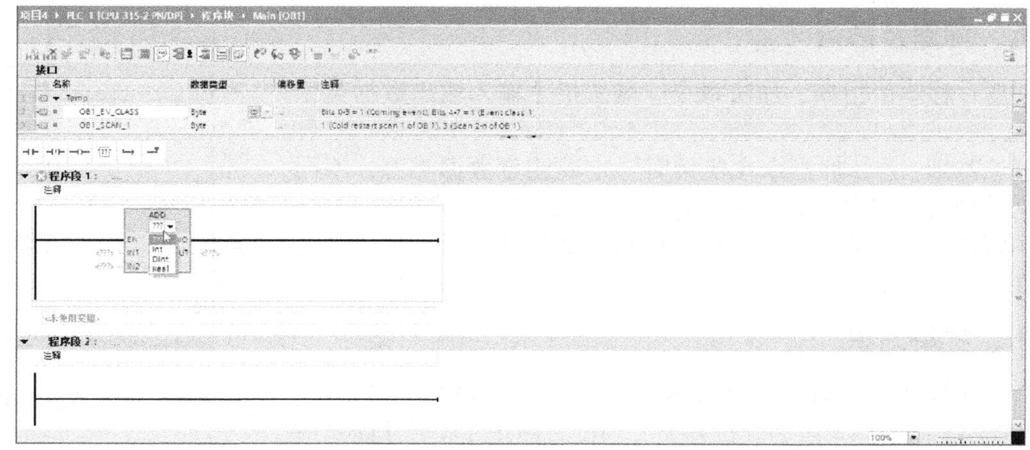

图 3-47　完成加法指令的输入并选择数据类型

③ 完成加法指令输入输出数据的输入，如图 3-48 所示。

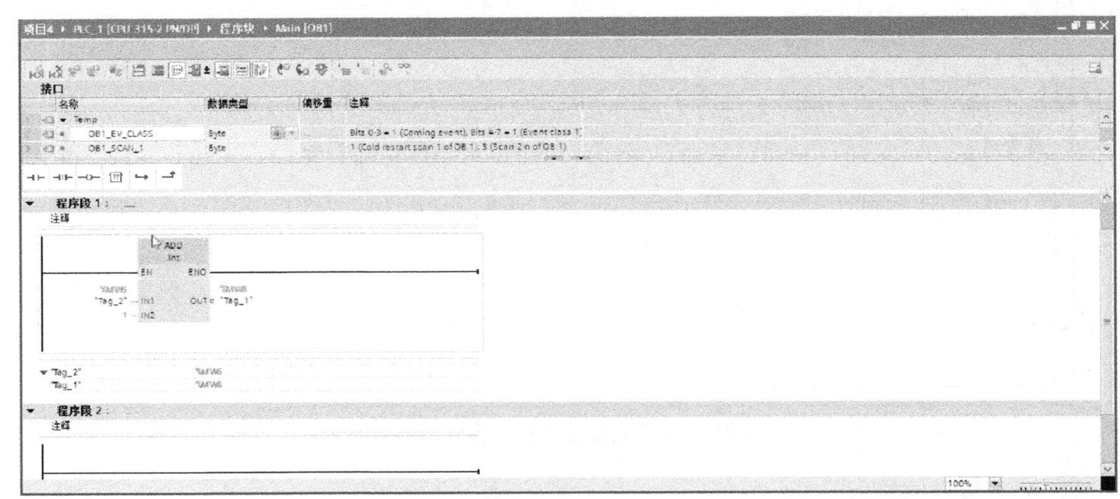

图 3-48　完成加法指令输入输出数据的输入

6. 系统安装和调试

（1）准备工具和器材。

（2）安装接线　按要求自行完成系统的安装接线，并用万用表检查电路，避免发生短路故障。

（3）程序下载　将 S7-300 的控制程序分别下载至相应的 PLC 中。

（4）系统调试

1）在教师现场监护下对不同的控制程序进行通电调试，验证系统功能是否符合控制要求。

2）如果出现故障，学生应独立检修。线路检修完毕和梯形图修改完毕应重新调试，直至系统正常工作。

八、考核评分

考核时采用两人一组共同协作完成的方式，按表 1-6 的标准进行评分，此分数作为成绩的 60%，并分别对两位学生进行提问，学生答复的得分作为成绩的 40%。

九、问题及防治

问题：移动值指令、加法指令、减法指令输入输出数据类型不一致。

理论基础：这 3 种指令在使用时一定要注意数据类型，不同的数据类型会造成程序输入时报错，不能通过校验。

预防方法：在使用前定义 PLC 的相关数据变量，确保变量的一致性。

十、扩展知识

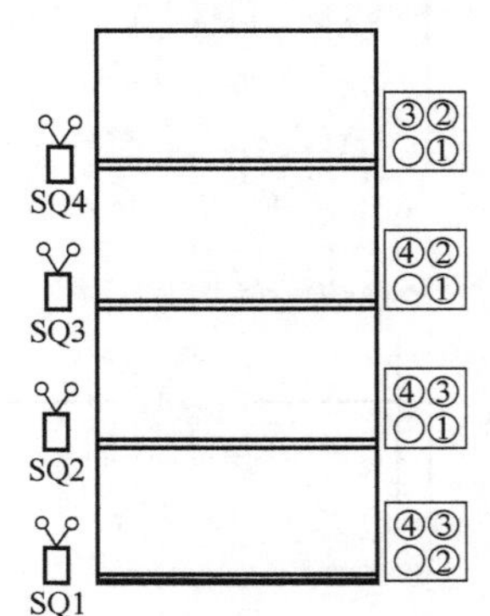

图 3-49　简易货梯示意图

有一个四层简易货梯如图 3-49 所示，货梯不设开关门系统，SQ1～SQ4 分别为 1～4 层的到位开关，到位后停止 30s 后才能响应下一呼叫命令；每层厅外有一控制面板，上设本层呼叫和目的层选择按钮，呼叫按钮带指示灯，用以记忆召唤信号，货梯运行到召唤层停止后指示灯熄灭；有多个召唤信号时，货梯采用就近优先响应的原则，若两召唤层离电梯停靠层距离相等，则优先执行下行命令。试编写该系统的控制程序。

任务3 工业机器人控制系统

一、任务描述

随着科学技术的日益发展，机器人技术也突飞猛进，逐渐深入到人们生活的各个方面，包括工业上的生产、制造、加工等。

随着计算机控制技术、检测控制技术和自动化控制技术等的高速发展，工件装配与搬运系统自动化程度越来越高，利用自动化技术、计算机技术和检测技术等设计的具有成本低、效率高的工件装配与搬运系统，代替了人工操作可完成危险性和重复枯燥的工作，现已经被广泛应用于大规模生产的制造行业中。该系统大大提高了生产效率，减少了人为因素造成的废次品率，能连续、大批量地装配货物，误差率低且大大降低了劳动强度，在工件装配与搬运过程中取得了优良的效果。

二、任务分析

主要知识点：

1）理解六轴工业机器人的发展、结构和参数。

2）掌握西门子 S7-300 型 PLC 控制六轴工业机器人单元程序的设计方法。

3）掌握六轴工业机器人程序的编写方法和步骤。

4）掌握六轴工业机器人单元的调试与运行方法和步骤。

利用一个按钮 SB1 给出“起动”信号后，系统进入运行状态，“起动”指示灯亮，检测到物料后，机器人到 P0 处抓取物料，再将物料从 P0 处经过 P1 处到达 P2 处；物料搬运到 P2 处后松开物料。其搬运轨迹如图 3-50 所示。

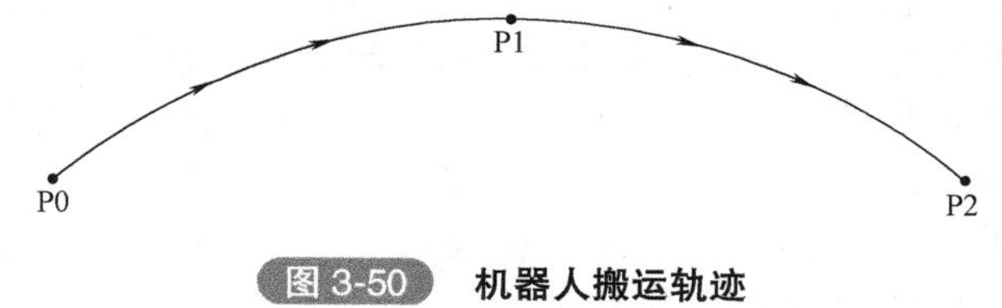

图 3-50 机器人搬运轨迹

按下“停止”按钮 SB2，“停止”指示灯亮，系统进入停止状态，机器人停止搬运，其他机构均停止动作，保持状态不变。

按下“复位”按钮 SB3，“复位”指示灯亮，系统进入复位状态，机器人复位，其他执行机构均恢复到初始位置。

三、相关知识

1. 机器人发展史

1920 年，捷克斯洛伐克作家卡雷尔 · 恰佩克在他的科幻小说《罗萨姆的万能机器人》中，根据 Robota（捷克文，原意为“劳役、苦工”）和 Robotnik（波兰文，原意为“工人”），创造出“机器人”这个词。

1939 年，美国纽约世博会上展出了西屋电气公司制造的家用机器人 Elektro。它由电缆控制，可以行走，会说 77 个字，甚至可以抽烟，不过离真正干家务活还差很远。但它让人们对家用机器人的憧憬变得更加具体。

1954 年，美国人乔治·德沃尔制造出世界上第一台可编程序的机器人，并注册了专利。这种机械手能按照不同的程序从事不同的工作，因此具有通用性和灵活性。

1959 年，德沃尔与美国发明家约瑟夫·英格伯格联手制造出第一台工业机器人。随后，成立了世界上第一家机器人制造工厂——Unimation 公司。由于英格伯格对工业机器人进行了研发和宣传，使得他被称为“工业机器人之父”。

1962—1963 年，传感器的应用提高了机器人的可操作性。人们试着在机器人上安装各种各样的传感器，包括：1961 年恩斯特采用的触觉传感器；1962 年托莫维奇和博尼在世界上最早的“灵巧手”上应用了压力传感器；1963 年麦卡锡在机器人中加入视觉传感系统，并在 1965 年帮助 MIT 推出了世界上第一个带有视觉传感器，能识别并定位积木的机器人系统。

1968 年，美国斯坦福研究所公布了他们研发成功的世界第一台智能机器人 Shakey。它带有视觉传感器，能根据人的指令发现并抓取积木，不过控制它的计算机占据的面积有一个房间那么大。Shakey 可以算是世界第一台智能机器人，拉开了第三代机器人研发的序幕。

1978 年，美国 Unimation 公司推出通用工业机器人 PUMA，这标志着工业机器人技术已经完全成熟。PUMA 至今仍然工作在工厂第一线。

2002 年，美国 iRobot 公司推出了吸尘器机器人 Roomba，它能避开障碍，自动设计行进路线，还能在电量不足时，自动驶向充电座。

2006 年 6 月，微软公司推出 Microsoft Robotics Studio，机器人模块化、平台统一化的趋势越来越明显，比尔·盖茨预言，家用机器人很快将席卷全球。

20 世纪 70 年代初期，我国科技人员从外文杂志上敏锐地捕捉到国外机器人研究的信息，开始自发地研究机器人。

80 年代中期，我国机器人的研发单位大大小小已有 200 多家，然而，由于多数从事的是低水平、重复性的研究，全国尚无一台机器人产品问世，直至 1985 年，我国机器人才迎来了发展的“春天”。

1985 年，工业机器人被列入了国家“七五”科技攻关计划研究重点，目标锁定在工业机器人基础技术、基础器件开发、搬运、喷涂和焊接机器人的开发研究五个方面。

从 20 世纪 90 年代初期起，在国家“863”计划支持下，我国工业机器人又在实践中迈进一大步，具有自主知识产权的定位焊、弧焊、装配、喷漆、切割、搬运、包装码垛等 7 种工业机器人产品相继问世，还实施了 100 多项机器人应用工程，建立了 20 余个机器人产业化基地。

2. 三菱 MELFA 工业机器人的构成及其参数

三菱 MELFA 工业机器人适用于高速度、高精度的单元化生产以及与智能技术结合，可以很方便地与三菱 PLC 和工厂自动化设备相连接。三菱 MELFA 工业机器人分为立式机器人（RV-SQ 系列、RV-SD 系列）和卧式机器人（RH-F 系列、RH-SQH 系列、RH-SQH 系列）。

三菱 RV-2SD 系列工业机器人是一台六自由度串联机器人，有 6 个关节臂，其标准配置如图 3-51 所示。

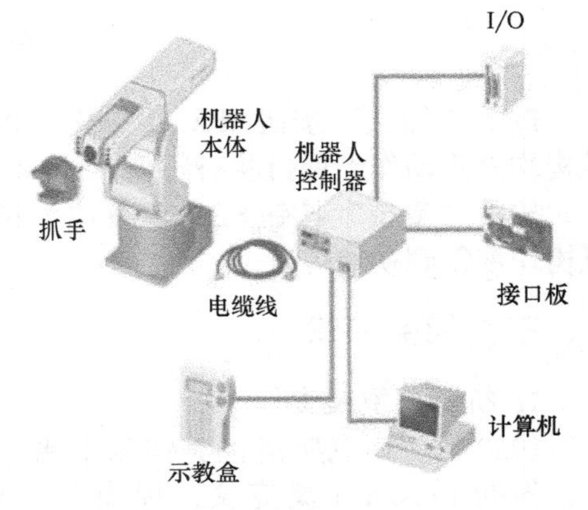

图 3-51 三菱 RV-2SD 系列工业机器人的组成

机器人本体及控制器规格见表 3-36、表 3-37。

表 3-36 机器人本体规格

项目		单位	规格
型式		—	RV-2SD
保护等级		—	IP30
安装方式		—	放置地板、垂吊、壁挂
构造		—	垂直多关节型
动作自由度		个	6
手臂长度		mm	230+270
最大动作区域半径		mm	504
动作范围	J1	—	480°(−240°~+240°)
	J2		240°(−120°~+120°)
	J3		160°(0°~+160°)
	J4		400°(−200°~+200°)
	J5		240°(−120°~+120°)
	J6		720°(−360°~+360°)
最大速度	J1	—	225°/s
	J2		150°/s
	J3		275°/s
	J4		412°/s
	J5		450°/s
	J6		720°/s
最大合成速度		mm/s	4400
循环时间		s	0. 6
可搬重量	额定	kg	2. 0
	最大	kg	3. 0
位置重复精度		mm	±0. 02
本体重量		kg	19

表 3-37 控制器规格

项目		单位	规格	备注
型号			CRIDA-771	
程序语言			MELFA-BASIC V	
位置示教方式			教示方式、MDI 方式	
外部输出、输入	通用输出、输入	点	输入 0/输出 0	配件使用时最大 256/256
	专用输出、输入	点	通用输出、输入分割	
	专用停止输、输入	点	1	
	Hand 开关输出、输入	点	输入 4/输出 0	用选配追加输出 4 点
	外部紧急停止输出、输入	点	1	二重化
	Door switch 输入	点	1	二重化
	Enable device 输入	点	1	二重化

（续）

项目		单位	规格	备注
外部输出、输入	附加轴同期输出	点	1	二重化
	模式输出	点	1	二重化
	预警输出	点	1	二重化
界面	RS-232	端口	1	计算机、视觉感应器
	RS-422	端口	1	TB 专用
	Etherent	端口	1（TB、使用者兼用）	10BASE-100BASE-TX
	USB	端口	1	只有 device 功能
	附加轴界面	Ch	1	SSCNETⅢ
	追踪界面	Ch	1	编码器电线连接用
	Hand 用插槽	Slot	1	Air hand 界面专用
	扩张插槽	Slot	1	安装选配界面用
外形尺寸（长×宽×高）		mm	240×290×200	突起部分除外
重量		kg	≈9	
构造			独立安装开放型	

只有机器人是无法完成生产工作任务的，需要搭建手爪、底座、传送带、传感器、气动回路等周边设备，并与之连接起来实现自动化生产。

3. 三菱工业机器人程序的基本应用指令

（1）MELFA-BASIC V 的规格

1）程序名称：程序的名称使用英文大写字母和数字。字符数最多为 12 个字符。控制器面板中最多可显示的字符数为 4 个字符，如图 3-52 所示。

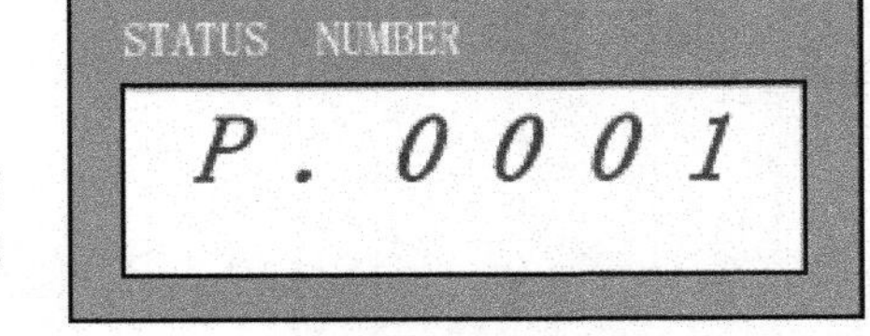

图 3-52 程序名称

2）程序的命令语句：命令语句由步号、命令语句、数据、附随语句构成，如图 3-53 所示。

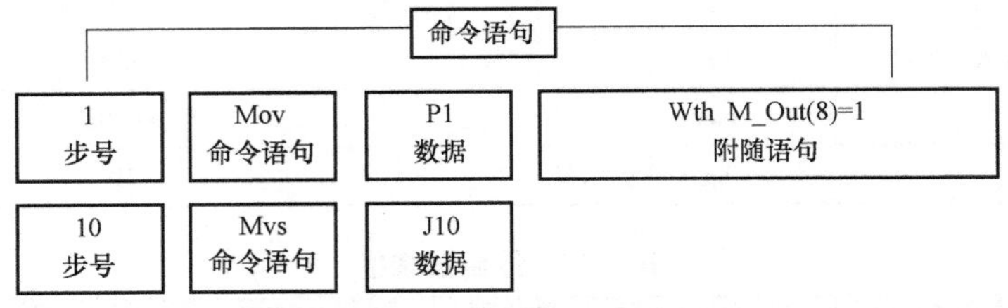

图 3-53 程序的命令语句构成

①步号：步号可以使用整数 1～32767。程序从起始步开始（按步号的升序）执行。程序中步号显示如图 3-54 所示。

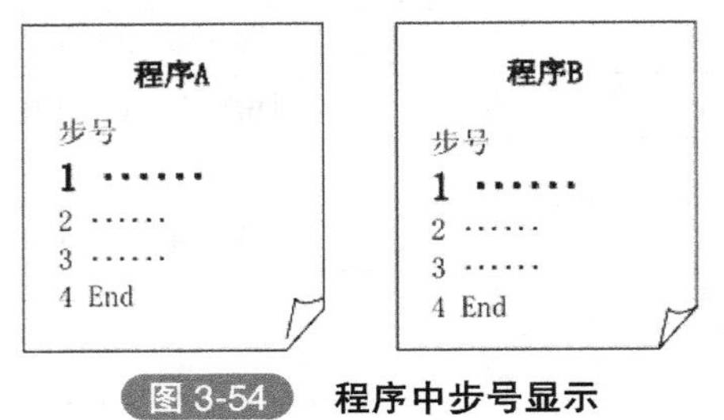

图 3-54 程序中步号显示

② 命令句：可以使用 MELFA-BASIC IV 中准备的命令句，见表 3-38。

表 3-38 MELFA-BASIC IV 命令句

序号	项目	内容	相关命令
1	机器人动作控制	关节插补动作	Mov
2		直线插补动作	Mvs
3		圆弧插补动作	Mvr,Mvr2,Mvc
4		最佳加减速动作	Oadl
5		抓手控制	HOpen,HClose
6	托盘运算		Def Plt,Plt
7	程序控制	无条件分支,条件分支	GoTo,If Then Else
8	外部信号	循环	For Next
9		中断	Def Act,Act
10		子程序	Go Sub,CallP
11		定时器	Dly
12		停止	End,Hlt
13		输入输出信号	M_In,M_Out

③ 数据：记叙常量及变量。程序中常见数据如图 3-55 所示。

④ 附随语句：只能对移动命令附随处理命令。程序中的附随语句如图 3-56 所示。

⑤ 标识：用于在程序中进行分支目标指定。程序中的标识如图 3-57 所示。

⑥ 特殊字符：除英文及数字以外的字符，包括下划线“_”、省字符“’”、逗号“,”、点号“.”、空格（空白）等。特殊字符的应用见表 3-39。

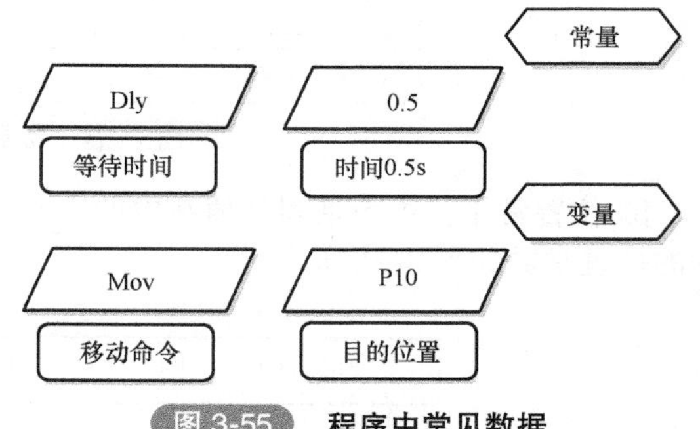

图 3-55 程序中常见数据

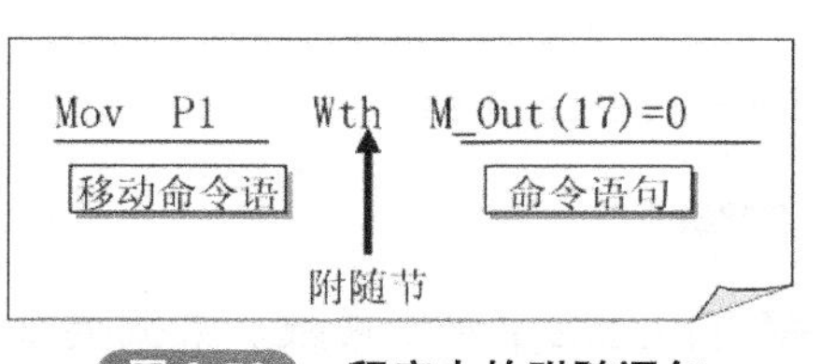

图 3-56 程序中的附随语句

图 3-57 程序中的标识

表 3-39 MELFA-BASIC IV 中特殊字符应用

区分	可以使用的字符
英文字母	ABCDEFGHIJKLMNOPQRSTUVWXYZ abcdefghijklmnopqrstuvwxyz
数字	0123456789
符号	! ” # ¥ % &( ) * + - . ,/ : ; = < > ? @ ’ [\ ] { } ~ |
空白	空白字符
下划线	_

3）程序的常量及变量：

① 数据的类型：数值、字符串、位置、关节，它们具有各自的常量及变量。常见的数据类型如图 3-58 所示。

②常量：分为数值、字符串、位置、关节、角度。数据类型中的常量如图 3-59 所示。

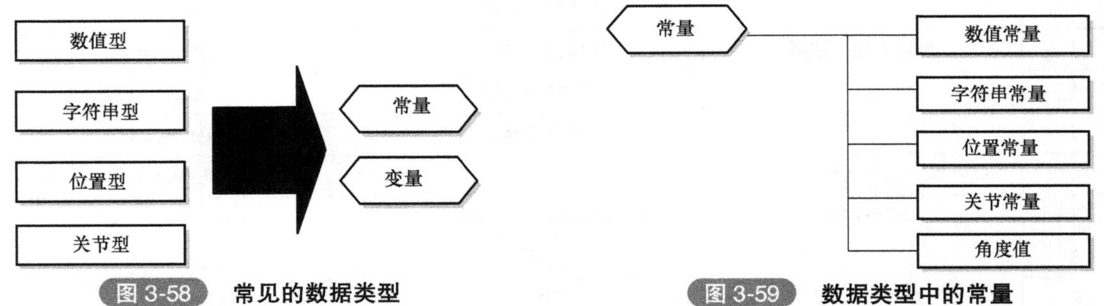

图 3-58 常见的数据类型　　图 3-59 数据类型中的常量

a. 数值常量：分为 10 进制数、16 进制数和 2 进制数。数据类型中的数值常量如图 3-60 所示。

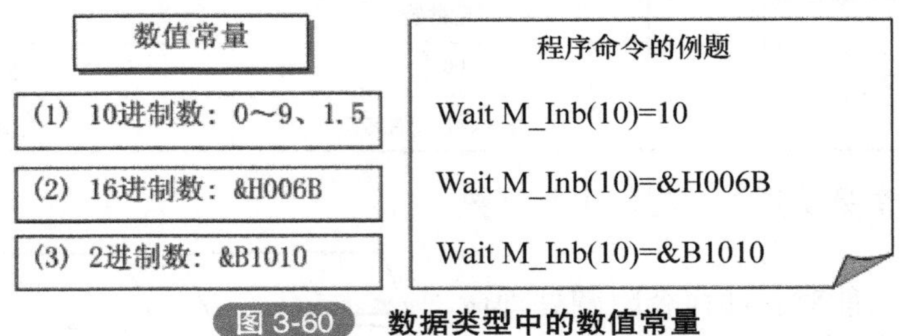

图 3-60 数据类型中的数值常量

b. 位置常量：由包括附加值在内的 8 轴位置数据及表示姿势的结构标志构成。数据类型中的位置常数如图 3-61 所示。

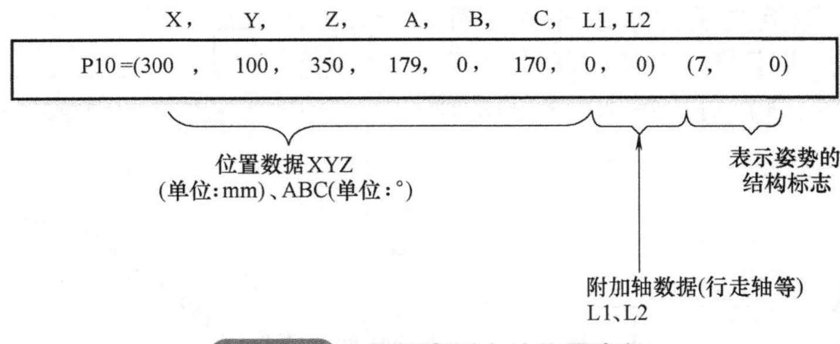

图 3-61 数据类型中的位置常数

c. 其他常量有将各轴用角度表示的关节常数、表示字符信息的字符串常数。数据类型中的其他常数如图 3-62 所示。

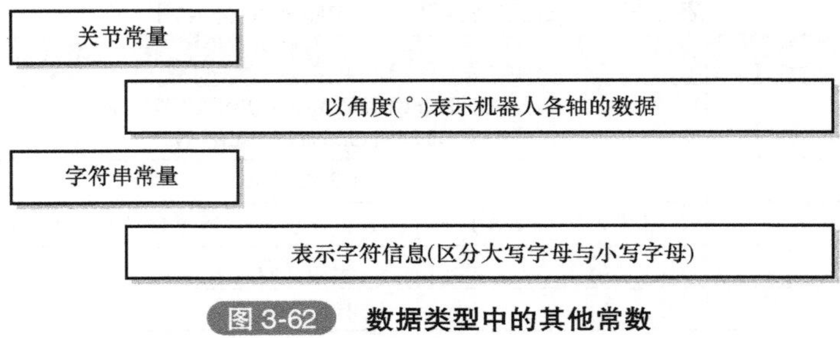

图 3-62 数据类型中的其他常数

③ 变量：变量名以16个字符以内的英文或数字进行记述。分为算术、字符串、位置、关节、输入输出。数据类型中的变量如图3-63所示。

a. 变量类型：将M附加在最前面的“数值变量”、将P附加在最前面的“位置变量”

将J附加在最前面的“关节变量”、将C附加在最前面的“字符串变量”。数据类型中的变量类型如图3-64所示。

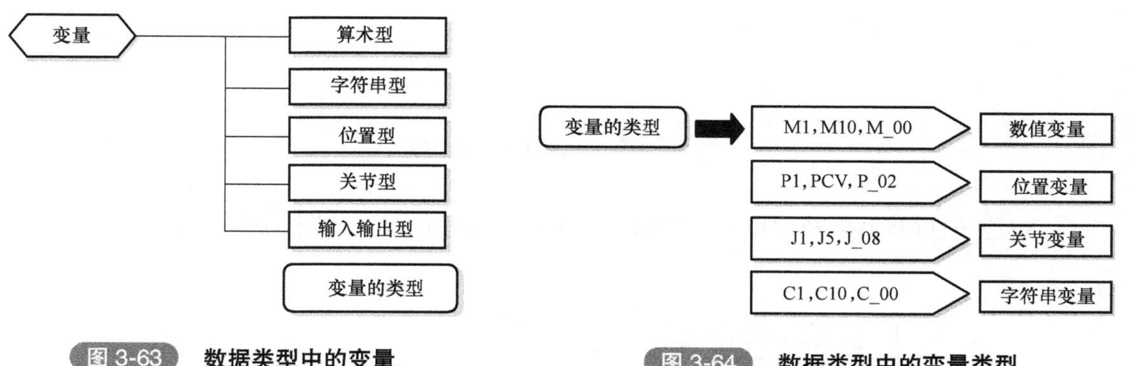

图3-63　数据类型中的变量

图3-64　数据类型中的变量类型

b. 数值变量的处理：

- 整数型：−132768～132768。
- 单精度实数型：$-3.40282347\times10^{38}\sim3.40282347\times10^{38}$。
- 双精度实数型：$-1.7976931348623157\times10^{308}\sim1.7976931348623157\times10^{308}$。

c. 位置变量的构成：通过在字母P的后面附加数字、英文字符、成分等所构成，如图3-65所示。

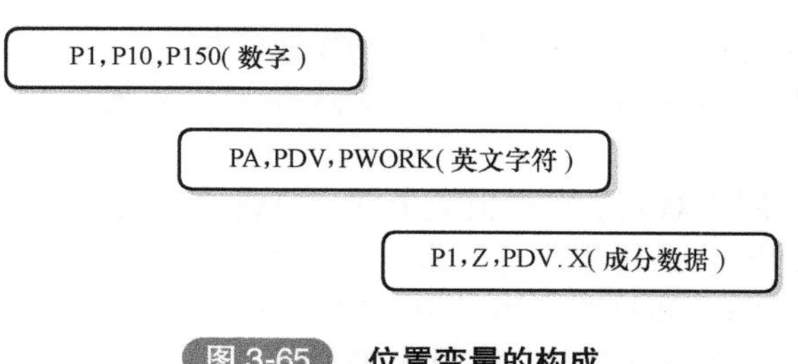

图3-65　位置变量的构成

（2）程序命令

1）插补命令：用于使机器人移动，全部轴将同时起动、同时停止。

① Mov：通过关节插补动作进行移动，直至到达目标位置，如图3-66所示。

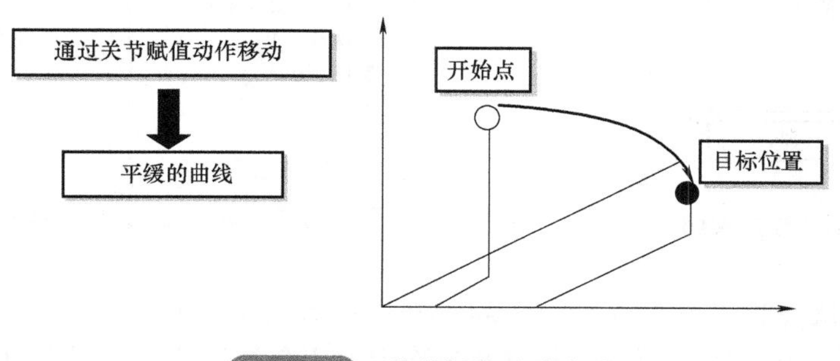

图3-66　关节插补移动方式

② Mvs：通过直线插补动作进行移动，直至到达目标位置，如图 3-67 所示。

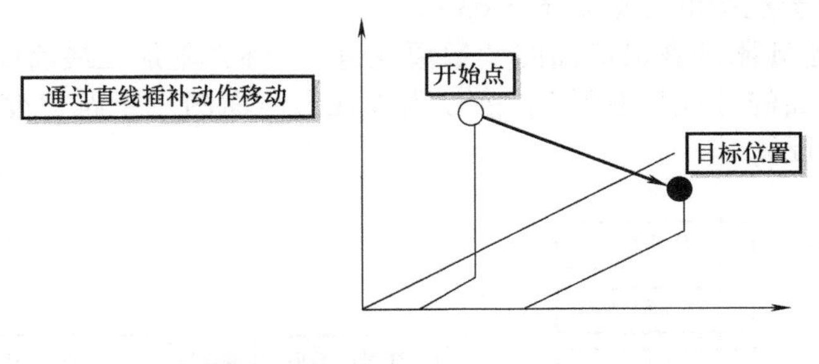

图 3-67 直线插补移动方式

③ Mvr：通过圆弧插补动作进行移动，直至到达目标位置，如图 3-68 所示。

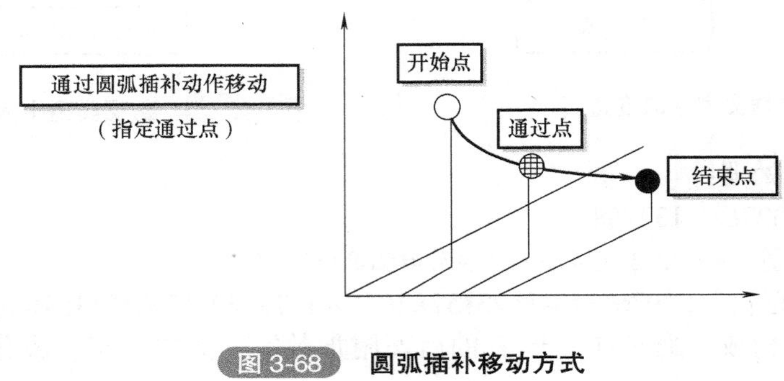

图 3-68 圆弧插补移动方式

2）速度命令：用于对运动中的机器人进行动作速度控制。

例如，Ovrd 指令对所有的插补命令有效，对运动的全体速度（最高速度）进行比例设置，如图 3-69 所示。

3）抓手处理命令：用于对安装在机器人上的工具进行控制。

① HOpen（抓手打开）：通过程序打开指定的抓手。

② HClose（抓手闭合）：通过程序闭合指定的抓手。

HOpen 指令与 HClose 指令应用实例如图 3-70 所示。

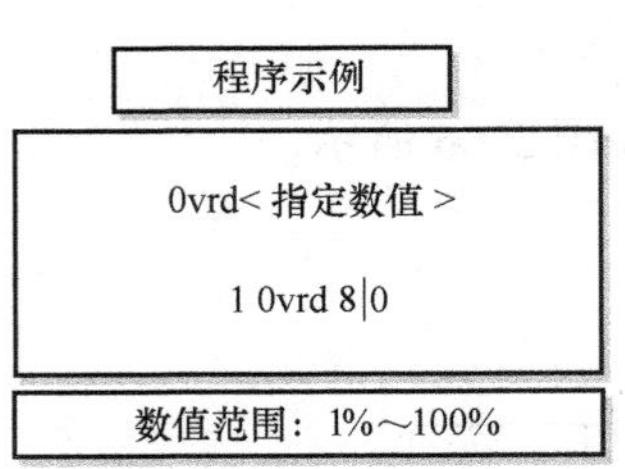

图 3-69 Ovrd 指令应用实例

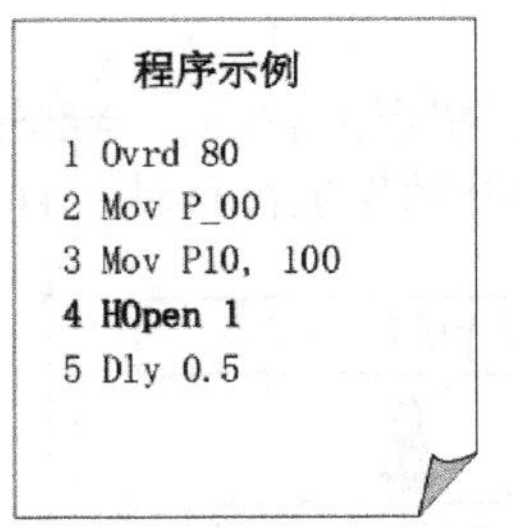

程序示例

```
1 Ovrd 80
2 Mov P_00
3 Mov P10, 100
4 HClose 1
5 Dly 0.5
```

图 3-70 HOpen 指令与 HClose 指令应用实例

③ Dly：如果执行此命令，将按指定的时间进行等待后，转移至下一行后执行命令。例如，用于希望使抓手在厂家设定的动作时间内稳定地闭合与打开，如图 3-71 所示。

4）子程序命令：执行指定标识的子程序，通过子程序中的 Return（返回）命令进行恢复。其应用实例如图 3-72 所示。

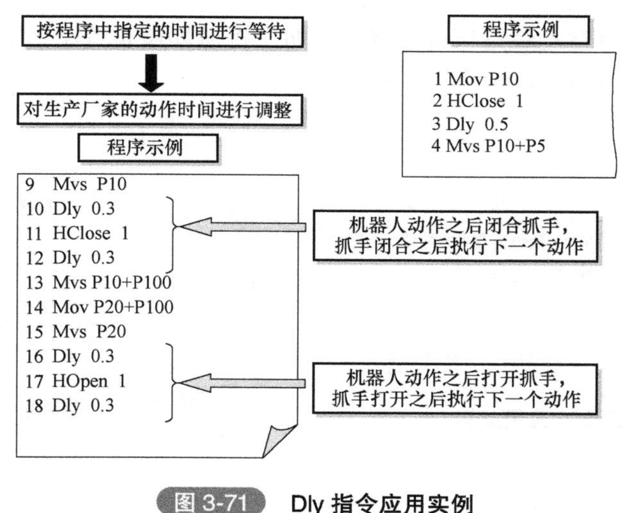

图 3-71 Dly 指令应用实例

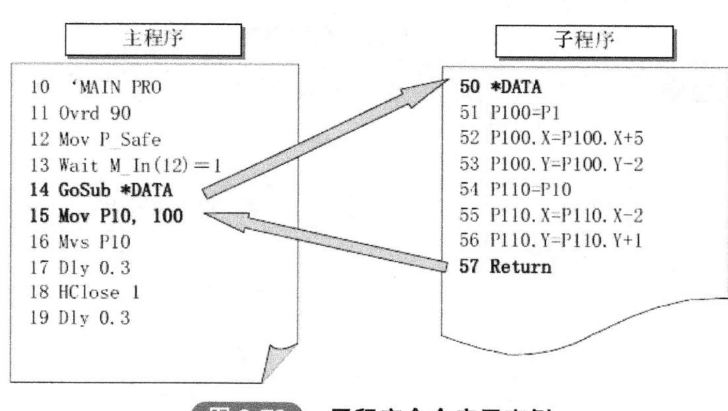

图 3-72 子程序命令应用实例

5）分支命令：用于在程序中进行无条件跳转及根据条件判别结果跳转时等情况。

① If Then Else：If 语句中指定的条件式的结果成立时跳转至 Then 行，不成立时跳转至 Else 行。其应用实例如图 3-73 所示。

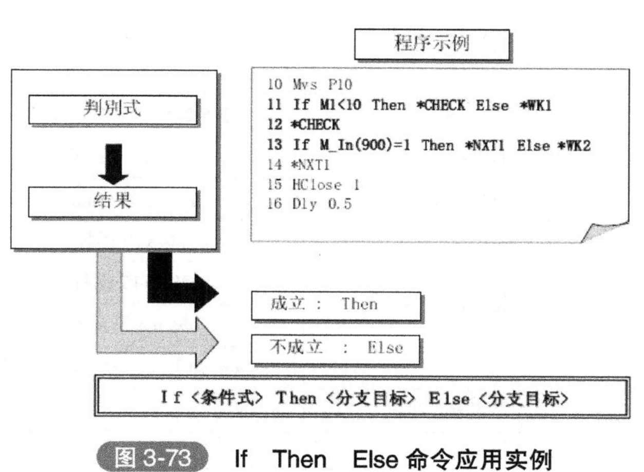

图 3-73 If Then Else 命令应用实例

② Wait：在变量的数据变为程序中指定的值之前，在此处待机。其应用实例如图 3-74 所示。

6）END 命令：对程序的最终行进行定义。如果将循环停止置于 ON 时，运行将在执行 1 个循环后结束。其应用实例如图 3-75 所示。

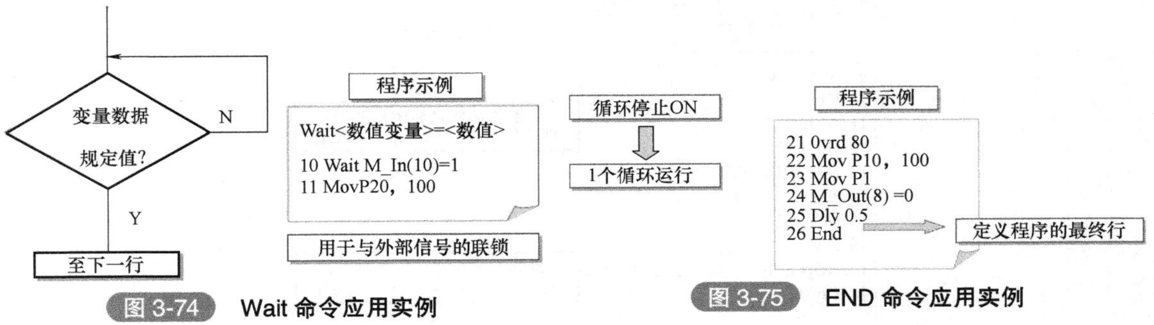

图 3-74 Wait 命令应用实例

图 3-75 END 命令应用实例

四、任务准备

1）准备工具和器材，见表 3-40。

表 3-40 所需工具和器材

序号	分类	名称	型号规格	数量	单位
1	工具	电工工具		1	套
2	器材	万用表	MF47 型	1	块
3		可编程序控制器	S7-300 CPU314C-2 PN/DP	1	只
4		三菱六轴机器人	RV-2SD-S70	1	台
5		计算机	装有 STEP 7 V5. x 和 TIA Portal V1x 软件	1	台
6		安装铁板	600mm×900mm	1	块
7		导轨	C45	0. 3	m
8		小型剩余电流断路器	DZ47LE-32,4P,C10A	1	只
9		小型断路器	DZ47-60,1P,C2A	2	只
10		熔断器	RT18-32	1	只
11		直流开关电源	DC 24V,50W	1	只
12		按钮	LAY5	1	只
13		按钮盒	三孔	1	只
14		接线端子	JF5-2. 5mm^2,5 节一组	4	组
15		铜塑线	BV1/1. 5mm^2	15	m
16		软线	BVR7/0. 75mm^2	20	m
17		紧固件	M4×20 螺杆	若干	只
18			M 4×12 螺杆	若干	只
19			ϕ4mm 平垫圈	若干	只
20			ϕ4mm 弹簧垫圈及 ϕ4mm 螺母	若干	只
21		号码管		若干	m
22		号码笔		1	支

2）机器人控制系统可按图 3-76 布置元件并安装接线，三菱机器人按图 3-77 布置。

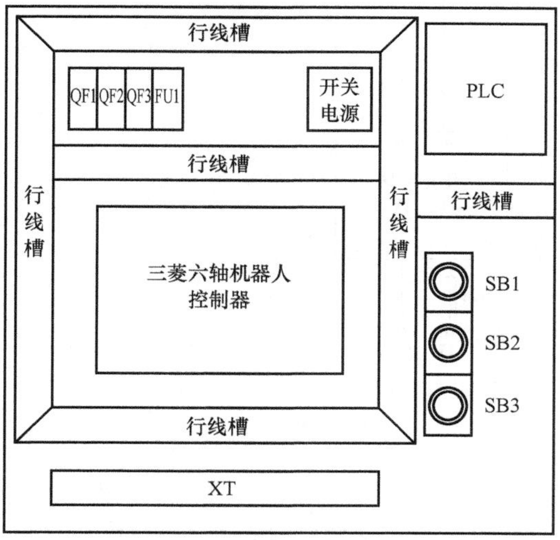

图 3-76　元件布置图

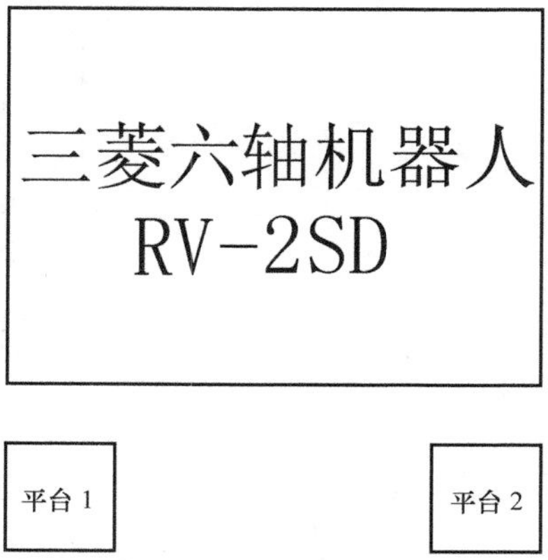

图 3-77　三菱机器人布置图

五、任务实施

首先要进行输入/输出点的分配，主要通过输入/输出分配表或输入/输出接线图来实现。

1. 输入/输出分配

三相交流异步电动机单键起动和停止控制系统电路的输入/输出分配见表 3-41。

表 3-41　输入/输出分配

输入			输出		
元件代号	输入继电器	作用	元件代号	输出继电器	作用
SB1	I0. 0	起动	HL1	Q0. 0	起动指示灯
SB2	I0. 1	停止	HL2	Q0. 1	停止指示灯
SB3	I0. 2	复位	HL3	Q0. 2	复位指示灯
B1	I0. 3	物料检测	机器人输入 in0	Q0. 3	程序停止
机器人输出 out0	I0. 4	操作权有效	in1	Q0. 4	申请操作权
out1	I0. 5	伺服 OFF	in2	Q0. 5	伺服 ON
out2	I0. 6	程序停止	in3	Q0. 6	程序开始
out3	I0. 7	异常发生	in4	Q0. 7	出错复位
out4	I1. 0	伺服 ON	in5	Q1. 0	伺服 OFF
out5	I1. 1	程序运行中	in6	Q1. 1	程序复位
out6	I1. 2	原点位置	in7	Q1. 2	回原点
out7	I1. 3	搬运完成	in8	Q1. 3	开始搬运
out10	I1. 4	搬运中	in9	Q1. 4	

2. S7-300 型 PLC 输入/输出接线

用西门子 S7-300 型 PLC 实现机器人搬运物料的输入/输出接线如图 3-78 所示。

图 3-78 中由于 S7-300 型 PLC 的输入/输出模块的负载电压为 24V 直流电，所以 PLC 通过

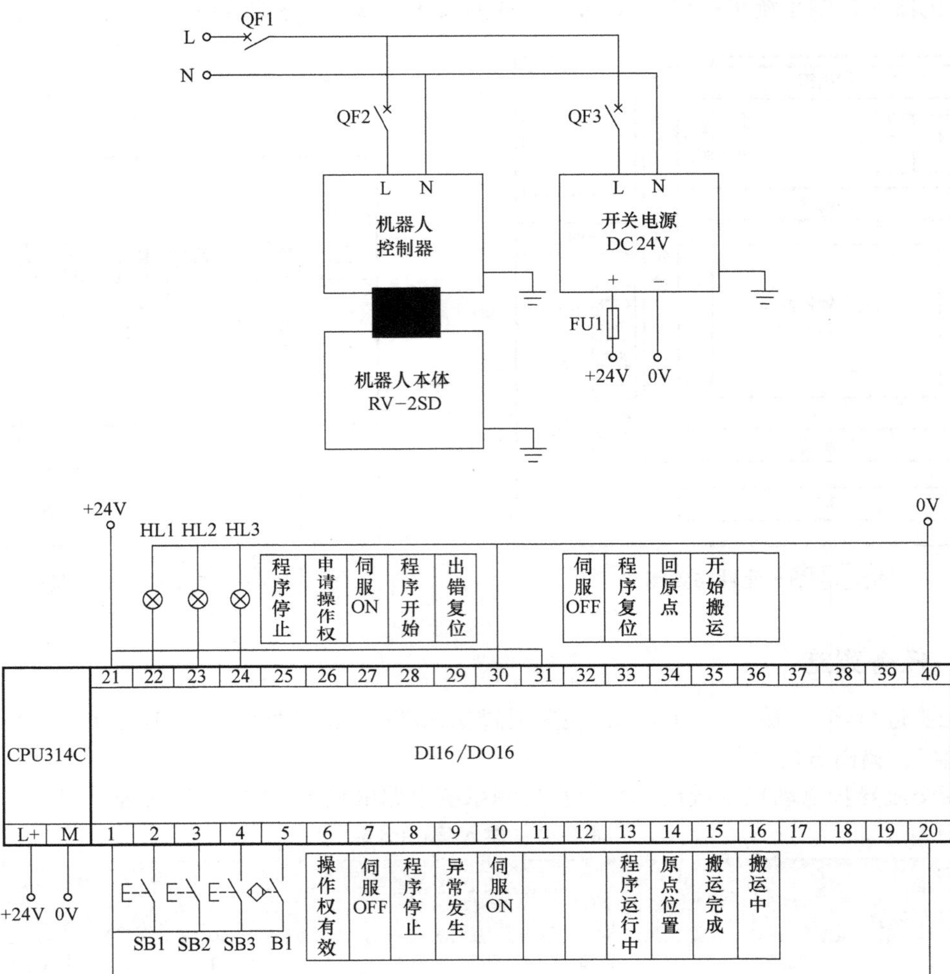

图 3-78 机器人控制 S7-300 型 PLC 输入/输出接线

控制 24V 直流继电器进而控制交流接触器以实现对机器人的控制。

由于所连接的机器人为三菱 RV-2SD，三菱与西门子的输入端 PNP（漏型）与 NPN（源型）概念正好相反，于是需要使用光耦隔离板，将信号极性转换板 NPN 转为 PNP。

S7-300 型 PLC 的输入作为机器人的输出，机器人的输入作为 S7-300 型 PLC 的输出。

3. 程序设计

（1）基于 STEP 7 V5. x 软件的 S7-300 型 PLC 控制程序　机器人控制程序如图 3-79 所示。起动按钮 SB1（I0. 0）接通时，起动指示灯（Q0. 0）亮，检测到物料（I0. 3）后，机器人到 P0 处抓取物料，再将物料从 P0 处经过 P1 处到达 P2 处；物料搬运到 P2 处后松开物料。

按下复位按钮（I0. 2），复位指示灯（Q0. 2）亮，PLC 向机器人发出操作权有效信号（Q0. 4），机器人向 PLC 发出操作权有效信号（I0. 4）产生伺服起动信号（Q0. 5）与程序复位信号（Q1. 1），机器人向 PLC 发出伺服 ON 信号（I1. 0）产生程序开始信号（Q0. 6），机器人向 PLC 发出程序运行中信号（I1. 1）产生回原点信号（Q1. 2），机器人回到原点后向 PLC 发出回原点信号（I1. 2）则复位完成。

按下停止按钮（I0. 1），停止指示灯（Q0. 1）亮，将伺服起动信号（Q0. 5）、程序开始信号（Q0.6）与程序停止（Q0.3）复位，同时发出伺服 OFF 信号（Q1.0）。

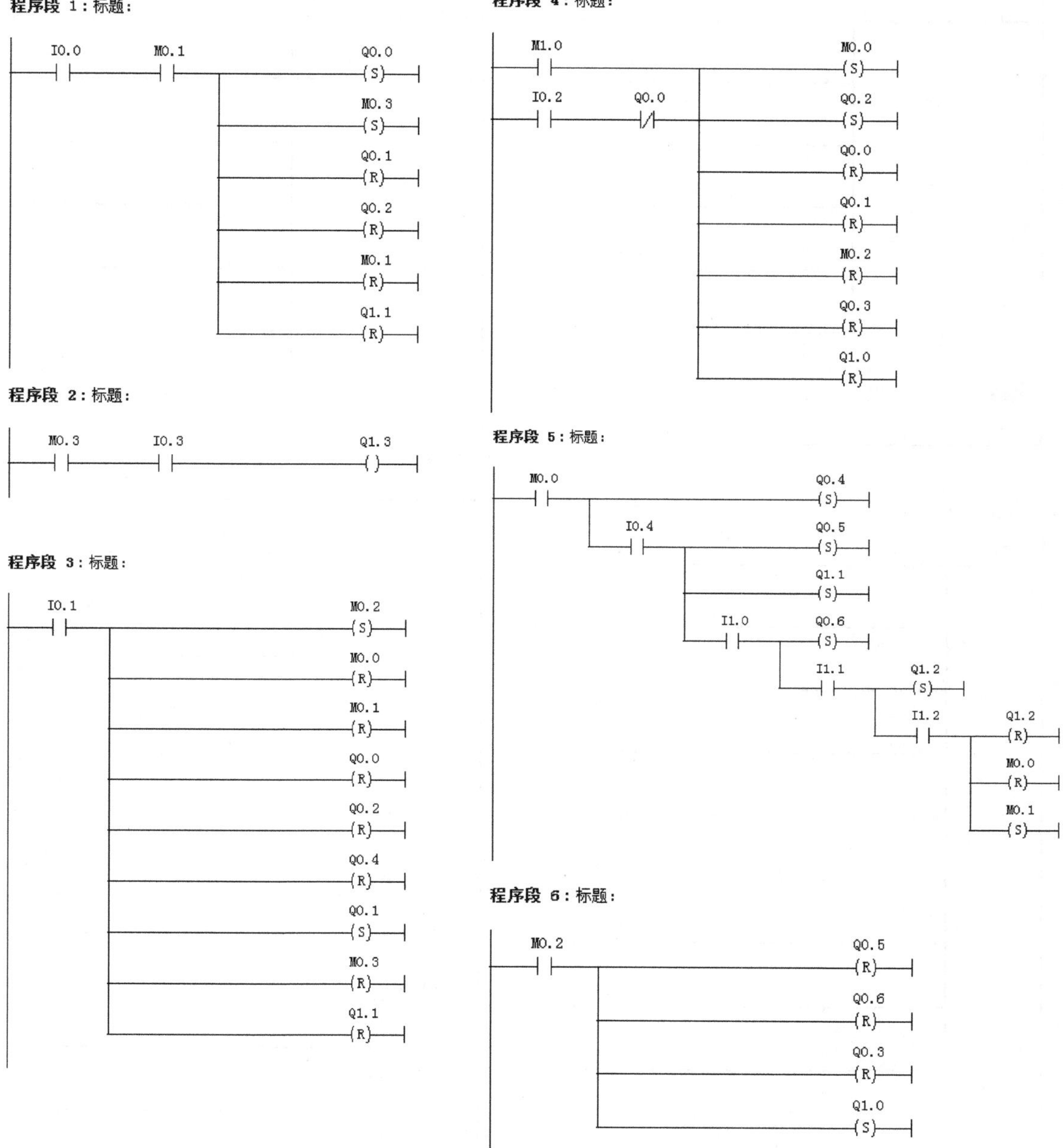

图 3-79 基于 STEP 7 V5. x 软件的 PLC 控制程序

（2）基于 TIA Portal V1x 软件的 S7-300 型 PLC 控制程序　基于 TIA Portal V1x 软件的 S7-300 型 PLC 控制三菱机器人时，设计思路和设计方法与基于 STEP 7 V5. x 软件的基本相同，只是所用指令的格式不同而已。现将图 3-79 所示程序分别改写为图 3-80 所示。

（3）三菱机器人控制程序

```
'----------------------输入点-----------------------------------
Def Io in0=Bit,0                                    '程序停止
Def Io in1=Bit,1                                    '申请操作权
```

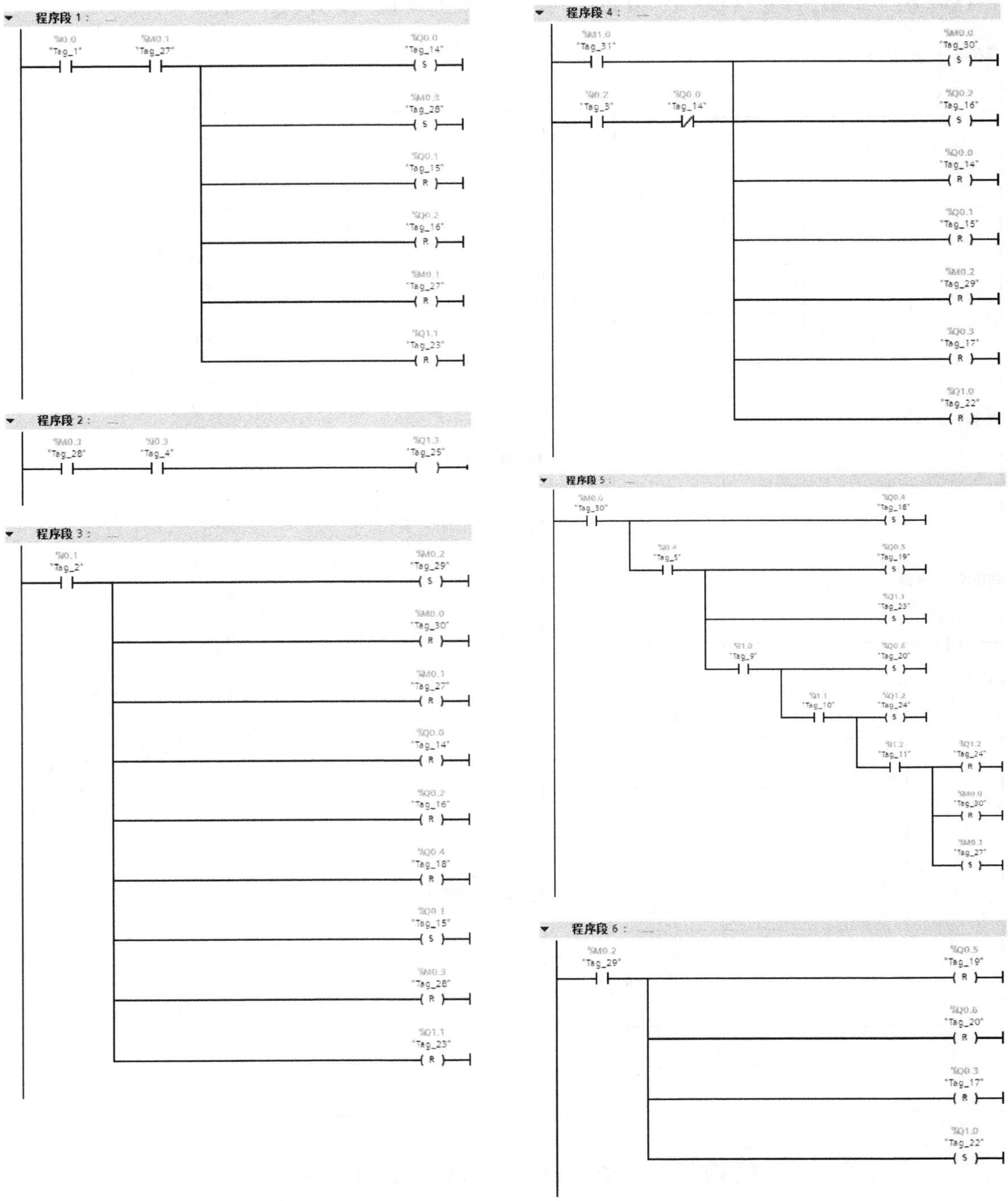

程序段 1：……

%I0.0 "Tag_1"　%M0.1 "Tag_27"
%Q0.0 "Tag_14" (S)
%M0.3 "Tag_28" (S)
%Q0.1 "Tag_15" (R)
%Q0.2 "Tag_16" (R)
%M0.1 "Tag_27" (R)
%Q1.1 "Tag_23" (R)

程序段 2：……

%M0.3 "Tag_28"　%I0.3 "Tag_4"
%Q1.3 "Tag_25" (　)

程序段 3：……

%I0.1 "Tag_2"
%M0.2 "Tag_29" (S)
%M0.0 "Tag_30" (R)
%M0.1 "Tag_27" (R)
%Q0.0 "Tag_14" (R)
%Q0.2 "Tag_16" (R)
%Q0.4 "Tag_18" (R)
%Q0.1 "Tag_15" (S)
%M0.3 "Tag_28" (R)
%Q1.1 "Tag_23" (R)

程序段 4：……

%M1.0 "Tag_31"
%M0.0 "Tag_30" (S)
%I0.2 "Tag_3"　%Q0.0 "Tag_14"
%Q0.2 "Tag_16" (S)
%Q0.0 "Tag_14" (R)
%Q0.1 "Tag_15" (R)
%M0.2 "Tag_29" (R)
%Q0.3 "Tag_17" (R)
%Q1.0 "Tag_22" (R)

程序段 5：……

%M0.0 "Tag_30"
%Q0.4 "Tag_18" (S)
%I0.4 "Tag_5"
%Q0.5 "Tag_19" (S)
%Q1.1 "Tag_23" (S)
%I1.0 "Tag_9"
%Q0.6 "Tag_20" (S)
%I1.1 "Tag_10"
%Q1.2 "Tag_24" (S)
%I1.2 "Tag_11"
%Q1.2 "Tag_24" (R)
%M0.0 "Tag_30" (R)
%M0.1 "Tag_27" (S)

程序段 6：……

%M0.2 "Tag_29"
%Q0.5 "Tag_19" (R)
%Q0.6 "Tag_20" (R)
%Q0.3 "Tag_17" (R)
%Q1.0 "Tag_22" (S)

图 3-80　基于 TIA Portal V1x 软件的 PLC 控制程序

```
Def Io in2=Bit,2            '伺服 ON
Def Io in3=Bit,3            '程序开始
Def Io in4=Bit,4            '出错复位
Def Io in5=Bit,5            '伺服 OFF
Def Io in6=Bit,6            '程序复位
```

```
Def Io in7=Bit,7                                    '回原点
Def Io in8=Bit,8                                    '开始搬运
Def Io in9=Bit,9
'------------------------输出点----------------------------------------
Def Io out0=Bit,0                                   '操作权有效
Def Io out1=Bit,1                                   '伺服 OFF
Def Io out2=Bit,2                                   '程序停止
Def Io out3=Bit,3                                   '异常发生
Def Io out4=Bit,4                                   '伺服 ON
Def Io out5=Bit,5                                   '程序运行中
Def Io out6=Bit,6                                   '原点位置
Def Io out7=Bit,7                                   '搬运完成
Def Io out8=Bit,8                                   '预留 8
Def Io out9=Bit,9                                   '预留 9
Def Io out10=Bit,10                                 '搬运中
'------------------------命名----------------------------------------
DefJnt Safe
'------------------------主程序开始----------------------------------------
Servo On
out7=0
out8=0
out9=0
out10=0
HOpen 1
Wait M_In(7)= 1
GoSub  * MoveOrg
Wait M_In(8)= 1
If in8=1 And M1=0 Then  * GetAero
End
'------------------------原点子程序----------------------------------------
 * MoveOrg
Ovrd 10
out10=1
J1=J_Curr
J1. J2=Safe. J2
J1. J3=Safe. J3
J1. J4=Safe. J4
J1. J5=Safe. J5
Mov J1
J1=Safe
Mov J1
out6=1
If in6=1 Then
```

```
EndIf
Return
'-----------------------放置物料位置-------------------------------
 * GetAero
Ovrd 50
out6 = 0
out10 = 1
Mov P1
Mov P0
Dly 0.5
HClose 1
Mov P0
Mov P2
Dly 0.5
HOpen 1
Mov P1
If in9 = 0 ThenGoSub  * MoveOrg
End
```

4. 机器人程序的输入

1）双击桌面上的 RT ToolBox2 图标，将出现如图 3-81 所示界面。

2）单击“工作区”→“新建”，如图 3-82 所示。将弹出如图 3-83 所示“工作区的新建”画面。

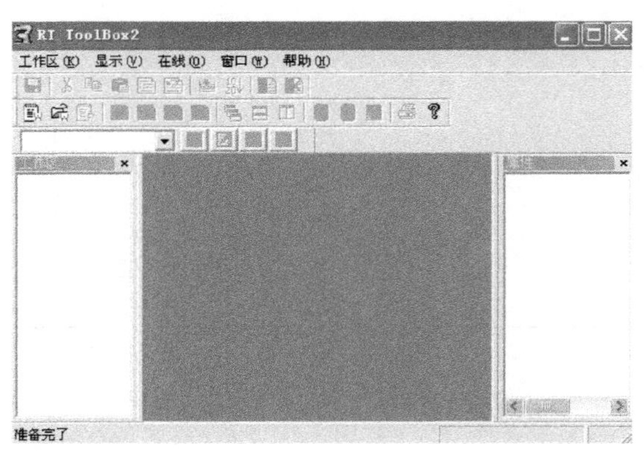

图 3-81 RT TooL Box2 应用界面

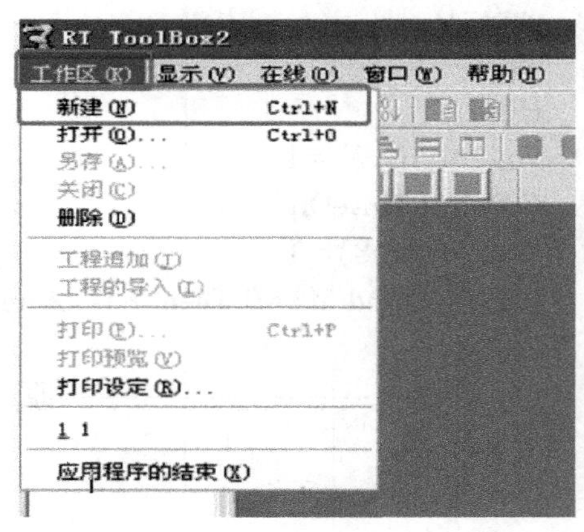

图 3-82 工作区的新建

3）单击“参照（B）”按钮设定新建文件的保存位置；在“工作区名”的文本框中输入新建文件的名字；在“标题”的文本框中输入工程的名字，如图 3-84 所示。

4）编辑完成之后单击“OK”按钮，出现如图 3-85 所示画面。

5）在“工程名”的文本框中输入新建的工程名字；在“控制器”下拉列表中选择机器人控制器的类型；在“通信设定”下拉列表中选择控制器与计算机的通信方式；在“机种名”设定机器人本体；在“机器人语言”设定机器人的编辑语言，按图 3-86 所示设定好后，再单击“OK”按钮，出现如图 3-87 所示画面。

6）单击图 3-87 中离线前面的“+”出现如图 3-88 所示画面。

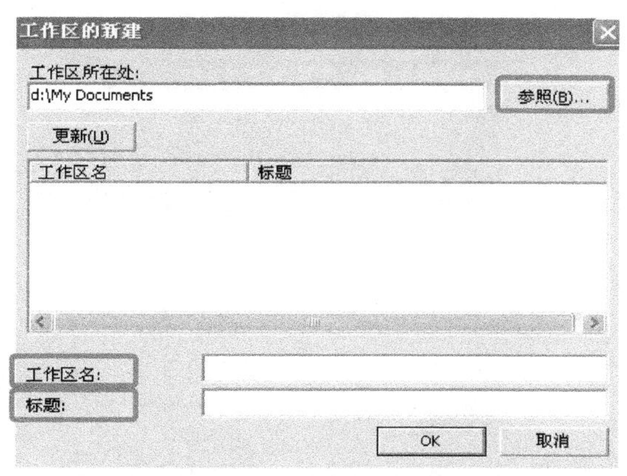

图 3-83 “工作区的新建”界面

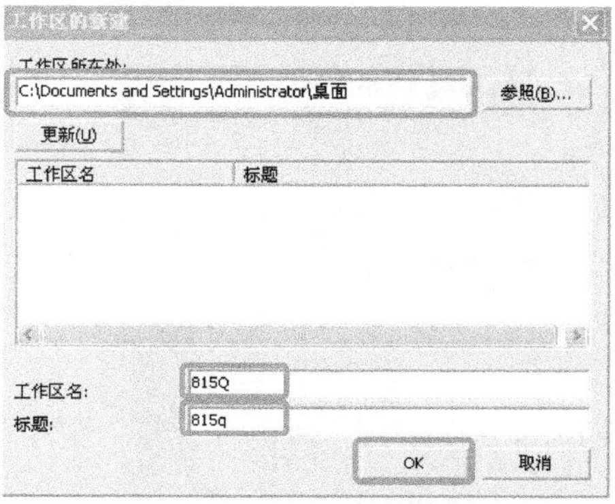

图 3-84 工作区保存位置

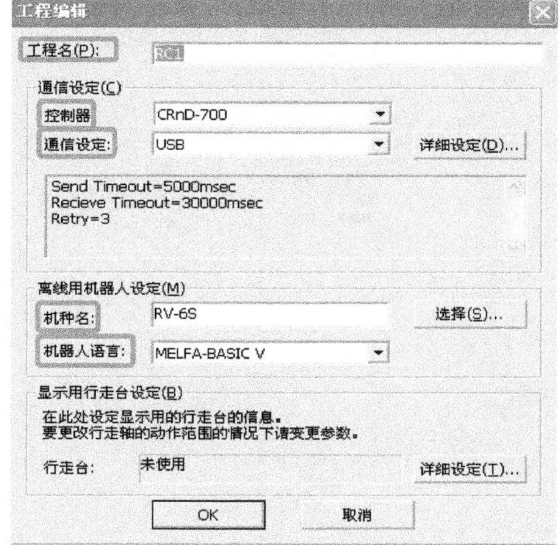

图 3-85 工程编辑

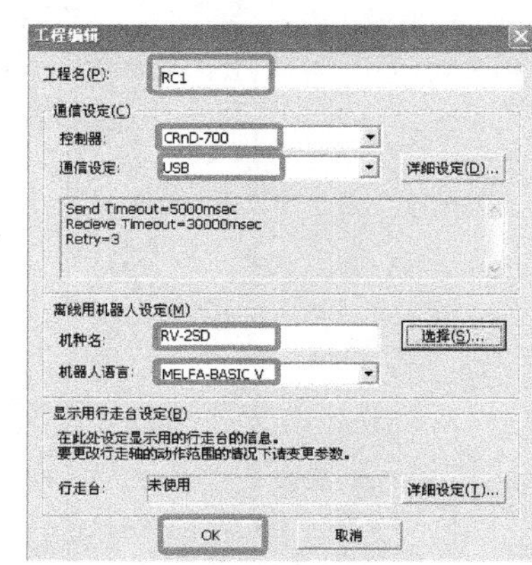

图 3-86 工程新建

图 3-87 工程新建完成

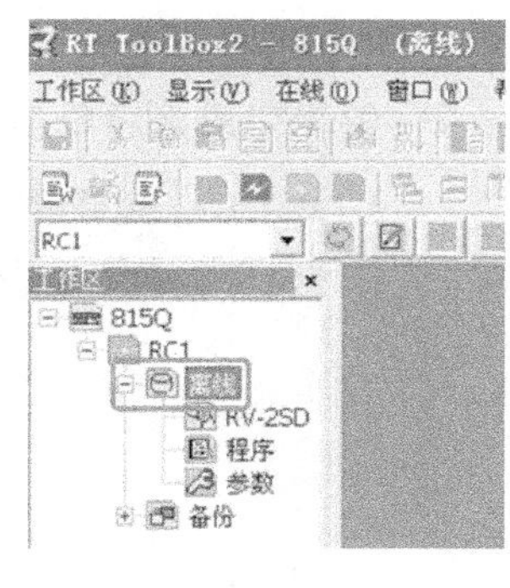

图 3-88 离线状态

7）右键单击“程序”，再左键单击“新建”如图 3-89 所示。

8）弹出如图 3-90 所示画面，在“机器人程序”文本框中输入程序名字（程序名最好为小于 4 位的阿拉伯数字，因为机器人控制器的数码管只能显示 3 位阿拉伯数字的程序名，若机器人程序名不是阿拉伯数字或大于 3 位的阿拉伯数字，则机器人控制器数码管则无法显示）；单击“OK”按钮，弹出如图 3-91 所示的画面，新建完毕之后就可以开始编辑程序了。

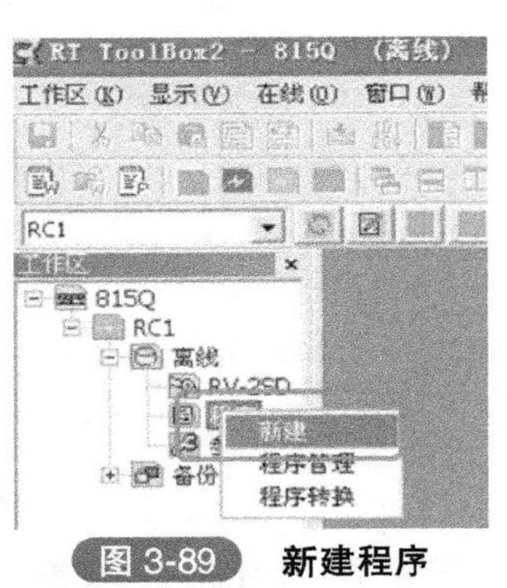

图 3-89 新建程序

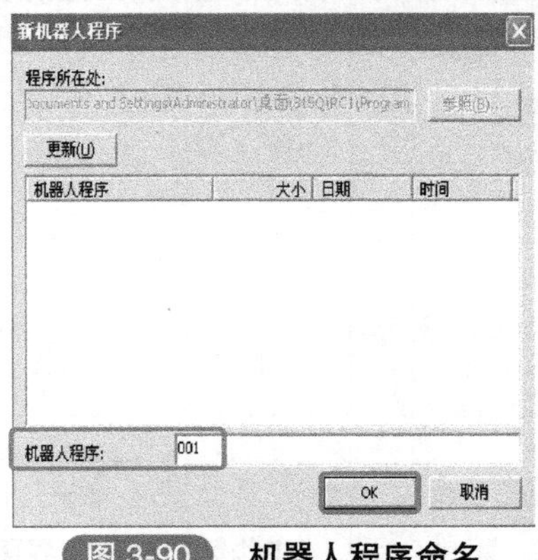

图 3-90 机器人程序命名

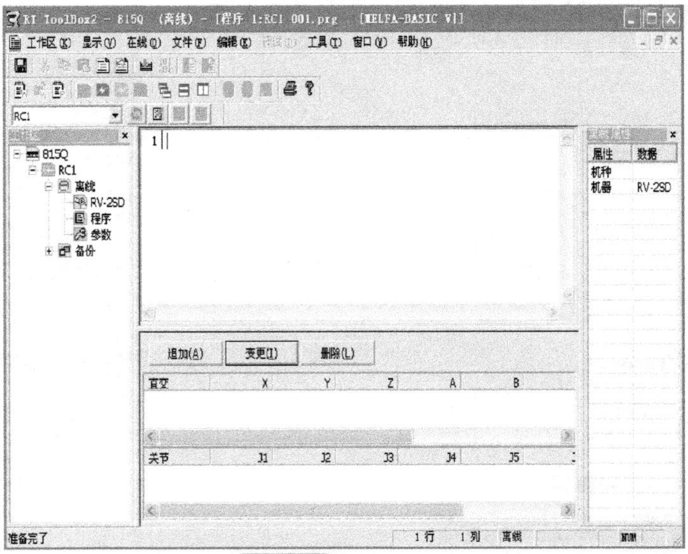

图 3-91 新建完成

9）编辑完成之后单击“保存”图标，保存设置。如图 3-92 所示。

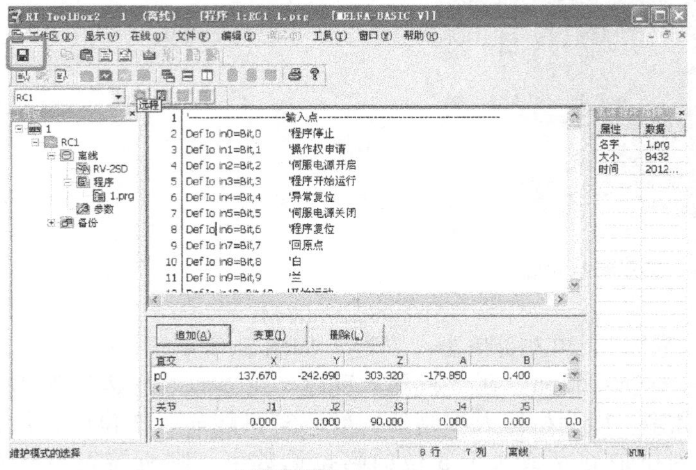

图 3-92 保存设置

5. 三菱六轴机器人编程软件的程序下载

1）用 USB 编程线把计算机与机器人控制器连接，如图 3-93 所示。

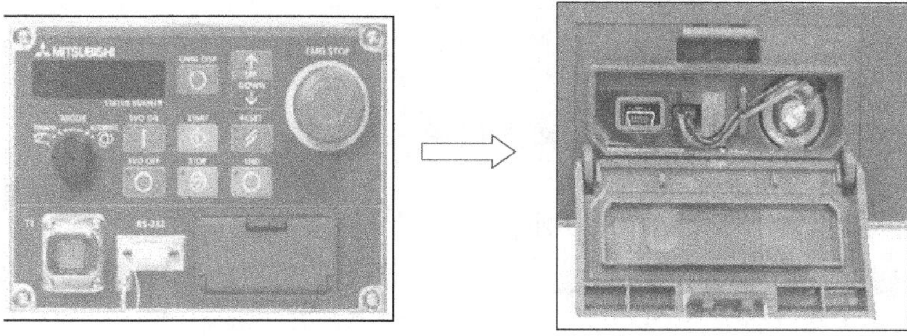

图 3-93　用编程线连接机器人控制器与计算机

2）单击“在线”图标，如图 3-94 所示。

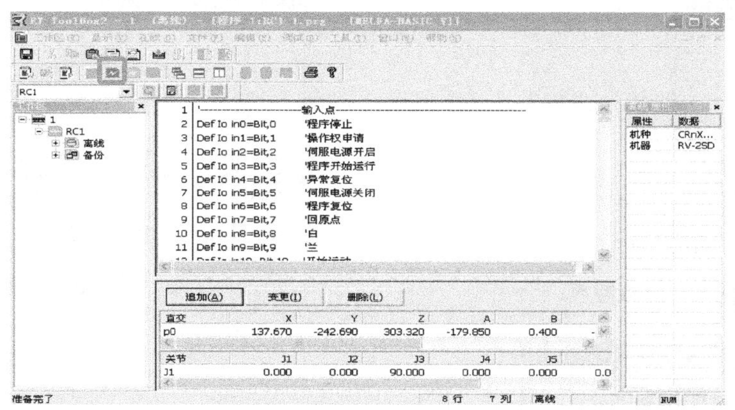

图 3-94　进入在线状态

3）连接成功，软件工作区窗口会增加一个“在线”分支，如图 3-95 所示。

4）单击“离线”前面的“+”，再选中“程序”，然后单击右键，再左键单击“程序管理”，如图 3-96 所示。

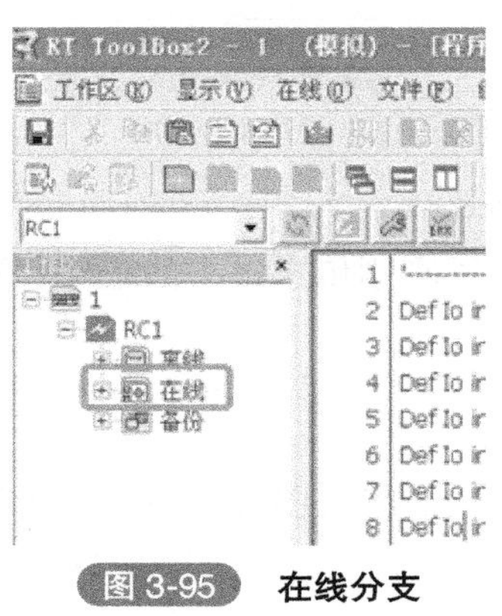

图 3-95　在线分支

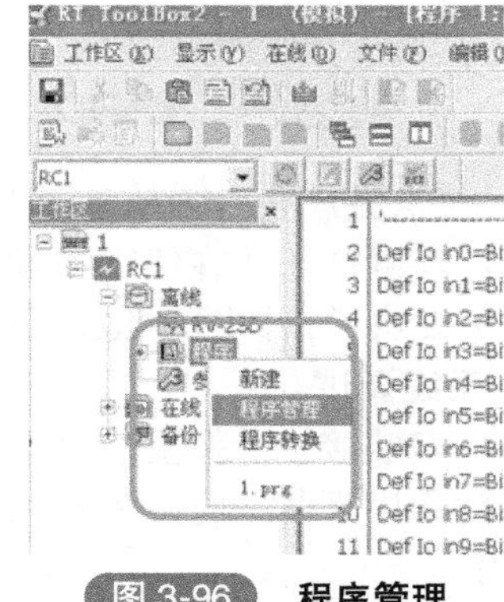

图 3-96　程序管理

5）单击程序管理之后出现如图 3-97 所示界面，“传送源”表示要下载的文件；“传送目标”表示要下载到的位置。

6）程序的下载如图 3-98 所示，在“传送源”选项组中选择“工程”；在“传送目标”

选项组中选择“机器人”；再选择要传送的程序；然后再单击“复制（Y）”按钮。若要上传则在“传送源”选项组中选择“机器人”；在“传送目标”选项组中选择“工程”，然后再单击“复制（Y）”按钮，如图 3-99 所示。

7）单击“复制（Y）”按钮后，弹出如图 3-100所示界面，再单击“OK”按钮。

8）则程序开始复制，如图 3-101 所示。

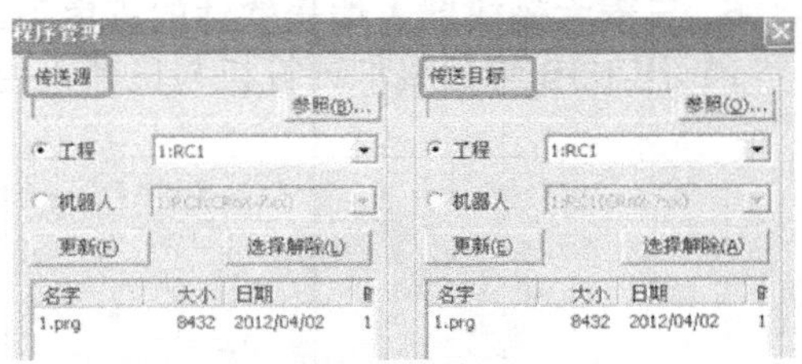

图 3-97 程序管理界面

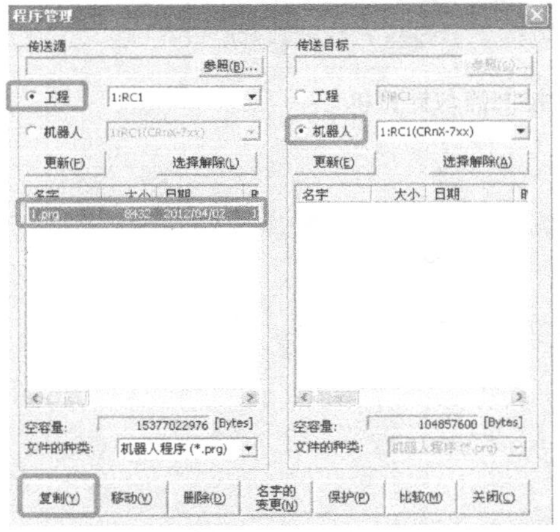

图 3-98 下载程序

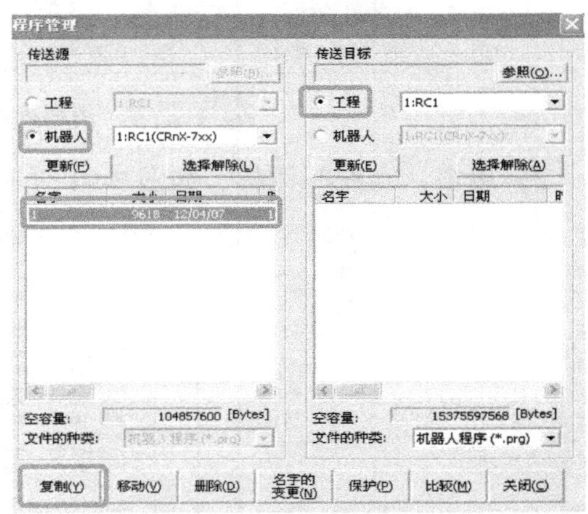

图 3-99 上传程序

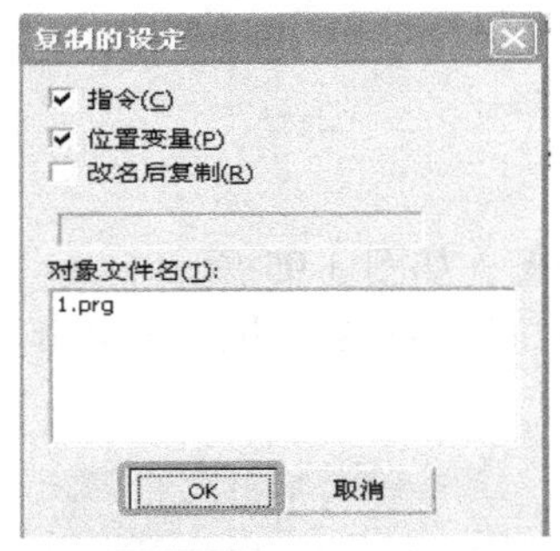

图 3-100 复制设定

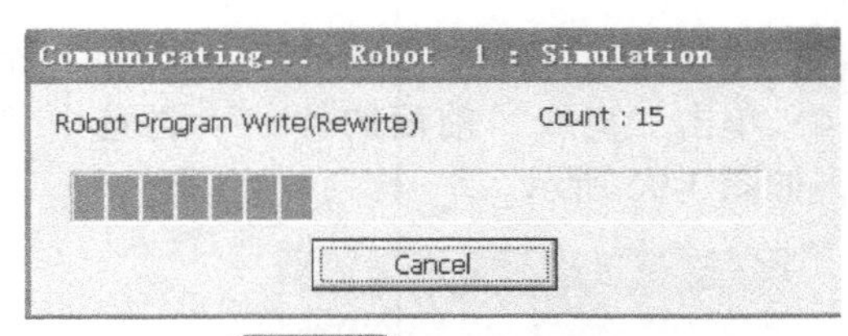

图 3-101 程序复制中

9）传送完成之后，单击“关闭（c）”按钮，如图 3-102 所示。

10）当再打开“在线”里面的“程序”时，里面就会多了刚刚传送过去的程序，这样就表示传送成功了，如图 3-103 所示。

6. 系统调试

（1）安装接线　按要求自行完成系统的安装接线。

（2）程序下载　将几种不同的控制程序分别下载至 PLC 中。将机器人程序下载到机器人控制器中。

（3）系统调试

1）在教师现场监护下进行通电调试，验证系统功能是否符合控制要求。

2）如果出现故障，学生应独立检修。线路检修完毕和梯形图修改完毕后应重新调试，直至系统正常工作。

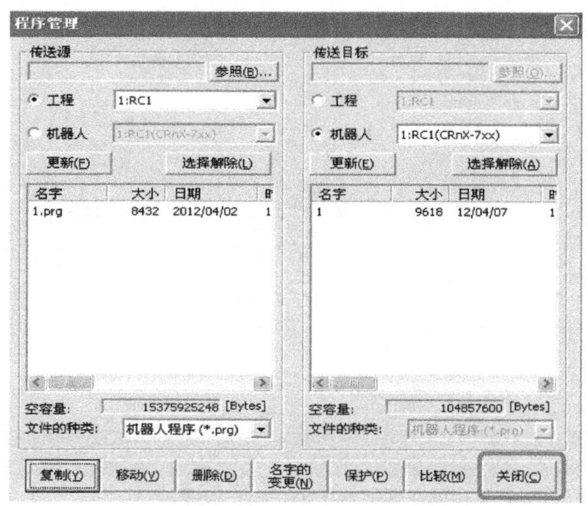

图 3-102 传送完毕关闭

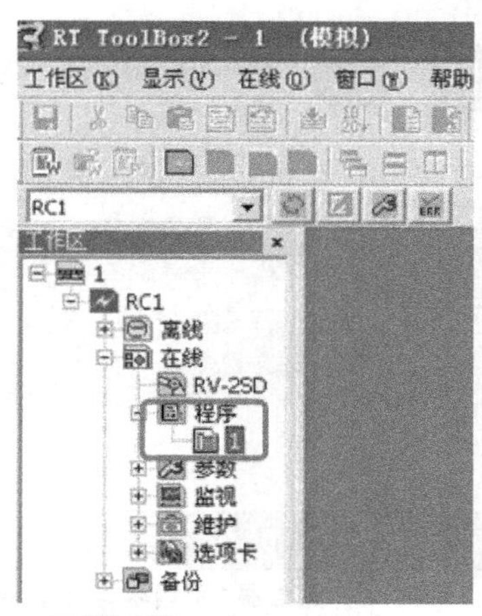

图 3-103 在线中显示程序

六、检查评议

考核时采用两人一组共同协作完成的方式，按表 1-6 的标准进行评分，此分数作为成绩的 60%，并分别对两位学生进行提问，学生答复的得分作为成绩的 40%。

七、问题及防治

问题 1：通电，机器人报警。

理论分析：机器人的安全信号没有连接。预防方法：按照机器人接线图接线。

问题 2：机器人不能起动。

理论分析：机器人的运行程序未选择；机器人专用 I/O 没有设置；PLC 的输出端有没有输出；PLC 的输出端子损坏；线路错误或接触不良。预防方法：在控制器的操作面板选择程序名；设置机器人专用 I/O；监控 PLC 程序；更换其他端子；检查电缆并重新连接。

八、扩展知识

利用一个按钮 SB1 给出“起动”信号后，系统进入运行状态，“起动”指示灯亮，检测到物料后，机器人到 P0 处抓取物料，机器人将物料搬运到物料盒中；物料盒中装满 4 个瓶子后，机器人再用吸盘将物料盒盖吸取并盖到物料盒上。按下“停止”按钮 SB2，“停止”指示灯亮，系统进入停止状态，机器人停止搬运，其他所有机构均停止动作，保持状态不变。按下“复位”按钮 SB3，“复位”指示灯亮，系统进入复位状态，机器人复位，其他执行机构均恢复到初始位置。

复习思考题

1. 简述比较指令的分类方法。
2. 算术运算指令包括哪三类？
3. 整数除法指令中，除数、被除数及 OUT 存放在哪里？
4. 使用算运算指令时，当运算结果超出允许范围时，ENO 端输出什么？

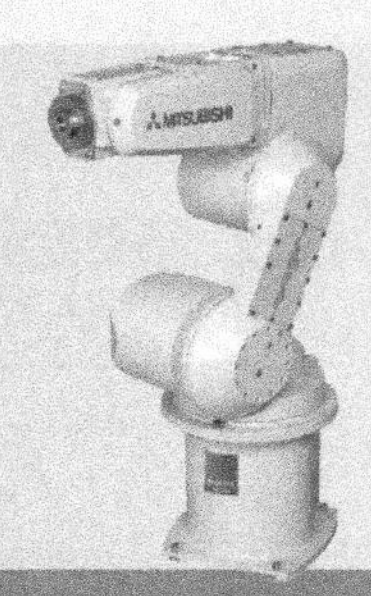

附录

S7-300型PLC指令表

指令符号	指令描述
+	累加器 1 的内容与 16 位或者 32 位整数常数相加,运算结果存储在累加器 1 中
=	赋值
)	嵌套结束
+AR1	将累加器 1 中指定的偏移量加到 AR1 的内容上,结果存储在 AR1 中
+AR2	将累加器 1 中指定的偏移量加到 AR2 的内容上,结果存储在 AR2 中
+D	将累加器 1、2 中双整数相加,将结果存储在累加器 1 中
-D	将累加器 2 中的双整数减去累加器 1 中的双整数,将结果存储在累加器 1 中
*D	将累加器 1、2 中双整数相乘,将 32 位双整数的结果存储在累加器 1 中
/D	将累加器 2 中的双整数除以累加器 1 中的双整数,32 位商存储在累加器 1 中,不保留余数
? D	比较累加器 2 和累加器 1 中的双整数是否= =、< >、>、<、>=、<=,如果条件满足,RLO=1
+I	将累加器 1、2 低字中的整数相加,运算结果存储在累加器 1 的低字中
-I	累加器 2 低字中的整数减去累加器 1 低字中的整数,运算结果存储在累加器 1 低字中
*I	将累加器 1、2 低字中的整数相乘,32 位双整数运算结果存储在累加器 1 中
/I	累加器 2 的整数除以累加器 1 的整数,商存储在累加器 1 的低字中,余数存储在累加器 1 的高字中
? I	比较累加器 2 和累加器 1 低字中的整数是否= =、< >、>、<、>=、<=,如果条件满足,RLO=1
+R	将累加器 1、2 中的浮点数相加,并将结果存储到累加器 1 中
-R	累加器 2 中的浮点数减去累加器 1 的浮点数,并将结果存储到累加器 1 中
*R	将累加器 1、2 中的浮点数相乘,并将结果存储到累加器 1 中
/R	将累加器 2 中的浮点数除以累加器 1 的浮点数,商存储在累加器 1 中,不保留余数
? R	比较累加器 2 和累加器 1 中的浮点数是否= =、< >、>、<、>=、<=,如果条件满足,RLO=1
A	与运算
A(	与运算嵌套开始
ABS	在累加器 1 中计算浮点数的绝对值
ACOS	在累加器 1 中计算浮点数的反余弦值
AD	双字与运算
AN	与非运算
AN(	将 RLO 和 OR 位及一个函数代码保存到嵌套的堆栈中
ASIN	在累加器 1 中计算浮点数的反正弦值

（续）

指令符号	指令描述
ATAN	在累加器 1 中计算浮点数的反正切值
AW	将累加器 1 和累加器 2 中低字的对应位相与，结果存放在累加器 1 的低字中
BE	块结束
BEC	块条件结束
BLD	程序显示指令，不执行任何功能，用于编程序设备（PG）的图形显示
BTD	将累加器 1 中的 7 位 BCD 码转换成双整数
BTI	将累加器 1 中的 3 位 BCD 码转换成整数
CAD	交换累加器 1 中的字节顺序
CALL	块调用
CAR	交换地址寄存器 AR1 和 AR2 的内容
CAW	交换累加器 1 低字中两个字节的位置
CC	在 RLO=1 时调用一个逻辑块
CD	减计数器
CDB	交换共享数据块与背景数据块
CLR	清除 RLO（逻辑运算结束）
COS	求累加器 1 中的浮点数的余弦函数
CU	加计数器
DEC	累加器 1 的最低字节减 8 位常数
DTB	将累加器中的双整数转换为 7 位 BCD 码
DTR	将累加器 1 中的双整数转换成浮点数
EXP	求累加器 1 中的浮点数的自然指数
FN	下降沿检测
FP	上升沿检测
FR	使能计数器或使能定时器，允许定时器再启动
INC	累加器 1 的最低字节加 8 位常数
INVD	求累加器 1 中双整数反码
INVI	求累加器 1 低字节中的 16 位整数反码
ITB	将累加器 1 中的整数转换成 3 位 BCD 码
ITD	将累加器 1 中的整数转换成双整数
JBI	BR=1 时跳转
JC	RLO=1 时跳转
JCB	RLO=1 且 BR=1 时跳转
JCN	RLO=0 时跳转
JL	多分支跳转，跳步模板号在累加器 1 最低字节中
JM	运算结果为负时跳转
JMZ	运算结果≤0 时跳转
JN	运算结果非 0 时跳转

(续)

指令符号	指令描述
JNB	RLO=0 且 BR=1 时跳转
JNBI	BR=0 时跳转
JO	OV=1 时跳转
JOS	OS=1 时跳转
JP	运算结果为正时跳转
JPZ	运算结果≥0 时跳转
JU	无条件跳转
JUO	指令出错时跳转
JZ	运算结果为 0 时跳转
L<地址>	装入指令,将数据装入累加器 1,累加器 1 原有的数据装入累加器 2
L DBLG	将共享数据块的长度装入累加器 1
L DBNO	将共享数据块的编号装入累加器 1
L DILG	将背景数据块的长度装入累加器 1
L DINO	将背景数据块的编号装入累加器 1
L STW	将状态字装入累加器 1
LAR1	将累加器 1 的内容装入地址寄存器 1
LAR1<D>	将 32 位双字指针<D>装入地址寄存器 1
LAR1 AR2	将地址寄存器 2 的内容装入地址寄存器 1
LAR2	将累加器 1 的内容装入地址寄存器 2
LAR2<D>	将 32 位双字指针<D>装入地址寄存器 2
LC	定时器或计数器的当前值以 BCD 码的格式装入累加器 1
LN	求累加器 1 中的浮点数的自然对数
LOOP	循环跳转
MCR(	打开主控继电器功能
)MCR	关闭主控继电器功能
MCRA	起动主控继电器功能
MCRD	取消主控继电器功能
MOD	累加器 2 中的双整数除以累加器 1 中的双整数,32 位余数在累加器 1 中
NEGD	求累加器 1 中双整数的补码
NEG1	求累加器 1 低字中的 16 位整数的补码
NEGR	求累加器 1 中浮点数的符号位相反
NOP0	空操作指令,指令各位全为“0”
NOT	将 RLO 取反
O	或运算
O (	或运算嵌套开始,将 RLO 和 OR 位及一个函数代码保存到嵌套的堆栈中
ON	或非运算
ON(	或非运算嵌套开始,将 RLO 和 OR 位及一个函数代码保存到嵌套的堆栈中
OW	将累加器 1 和累加器 2 中的低字的对应位相或,结果存储在累加器 1 的低字中
POP	出栈

（续）

指令符号	指令描述
PUSH	入栈
R	复位指定的位或定时器、计数器
RLD	累加器 1 中的双字循环左移
RLDA	通过 CC 1 将累加器 1 的整个内容循环左移 1 位
RND	将浮点数转换为四舍五入的双整数
RND-	将浮点数转换为小于或等于它的最大双整数
RND+	将浮点数转换为大于或等于它的最大双整数
S	置位指定的位，或设置计数器的预设值
SAVE	将状态字中的 RLO 保存到 BR 寄存器
SD	接通延时定时器
SE	扩展脉冲定时器
SET	将位进行置位
SF	断开延时定时器
SIN	计算累加器 1 中浮点数的正弦值
SLD	将累加器 1 中的双字左移
SLW	将累加器 1 中的字左移
SP	脉冲定时器
SQR	计算累加器 1 中浮点数的平方
SQRT	计算浮点数(32 位)的平方根
SRD	将累加器 1 中的双字右移
SRW	将累加器 1 中的字右移
SS	带保持的接通延时定时器
SSD	将累加器 1 中有符号的双整数右移
SSI	将累加器 1 低字中有符号整数右移
T	传送指令
T STW	将累加器 1 中的数据中的 0 至 8 位传送给状态字
TAK	将累加器 1 中的数据与累加器 2 的内容互换
TAN	计算累加器 1 中的数据浮点数的正切值
TAR1	将地址寄存器 1 中的数据传送至累加器 1 中，累加器 1 中的原有内容保存在累加器 2 中
TAR1<D>	将地址寄存器 1 中的数据传送至目标地址中
TAR1 AR2	将地址寄存器 1 中的数据传送至地址寄存器 2 中
TAR2	将地址寄存器 2 中的数据传送至累加器 1 中，累加器 1 中的原有数据保存到累加器 2 中
TAR2<D>	将地址寄存器 2 中的数据传送至目标地址
TRUNC	将浮点数转换为截位取整的双整数
UC	无条件调用
X	异或运算
X (	异或运算嵌套开始，将 RLO 和 OR 位及一个函数代码保存到嵌套堆栈中
XN	同或运算
XN (	同或运算嵌套开始，将 RLO 和 OR 位及一个函数代码保存到嵌套堆栈中
XOD	双字异或运算
XOW	单字异或运算

参 考 文 献

[1] 秦益霖. 西门子 S7-300 PLC 应用技术 [M]. 北京：电子工业出版社，2007.
[2] 向晓汉. 西门子 PLC 高级应用实例精解 [M]. 北京：机械工业出版社，2010.
[3] 崔坚，张春，赵欣. TIA 博途软件——STEP 7 V11 编程指南 [M]. 北京：机械工业出版社，2012.
[4] 张春. 西门子 STEP 7 编程语言与使用技巧 [M]. 北京：机械工业出版社，2009.
[5] 刘锴，周海. 深入浅出西门子 S7-300 PLC [M]. 北京：北京航空航天大学出版社，2004.

读者信息反馈表

感谢您购买《可编程序控制器技术应用（西门子)(微课视频版)》一书。为了更好地为您服务，有针对性地为您提供图书信息，方便您选购合适图书，我们希望了解您的需求和对我们教材的意见和建议，愿这小小的表格为我们架起一座沟通的桥梁。

<table>
<tr><td>姓　名</td><td></td><td>所在单位名称</td><td colspan="3"></td></tr>
<tr><td>性　别</td><td></td><td>所从事工作（或专业）</td><td colspan="3"></td></tr>
<tr><td>通信地址</td><td colspan="3"></td><td>邮　编</td><td></td></tr>
<tr><td>办公电话</td><td colspan="2"></td><td>移动电话</td><td colspan="2"></td></tr>
<tr><td>E-mail</td><td colspan="5"></td></tr>
<tr><td colspan="6">1. 您选择图书时主要考虑的因素：(在相应项前面画√)
(　) 出版社　(　) 内容　(　) 价格　(　) 封面设计　(　) 其他
2. 您选择我们图书的途径：(在相应项前面画√)
(　) 书目　(　) 书店　(　) 网站　(　) 朋友推介　(　) 其他</td></tr>
<tr><td colspan="6">希望我们与您经常保持联系的方式：
□电子邮件信息　□定期邮寄书目
□通过编辑联络　□定期电话咨询</td></tr>
<tr><td colspan="6">您关注（或需要）哪些类图书和教材：</td></tr>
<tr><td colspan="6">您对我社图书出版有哪些意见和建议（可从内容、质量、设计、需求等方面谈）：</td></tr>
<tr><td colspan="6">您今后是否准备出版相应的教材、图书或专著（请写出出版的专业方向、准备出版的时间、出版社的选择等）：</td></tr>
</table>

非常感谢您能抽出宝贵的时间完成这张调查表的填写并回寄给我们，您的意见和建议一经采纳，我们将有礼品回赠。我们愿以真诚的服务回报您对机械工业出版社技能教育分社的关心和支持。

请联系我们——

地　　址　北京市西城区百万庄大街 22 号　机械工业出版社技能教育分社

邮　　编　100037

社长电话　(010) 88379077　88379080　88379079

E-mail　jnfs@ mail. machineinfo. gov. cn